工程总承包计价丛书

房屋工程总承包工程量计算规范应用指南

FANGWU GONGCHENG ZONGCHENGBAO GONGCHENGLIANG JISUAN GUIFAN YINGYONG ZHINAN

谢洪学　袁春林　主编

中国计划出版社
·北　京·

图书在版编目（CIP）数据
房屋工程总承包工程量计算规范应用指南 / 谢洪学，
袁春林主编. -- 北京 : 中国计划出版社, 2024. 8.
(工程总承包计价丛书). -- ISBN 978-7-5182-1724-3
Ⅰ. TU723.3-62
中国国家版本馆CIP数据核字第2024SF3958号

责任编辑：陈　杰　刘　原　李晴文　常欣悦　　封面设计：韩可斌

中国计划出版社出版发行
网址：www.jhpress.com
地址：北京市西城区木樨地北里甲 11 号国宏大厦 C 座 4 层
邮政编码：100038　电话：（010）63906433（发行部）
北京天宇星印刷厂印刷

787mm×1092mm　1/16　18.75 印张　407 千字
2024 年 8 月第 1 版　2024 年 8 月第 1 次印刷

定价：94.00 元

编审人员名单

审 稿 人： 杨丽坤　王中和　谭　华　舒　宇　弋　理
陶学明　李开恕

主　　编： 谢洪学　袁春林

编 写 人： 王艺萱　湛　珂　易舟鑫　王甜恬　张帅博
孙燕霞　艾　欣　顾　勇

序

进入新时代，我国建筑业正在从量的扩张向质的提升转变。工程总承包、全过程咨询将全面推动建筑业的转型升级。中国建设工程造价管理协会以团标发布的《建设项目工程总承包计价规范》以及房屋工程、市政工程、城市轨道交通工程总承包计量规范四本标准（以下简称《计价计量规范》），坚持问题导向的原则，总结借鉴国内外的先进做法，较好地处理当前工程总承包各方关注的问题。提出了具有前瞻性、可操作性的思路和方法，解决了工程总承包计价计量规则缺位的问题，填补了我国工程总承包计价计量规则的空白，有助于规范工程总承包计价活动。这是我国继21世纪初实行工程量清单计价改革以来，现行工程计价体系的又一次重大完善。适应了建设市场需求，标志着我国适应不同设计深度、不同发承包方式、不同管理需求的工程计价体系已经建立，必将更好地促进工程总承包的健康、可持续、高质量发展。

为引导《计价计量规范》的正确实施，参加规范编制的专家们编写了《建设项目工程总承包计价计量规范应用指南》。该应用指南从编制思路、条文解读、要点分析、案例应用四个维度，以《计价计量规范》的内容为主线，以帮助工程实践中的应用为目标，既有条文的内在逻辑分析，也有不同项目的案例应用，为工程总承包的各方提供了清晰的具有可操作性的计价指引。

2023年12月30日

建立工程总承包计价计量规则，推动工程总承包高质量发展

杨丽坤

一、规范的编制背景

1. 工程总承包在我国的发展历程

工程总承包模式起源于20世纪60年代，其最早为设计—建造（Design—Build，DB）模式，在美国最早采用DB模式实施的公共项目是1968年的一个学校建筑。20世纪80年代初，在美国首次出现了设计—采购—施工（EPC）模式，1985年，美国建筑师协会（AIA）编印DB合同条件。1999年，FIDIC（国际咨询工程师联合会）编印了EPC合同条件，促进了EPC的推广应用。工程总承包已成为国际工程占主导地位的工程建设组织模式。

施工总承包在我国基本建设工程中一直占据主导地位，工程总承包作为国际工程承包中被普遍采用的模式在20世纪80年代初开始被我国试点采用，经过40余年的发展，石油、化工、有色金属等专业工程项目的工程总承包取得了丰硕成果。在房屋建筑和市政基础设施项目上，工程总承包作为新型的工程建设组织实施方式，近年来被大力推广。

（1）起步试点阶段（1982—1991年）。

1982年6月化工部印发了《关于改革现行基本建设管理体制，试行以设计为主体的工程总承包制的意见》，“决定进行以设计为主体的工程总承包管理体制的试点”，开启了工程总承包模式的探索之路。

1984年9月《国务院关于改革建筑业和基本建设管理体制若干问题的暂行规定》（国发〔1984〕123号）要求建立工程承包公司，接受建设单位的委托或投标中标的项目建设的可行性研究、勘察设计、设备选购、材料订货、工程施工、生产准备直到竣工投产实行全过程的总承包。

1984年11月国家计委、城乡建设环境保护部印发《工程承包公司暂行办法》（计设〔1984〕2301号）；1987年4月国家计委、财政部、中国人民建设银行、国家物资局印发《关于设计单位进行工程建设总承包试点有关问题的通知》（计设〔1987〕619号），选定了12家试点单位；1989年国家计委、财政部、中国人民建设银行、国家物资局、建设部印发《关于扩大设计单位进行工程总承包试点及有关问题的补充通知》（〔89〕建设字第122号），试点单位扩大到31家。

（2）实行资质阶段（1992—1998年）。

经过10年的试点经验总结，1992年4月建设部印发《工程总承包企业资质管理暂

行规定》(建施字第 189 号),1992 年 11 月建设部印发《设计单位进行工程总承包资格管理的有关规定》(建设〔1992〕805 号),对建设项目工程总承包资质管理作出了规定。先后有 560 余家设计单位取得甲级工程总承包资格证书,2 000 余家设计单位取得乙级工程总承包资格证书。

(3)规范推广阶段(1999—2016 年)。

1999 年 8 月,建设部印发《关于推进大型工程设计单位创建国际型工程公司的指导意见》(建设〔1999〕218 号)。

2003 年建设部印发《关于培育发展工程总承包和工程项目管理企业的指导意见》(建市〔2003〕30 号),首次明确了工程总承包的不同模式及其定义和内涵。

2005 年《建设项目工程总承包管理规范》GB/T 50358—2005 发布。

2014 年住房城乡建设部印发《关于推进建筑业发展和改革的若干意见》(建市〔2014〕92 号),提出“加大工程总承包推动力度”。

2015 年 6 月交通运输部印发《公路工程设计施工总承包管理办法》(交通运输部令 2015 年第 10 号),2016 年 5 月住房城乡建设部印发《关于进一步推进工程总承包发展的若干意见》(建市〔2016〕93 号)。

(4)大力推行阶段(2017 年至今)。

2017 年 2 月国务院办公厅印发《关于促进建筑业持续健康发展的意见》(国办发〔2017〕19 号),提出完善工程建设组织模式,其措施之一就是加快推行工程总承包,并要求政府投资工程应完善建设管理模式,带头推行工程总承包。

2019 年 12 月住房城乡建设部、国家发展改革委印发《房屋建筑和市政基础设施项目工程总承包管理办法》(建市规〔2019〕12 号)。

2. 国家相关法律规定

1981 年颁布的《中华人民共和国经济合同法》第十八条规定:“建设工程承包合同,包括勘察、设计、建筑、安装,可以由一个总包单位与建设单位签订总包合同。”1999 年 10 月,《中华人民共和国合同法》取代《中华人民共和国经济合同法》,保留了上述内容。

《中华人民共和国民法典》(以下简称《民法典》)合同编第七百八十八条第二款规定:“建设工程合同包括工程勘察、设计、施工合同”,第七百九十一条规定:“发包人可以与总承包人订立建设工程合同,也可以分别与勘察人、设计人、施工人订立勘察、设计、施工承包合同。”

《中华人民共和国建筑法》(以下简称《建筑法》)第二十四条规定:“提倡对建筑工程实行总承包,禁止将建筑工程肢解发包。建筑工程的发包单位可以将建筑工程的勘察、设计、施工、设备采购一并发包给一个工程总承包单位,也可以将建筑工程勘察、设计、施工、设备采购的一项或者多项发包给一个工程总承包单位;但是,不得将应当由一个承包单位完成的建筑工程肢解成若干部分发包给几个承包单位。”

上述法律解决了工程总承包的合同适用问题。

3. 工程总承包合同范本的制定

在推行工程总承包中，国家发展改革委、住房城乡建设部等管理部门在工程总承包合同制定方面作了大量工作。

2011 年 9 月，住房城乡建设部、国家工商总局印发了《建设项目工程总承包合同（示范文本）》GF-2011-0216。

2011 年 12 月，国家发展改革委等九部委发布的《中华人民共和国标准设计施工总承包招标文件》（2012 年版）中附有通用合同条款。

2020 年 11 月，住房城乡建设部、国家市场监督管理总局印发了《建设项目工程总承包合同（示范文本）》GF-2020-0216。

但从 40 多年的实践来看，各种政策性的详细规定仍然是施工发承包占据主导地位，工程计价规则还是建立在施工图发承包基础上，导致用施工总承包思维推行工程总承包，没有达到预期效果。

4. 工程总承包计价计量规则的研制

为推行工程总承包，完善有关计价办法，住房城乡建设部颁布了《建设工程工程量清单计价规范》GB 50500—2013（以下简称“2013 清单计价规范”）；2014 年住房城乡建设部印发《关于进一步推进工程造价管理改革的指导意见》（建标〔2014〕142 号），提出“完善工程项目划分，建立多层级工程量清单，……满足不同设计深度、不同复杂程度、不同承包方式及不同管理需求下工程计价的需要。”

2015 年、2016 年住房城乡建设部标准定额司先后组织中国建筑西南设计院、西华大学、四川省造价工程师协会完成了“多层级清单编制研究”以及“适应工程总承包计价规则研究”两个课题，为编制工程总承包计价计量规范提供了技术支撑。

2017 年 1 月，住房城乡建设部办公厅《关于印发 2017 年工程造价计价依据编制和管理工作计划的通知》（建办标函〔2017〕24 号），下达了由四川省造价协会负责编制《工程总承包计价计量规范》的计划。同年 3 月正式启动了编制工作。

2017 年 9 月，住房城乡建设部印发《关于加强和改善工程造价监管的意见》（建标〔2017〕209 号），第二条中提出：“加快编制工程总承包计价规范，规范工程总承包计量和计价活动”。

编制组加强调查研究，既学习借鉴外国好的做法，更注重国内经验的总结。经过一年半的努力，2018 年 12 月住房城乡建设部标准定额司在住房城乡建设部网站上对《房屋建筑和市政基础设施项目工程总承包计价计量规范》（征求意见稿）进行了公示，编制组对收集的 729 条建议进行了认真梳理，进一步修改完善了征求意见稿，于 2019 年 7 月完成了送审稿。

2018 年 3 月，住房城乡建设部办公厅印发《可转化成团体标准的现行工程建设推荐性标准目录（2018 年版）》（建办标函〔2018〕168 号），共有 171 个推荐性国家标准和 181 个推荐性行业标准，其中包括 3 个工程造价标准《建筑工程建筑面积计算规范》GB/T 50353—2013、《建设工程计价设备材料划分标准》GB/T 50531—2009、《建设工程人工材料设备机械数据标准》GB/T 50851—2013。

2018 年 12 月，住房城乡建设部标准定额司印发《国际化工程建设规范标准体系表》（建标标函〔2018〕261 号，以下简称《体系表》）。《体系表》由工程建设规范、术语标准、方法类和引领性标准项目三部分组成。工程建设规范部分为全文强制的国家工程建设规范项目；有关行业和地方工程建设规范，可在国家工程建设规范基础上补充、细化、提高。术语标准部分为推荐性国家标准项目；有关行业、地方和团体标准，可在推荐性国家标准基础上补充、完善。方法类和引领性标准部分为自愿采用的团体标准项目。现行国家标准和行业标准的推荐性内容，可转化为团体标准，或根据产业发展需要将现行国家标准转为行业标准，今后发布的推荐性国家标准和住房城乡建设部推荐性行业标准可适时转化。其中就包括“2013 清单计价规范”和《房屋建筑与装饰工程工程量计算规范》GB 50854—2013 等 10 个专业工程的计量规范以及《建设工程造价咨询规范》GB/T 51095—2015、《建设工程造价鉴定规范》GB/T 51262—2017、《建设工程造价指标指数分类与测算标准》GB/T 51290—2018 等现行的国家工程造价标准和行业标准。

由于工程建设标准化工作改革的推进，不少工程造价的国际标准将转化为团体标准，故《房屋建筑和市政基础设施项目工程总承包计价计量规范》未予审查颁发。

5. 总承包计价计量规范的编制发布

工程总承包缺少计价计量规则的问题越来越被人们所重视，为贯彻落实《国务院办公厅关于促进建筑业持续健康发展的意见》（国办发〔2017〕19 号），加快推行工程总承包，不少专业人员建议在国家标准还不能出台的情况下，由中国建设工程造价管理协会（以下简称中价协）组织编制工程总承包的团体标准供社会采用，拾遗补缺，待成熟后再转化为国家标准。

正是在这一背景下，《计价计量规范》的编制填补了这一空白。其将与“2013 清单计价规范”一起，为发承包双方了解、选择不同发承包模式下的计价规则提供指引。这一工作是对现行工程计价体系的一次重大改革和完善，是适应建设市场需求、改进工程建设组织方式，以及工程造价管理机制改革的重大举措。

二、规范的编制过程

1. 项目的立项

2021 年 7 月，中价协在“全国团体标准信息平台”网站上发布了“中国建设工程造价管理协会关于《建设工程总承包计价规范》等 7 项团体标准立项的公告”。其后，中价协委托四川省造价工程师协会、中国建筑西南设计研究院等有关单位承担了《计价计量规范》的编制任务。

2. 项目的启动

主编单位接受编制规范的工作任务后，立即按照工程建设标准编制规定的要求组建编制组，并开始编制方案的起草工作。

2021 年 10 月 18 日，中价协在四川成都召开了《计价计量规范》编制工作启动会议，共有 45 位来自部分省财政评审机构、造价总站、造价协会、建设单位、设计院、施工企业、造价咨询企业、律师事务所的编制组代表参加了会议。会议强调，《计价计量规范》的编制目的是以高标准引领国内建设项目工程总承包业务的高质量发展，有力促进工程造价咨询行业的创新、提升与进步，要求编制组在编制过程中严格遵守团体标准的相关规定及程序，相互协调、相互配合、互为补充。

会议讨论了《计价计量规范》编制方案（初稿），并提出了需进一步改进和完善的意见与建议。

3. 初稿及征求意见稿的形成

编制组根据编制方案开始《计价计量规范》初稿的正式编写工作。在编写过程中，编制组以多种形式召开专题研讨会，以解决各种技术问题。《建设项目工程总承包计价规范》T/CCEAS 001—2022（以下简称《计价规范》）编制组于 2021 年 11 月 27 日在编制组微信工作群就市场价格波动调整、里程碑时间节点以及当发包人未按照约定支付进度款时，承包人是否继续施工等问题进行了讨论。《房屋工程总承包工程量计算规范》T/CCEAS 002—2022、《市政工程总承包工程量计算规范》T/CCEAS 003—2022、《城市轨道交通工程总承包工程量计算规范》004—2022（以下简称《计量规范》）编制组于 2021 年 11 月 29 日在编制组微信工作群就项目编码、措施项目等问题进行了讨论。初稿形成后，主编单位在编制组内征求意见，对收到的 22 个单位及个人提出的 229 条修改意见进行了梳理，并逐条给出了处理意见，汇总形成了“修改意见表”，修改《计价计量规范》初稿后发至编制组微信工作群。编制组于 2021 年 12 月 2 日通过网络会议的形式召开了编制组内部初稿讨论会。会议期间，主编单位围绕“修改意见表”及处理意见作了详细汇报；同时，参会专家对初稿的各章节和各条目问题进行了认真讨论和交流梳理。会后，主编单位经进一步完善与修改，于 2021 年 12 月 19 日正式形成征求意见稿。

4. 征求意见阶段

2022 年 1 月 10 日—2 月 28 日，中价协通过其官网面向全国征求对 4 个规范征求意见稿的建议和意见，并面向有关单位和专家定向征求了意见。截止到 2022 年 2 月 28 日，《计价规范》共收到建议和意见 414 条，其中对条文的建议 393 条，《计量规范》共收到建议和意见 92 条。

此后，《计价规范》编制组对反馈建议进行了逐条研究，形成《建设工程总承包计价规范》（征求意见稿）修改建议处理汇总表。《计量规范》编制组对修改建议进行了梳理，并于 2022 年 3 月 18 日在成都召开了征求意见稿修订会议，逐条进行了讨论和修订。

5. 送审稿的形成

《计价规范》编制组根据专家反馈意见对征求意见稿进行了修订与完善，对部分内容进行了文字方面的推敲与修订，于 2022 年 3 月 29 日形成送审稿并报中价协。中价协标准学术部、王中和秘书长分别于2022年4月29日、5月24日向编制组反馈“专家建议汇总”，编制组对专家建议进行研讨后，对送审稿进行了局部修改和调整，于2022年6月10日形成最终送审稿报中价协。

在成都会议后，《计量规范》编制组根据会议精神，对该规范内容表述的一致性按照工程建设标准编写的有关规定进行了全面系统的修改与完善。对部分内容又进行了最后文字方面的推敲与修订，并于2022年3月29日形成送审稿并报中价协。

6. 报批稿的形成

中价协于2022年6月24日召开《建设项目工程总承包计价规范（送审稿）》审查会。受国内疫情影响，审查会采用了线上、线下相结合的形式，其中部分专家参加了设在四川成都的线下会议。审查会成立了以胡传海为组长的7人专家审查组。审查组通过逐条审查，一致通过了该规范，并对进一步完善该规范提出了修改意见。会后，编制组对审查意见逐条分析，并分别于2022年7月7日、7月13日在编制组微信工作群进行讨论研究后，对部分内容进行了修订。其中按照审查意见，将规范名称修改为“建设项目工程总承包计价规范”，通用术语定义内容减少9条；实质性条文修改共计26条，仅对条文部分文字修改共计36条。最终于2022年7月27日形成报批稿。

中价协于2022年6月28日、29日分别召开《房屋建筑工程总承包工程量计算规范（送审稿）》《市政工程总承包工程量计算规范（送审稿）》《城市轨道交通工程总承包工程量计算规范（送审稿）》审查会。受国内疫情影响，审查会采用了线上、线下相结合的形式，其中部分专家参加了设在四川成都的线下会议。3个审查组通过逐条审查，一致通过了3本规范，并对进一步完善3本规范提出了修改意见。会后，编制组对审查意见逐条分析，并于2022年7月11日在编制组微信工作群进行意见征集，最终于8月3日形成3个规范的报批稿。

三、编制规范的原则和依据

我国的工程计价计量体系主要是建立在施工图基础上的，因此在建设项目采用工程总承包时，没有与之相适应的计价、计量规则，导致实践中往往运用现行的施工发承包工程计价体系，采用“模拟清单”“费率下浮”的方式进行招标发包。这种方式不符合工程总承包的客观规律，导致合同约定总价形同虚设，出现如下后果：一是“模拟清单”或“费率下浮”，结算时只能再按承包人设计的施工图重新算量计价，为承包人过度设计打开方便之门，本应由承包人承担的风险转由发包人承担，造成不少项目的工程结算远超签约合同价，不少政府投资项目投资失控、严重超概。又倒退回“事前不算账，事后算总账”的老路，加重了政府财政压力。二是承包人按照工程总承包的正常做法，通过优化施工设计、优化施工组织、优化施工措施等降低成本的方式，但结算时也只能按施工图重新算量计价，造成了承包人的一切优化随风吹，违背合同的诚信原则，严重挫伤了承包人的积极性。这种总承包计价方式背离了工程总承包的目标，与推行工程总承包的初衷背道而驰，制约了工程总承包的顺利推行。

开展工程总承包的40余年，我们仍然有不少问题没有得到真正解决，需要我们面对问题，直面痛点、勤于思考、勇于实践，持续提升适用于工程总承包的管理能力，推动我国工程总承包的健康、可持续发展。

1. 编制规范的意义

（1）是推行工程总承包的必然要求。在社会主义市场经济条件下，工程价款的结算与支付均应当通过发承包双方的工程合同约束，这就需要合理界定工程总承包计价的范围，价款约定、价款的调整与索赔、价款的结算与支付等，以规范发承包双方签约和履约行为，因此出台计价规范是改变当前工程总承包计价缺乏依据的迫切要求。

（2）是投资评审和审计的客观需要。政府投资项目由政府投资主管部门进行投资评审，审计部门进行审计监督是必备程序，由于没有适应工程总承包计价程序、计价规则等方面的规定，财政评审、工程审计只好仍沿用施工图发承包的规定，有的地方明文规定工程总承包采用总价合同，但又规定结算按施工图预算评审办理，导致合同约定前后矛盾，从而增加合同纠纷。因此，出台总承包计价规范是确保投资评审、工程审计有据可依的客观需要。

（3）是规范建设市场行为的重要前提。工程计价运行机制是推行工程总承包最重要的组成部分，但受传统施工承包模式计价的影响以及在强调市场决定价格时，忽视计价规则方面的引导，导致长期以来适应工程总承包的计价规则缺失，为避免出现“穿着工程总承包的新鞋，走着施工总承包的老路”的现象，出台工程总承包计价规范是规范市场行为的重要前提。

2. 编制原则

（1）问题导向原则。当前，推行工程总承包存在种种问题。《计价计量规范》本着问题导向的原则，全面系统梳理了工程总承包计价活动中存在的问题，并加以认真分析研究，以此为基础编写《计价计量规范》，才能“知不足而后进”“防患于未然”，认真地解决问题，使工程总承包计价活动有章可依、有规可循。

（2）遵循规律原则。规律是不以人的意志为转移的客观存在的规则。“天不言而四时行，地不语而万物生”。建设项目工程总承包作为工程建设组织模式的一种，也必须在遵循客观规律的基础上进行。《计价计量规范》遵循这一基本原则，在费用项目组成、工程价款结算与支付、工程计价风险的分摊等方面，体现工程总承包计价的内在逻辑。

（3）权责对等原则。权责对等原则指权利应当具有与责任相应的准则，即责任和权利应当相等，相互匹配，且应当统一、不能分开。在社会主义市场经济条件下，发包人与承包人之间的交易价格应做到公平。因此，《计价计量规范》根据工程总承包的特点，按照权责对等的原则，对于发承包双方在工程总承包计价中各自应承担的风险作了合理划分。

（4）博采众长原则。博采众长意指广泛采取各方面的优点、长处。《计价计量规范》在编制中认真总结了我国不同专业工程总承包的经验教训，参照了不同的工程总承包合同范本，同时借鉴了国际上特别是 FIDIC 合同条件有关工程总承包的做法，结合我国工程总承包的特点、实际设置条文，力争为工程总承包做好引导。

（5）简明适用原则。简明适用一直是我国工程定额编制的基本原则，即大道至简的体现，主要指一是简单明了，二是适用性强。《计价计量规范》借鉴这一原则，简明是指《计价计量规范》的条文应当简单明确，即将复杂问题简单化。适用是指《计价计量规范》的条文具有可操作性，按照有关部门对工程建设设计深度的规定设置项目，便于各方理解使用。

（6）守法从约原则。守法即遵守法律规定，是民法典对民事主体从事民事活动的基本要求，《计价计量规范》对条文做到依法设置。例如，有关招标投标和合同价款约定的设置，遵循《民法典》《中华人民共和国招标投标法》（以下简称《招标投标法》）的相关规定；有关工程结算的设置，遵循《民法典》《建筑法》以及相关司法解释相关规定。

从约即遵从合同约定，建设工程计价活动是发承包双方在法律框架下签约、履约的活动。因此，遵从合同约定，履行合同义务是双方的应尽之责。《计价计量规范》在条文上坚持“按合同约定”的引导，但在合同约定不明或没有约定的情况下，或发承包双方发生争议且不能协商一致时，规范就会在处理争议方面发挥积极作用。

3. 规范的编制依据

（1）《民法典》总则编和合同编、《建筑法》《招标投标法》《政府投资条例》等相关法律法规。

（2）《国务院办公厅关于促进建筑业持续健康发展的意见》（国办发〔2017〕19 号）。

（3）国家标准化管理委员会、民政部印发的《团体标准管理规定》（国标委联〔2019〕1 号）。

（4）住房城乡建设部、国家发展改革委印发的《房屋建筑和市政基础设施项目工程总承包管理办法》（建市规〔2019〕12 号）。

（5）国家发展改革委等九部委印发的《标准设计施工总承包招标文件》（发改法规〔2011〕3018 号）。

（6）住房城乡建设部、国家市场监管总局发布的《建设项目工程总承包合同（示范文本）》GF-2020-0216。

（7）财政部印发的《基本建设项目建设成本管理规定》（财建〔2016〕504 号）。

（8）住房城乡建设部以及有关工程管理部门发布的专业工程投资估算、设计概算编制办法中的建设项目投资费用构成。

（9）2018 年《房屋建筑和市政基础设施项目工程总承包计价计量规范》（征求意见稿）。

（10）《建筑工程设计文件编制深度规定（2016 版）》（建质函〔2016〕247 号），《市政公用工程设计文件编制深度规定（2013 版）》（建质〔2013〕57 号），《城市轨道交通工程设计文件编制深度规定》（建质〔2013〕160 号）。

（11）工程建设标准编制指南。同时借鉴 FIDIC《生产设备和设计——施工合同条件》《设计采购施工（EPC）/交钥匙工程合同条件》（2017 版）。

四、规范解决的主要问题

1.《计价规范》

（1）明确了工程总承包应当采用的计价规则。本规范正本清源，全面、系统、详尽地对工程总承包的计价作了引导式的规范，与适用于施工总承包的“2013 清单计价规范”区分开了。

（2）重新定义了工程计价应当遵循的原则。本规范依据《民法典》的规定，将工程计价应当遵循的原则定义为平等、自愿、公平、诚信、守法、绿色。首次明确了处理计价争议的原则。

（3）定义了工程总承包计价需要的术语。根据总承包计价的需要制定了工程总承包、工程费用、里程碑等术语，修改了工程变更、税金等术语的内涵，与施工总承包下的工程变更从内涵上予以区分，与营业税下的税金作了区分。

（4）明确了工程总承包不同模式及其在不同发包阶段的适用条件。不同的工程总承包模式下的计价存在明显区分，有其各自的适用条件，本规范对此作了明确界定，避免对 EPC 的滥用。可行性研究、方案设计或初步设计下的工程总承包内容是不同的，本规范对此作了界定，为选择工程总承包模式作了引导。

（5）明确了工程总承包的费用项目组成。改变了目前工程总承包一般仅包括设计费和建安工程费的认知，根据可行性研究及方案设计或初步设计阶段下建设项目总投资项目费用组成，提出了工程总承包的费用组成，可以根据发承包范围予以增减，同时，在用词上与其保持了一致，如不使用暂列金额而采用预备费，作了无缝衔接。

（6）明确了“发包人要求”是采用工程总承包模式的前提。“发包人要求”在工程总承包中具有不可替代的重要地位，本规范为此在多个条文中均有涉及该文件的规定。

（7）明确了工程总承包投资控制的基础。本规范将工程总承包投资控制的目标前移至投资估算或设计概算，避免工程总承包仍按施工图预算评审控制投资的不恰当做法，使工程总承包的投资控制目标与其发承包范围一致，便于实现。

（8）界定了不同工程总承包模式下勘察、设计的范围。根据《岩土工程勘察规范》GB 50021—2001 和各专业工程设计文件编制深度的规定和要求，对不同工程总承包模式、不同工程发承包阶段下发承包人负责勘察、设计的范围作了指引。

（9）厘清了工程总承包适用的合同方式。本规范明确了工程总承包宜采用总价合同，同时又规定总价合同条件下，对施工条件易变的项目可采用工程量×单价的方式。

（10）明确了“营改增”后工程总承包合同中的税金处理方式。本规范通过“营改增”后工程计价实践的调查研究，根据税法，对税金作了明确定义，即进入工程造价的是应纳增值税，而非销项税。提出了税金在工程总承包合同约定中的两种处理方法，即税金计入价格清单或税金单列。

（11）明确了工程总承包的材料、设备由承包人采购。本规范明确工程总承包由承包人负责材料、设备采购，并在条文说明中指出甲供材料设备在工程总承包中的弊端，首次在计价规范中明确材料、设备需加工定制的处理方式，以及工程实施过程中更换材料、设备的责任归属。

（12）明确了工程总承包计价风险的分担。本规范根据 EPC 和 DB 的不同，明确了不同工程总承包模式下发承包双方合理分担各自的风险和责任。

（13）明确了项目清单和价格清单的编制和作用。根据工程总承包的逻辑，明确项目清单、价格清单的数量及其价格仅作为变更和支付的参考，并对项目清单、价格清单的形成与使用作了规定，与“2013 清单计价规范”的工程量清单和已标价工程清单区分开了。

（14）明确了工程总承包发包阶段的标底或最高投标限价的选择、形成和评标。本规范优先推荐工程总承包发包时采用标底作为投资控制的限额，并规定了评标定价的注意事项。明确标底或最高投标限价直接采用与发承包阶段相对应的投资估算或设计概算中与发承包范围一致的估算、概算金额作为标底或最高投标限价，而无须另外重新编制。

（15）明确了工程总承包的计量。本规范按照工程总承包的规律，明确规定工程总承包采用总价合同除工程变更外，工程量不予调整。同时，对施工条件变化无法把握的个别项目可以单独立项，按照实际工程量和单价进行结算。

（16）明确了预备费在可调和固定总价合同中的用途。本规范根据可调总价合同和固定总价合同的不同，明确规定预备费在固定总价合同中应作为风险包干费用不予调整。

（17）明确了承包人在合同约定范围内设计收益的归属。本规范针对工程总承包中承包人优化设计、深化设计以及进行设计优化形成利益或增加的费用调整容易产生的争议，根据工程总承包的内在逻辑进行了界定。

（18）明确了联合体承包范围内的设计变更由承包人负责。工程总承包由设计单位和施工企业组成联合体承包的，应确定牵头单位，设计单位对合同约定范围内的设计进行变更的，应由承包人（联合体）负责。

（19）明确了合同价款调整的事项和方法。工程总承包合同虽然是总价合同，除发承包双方将其签订为固定总价合同外，引起合同约定条件变化的因素出现时，仍可调解合同价款，本规范在第 6 章作了规定。本规范采用国际通行做法，根据《标准设计施工总承包招标文件》（2012 版）中的通用合同条款和《建设项目工程总承包合同示范文本》的相关条文，提出采用适应工程总承包的指数法调整价差。

（20）明确了工程总进度计划与里程碑节点的划分。本规范根据工程总承包的特点，明确了工程总进度计划与里程碑节点的划分，作为控制工程进度和工程款支付分解的依据。

（21）明确了工程总承包合同价款期中结算与支付。本规范适应工程总承包的合同价款结算与支付的需要，提出采用合同价款支付分解表，按照承包人实际完成工程进度计划的里程碑节点进行结算与支付。

（22）明确了工程总承包竣工结算与支付。本规范按照相关文件规定，明确合同工程实施过程中，已经办理并确认的期中结算价款应直接进入竣工结算。

（23）明确了工程总承包的工期管理。工期与工程价款的确定密切相关，本规范根据工程总承包的需要，首次将工期列入了计价规范，以便于发承包双方对工期的重视。

（24）明确了工程总承包合同解除后的计价与支付。本规范根据工程总承包合同解除的不同原因（协议解除、违约后解除、因不可抗力解除），明确了其计价范围的结算与支付。

（25）明确了调解在工程总承包合同价款与工期争议中的作用。本规范根据中共中央关于建立多元化纠纷调解机制的要求，在《计价规范》第 9 章中单列一节对调解及其程序作了规定。

2.《计量规范》

（1）解决工程总承包的计量问题。本规范结合工程总承包招标图纸深度特点制订了适用于工程总承包发包阶段方案设计或初步设计的不同设计深度的工程量计算规则，解决了工程总承包不同设计深度发包图纸与项目清单工程量计算规则之间的匹配性问题。

（2）解决项目编码科学设置的问题。科学设置适应于不同阶段的工程总承包和施工总承包的编码体系，以便计算机识别进行大数据处理，方便得出不同专业工程所需的计价数据。

（3）解决了工程造价数据采集问题。工程总承包编码体系根据工程造价数据规律对编码赋函，按照专业工程分类码、工程类型分类码、单位工程分类码、方案设计后分类码、扩大分部分类码、扩大分项分类码、自编码进行编码，形成了可粗可细、可收可放的工程造价编码体系，有利于工程造价分类分层次采集，有利于工程造价数据的归纳和应用。

（4）解决了不同阶段工程计价数据统一问题。根据投资估算、设计概算、标底或最高投标限价、合同价、工程结算编制结构、框架层次统一性问题，形成了贯穿建设项目全过程的数据体系，打通了建设项目全过程造价数据传递通道，有利于工程造价的全过程管理。

（5）解决工程总承包不同阶段发包设计深度工程量计算问题。工程总承包工程量计算规范根据工程总承包发承包阶段特点，以可行性研究、方案设计深度、初步设计深度为依据，形成可行性研究或方案设计后以单位工程为项目单元、初步设计后以扩大分项工程为项目单元的项目清单设置原则和项目清单工程量计算规则，从而解决了方案设计后、初步设计后发包工程工程量计算深度问题。

（6）解决了工程总承包计量规范使用便利性问题。工程总承包工程量计算规范各专业工程均包含了本专业建设项目工程建筑安装工程造价的全部内容，如房屋工程包括土建、装饰、给排水、强电、弱电智能化、暖通、室外总平、专项工程、外部配套等全部工程，在使用时可以在一本规范中找到全部适用项目，解决了工程总承包计量规范使用便利性问题。

（7）解决了工程总承包需求变化与工程造价的联动性问题。工程总承包项目清单以实体工程为对象，以全费用构成为综合单价构成，有利于实时反映分部分项工程造价变化，动态反映需求变更造价变化情况，有利于工程总承包项目设计优化。

（8）解决了机电安装工程初步设计深度工程量计算的适应性问题。工程总承包初步设计后发包时，由于机电安装工程初步设计设计深度原因，机电安装工程末端管线等相关内容在初步设计图纸中没有反映，本规范机电安装工程计算规则结合机电安装工程设计深度特点，以服务面积、服务容量、服务点位等关键指标进行计量，如空调系统项目清单按空调服务面积进行计量，变配电系统项目清单按变配电负荷进行计量，视频监控系统按末端点位进行计量等，从而解决了机电安装工程初步设计深度工程量计算的适应性问题。

3.《计价计量规范》与“2013 工程量清单计算规范”的主要区别

（1）适用范围不同。“2013 工程量清单计算规范”适用于完成施工图设计后发包的施工总承包项目，相应的项目编码规则、项目特征描述方式以及工程量计算规则都是在项目已经具备了施工图的基础上进行规定的。但是在我国的工程实践中，越来越多的项目并不是在施工图设计完成后才进入发承包阶段，尤其是《国务院办公厅关于促进建筑业持续健康发展的意见》（国办发〔2017〕19 号）提出“加快推行工程总承包”后，EPC 方式的普遍采用使得发承包时点大大提前于施工图阶段。因此，要求施工图设计完成后才能编制工程量清单的制度与现实的需求越来越脱节，即传统的“工程量清单”的定义及编制规则已经不能满足目前建设项目不同发承包时点的需要。正是基于这些现象，《计量规范》应运而生。《计量规范》适用于完成方案设计或初步设计发包的工程总承包项目，总包计量规范附录按适用于方案设计（可行性研究）后工程总承包项目和适用于初步设计后工程总承包项目两个层级进行编排，使得工程项目划分更加完善，建立多层级工程量清单，满足不同设计深度、不同复杂程度需求下工程计价的需要。

（2）清单子目的设置原则与结构不同。总包计量规范中的项目清单子目设置按两阶段分别与方案设计、初步设计深度相匹配，与“2013 工程量清单计算规范”的分部分项子目相比，包含的内容有所扩大，将需要承包人应完成的设计深化与设计深化带来的风险包含在相应项目清单子目中，由承包人承担。同时将承包人在不同设计深度下拥有的设计优化权力交还给承包人。

（3）清单编码方式不同。与“2013 工程量清单计算规范”的五级清单编码相比，总包计量规范中的项目清单编码分为七级。从下图中可知，相较于“2013 清单计价规范”，《计价计量规范》清单编码分为方案设计后项目清单编码和初步设计后项目清单编码，新增房屋类型分类码，并根据清单子目设计原则将自编码按设计阶段分为方案设计后自编码与初步设计后自编码。以房屋工程为例：

房屋类型分类码的增加，考虑了数据库进行项目数据归集的需要，在房屋工程、市政工程与城市轨道交通工程的一级专业编码下进一步细分了房屋类型并赋予两位数编码，便于不同建筑类型指标收集与统计。

在房屋分类的基础上，总包计量规范将项目清单编码按方案设计和初步设计两个阶段分层级逐级编码，使用时进行排列组合，便于分层级逐级收拢，同时与原有工程量清单的分部分项相衔接。

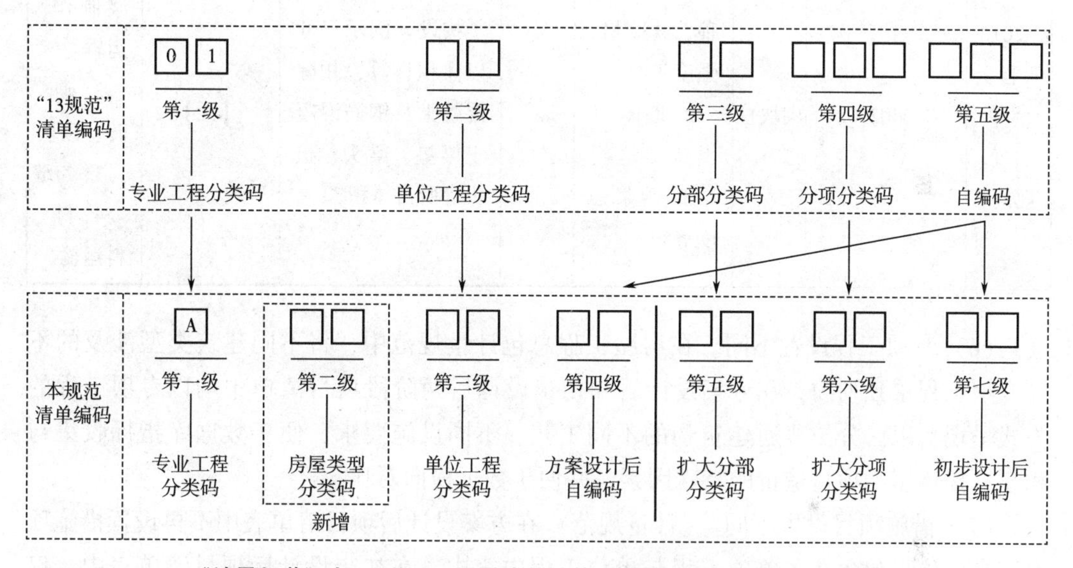

《计量规范》与“2013 工程量清单计算规范”清单编码方式对比图

（4）清单编码含义不同。《计量规范》清单编码每级编码均对应不同层级造价数据指标，一级~七级编码形成可收缩可展开的工程造价数据体系，有利于工程造价指标的收集和整理。

（5）项目清单表构成不同。《计量规范》中的项目清单表由项目编码、项目名称、计量单位、计量规则、工程内容 5 项构成。“2013 工程量清单计算规范”中的分部分项清单表由项目编码、项目名称、项目特征、计量单位、计量规格、工作内容 6 项构成。变化之一是：总包计量规范项目清单表中取消“项目特征”，对项目清单的工作要求通过“发包人要求”进行约束；变化之二是：将重点描述工作工序的“工作内容”转变为描述组成该项目清单应包括的“工程内容”，即明确综合单价所包含的所有工程内容，只考虑最终交付成果是否满足发包人要求，不考虑完成工作工序的工作内容，将设计深化与设计深化带来的风险分摊至承包人，也能在一定程度上促进承包人积极发展施工工艺与技术。

以砌筑工程为例进行对比见下表。

《计量规范》与“2013 工程量清单计算规范”项目清单表构成

计量规范	项目编码	项目名称	项目特征	计量单位	计量规则	工程内容	工作内容
《计量规范》	A××2×××0603	砌筑柱	【取消】	m^3	按设计图示尺寸以体积计算，过梁、圈梁、反边、构造柱等并入砌块砌体体积计算	【新增】包括砌体、钢筋等全部工程内容	【取消】
“2013 工程量清单计算规范”	010402002	砌块柱	1. 砌块品种、规格、强度等级 2. 墙体类型 3. 砂浆强度等级	m^3	按设计图示尺寸以体积计算，扣除混凝土及钢筋混凝土梁垫、梁头、板头等所占体积	【无】	1. 砂浆制作、运输 2. 砌砖、砌块 3. 勾缝 4. 材料运输

（6）专项工程设置不同。在房屋工程总包计量规范中，将不同建筑类型涉及的不同专项工程单独列项，在方案设计后和初步设计后两阶段项目清单中均以专项工程的方式呈现，以区分与普通建筑物的不同工艺、不同设施要求，便于数据库指标收集与积累，提炼影响项目造价的特殊因素，并便于数据横向对比。

（7）措施项目设置不同。《计量规范》在方案设计后项目清单表中不再设置措施项目，措施项目包含在各单项工程与单位工程内容中。在初步设计后项目清单表中，仅设置原工程量清单计量规范中的部分总价措施项和投标人需要单列的特殊措施项，其他单价措施项目均包含在相应的实体工程项目清单的工程内容中，不再单列。

（8）专业工程划分不同。《计量规范》包括《房屋工程总承包工程量计算规范》《市政工程总承包工程量计算规范》《城市轨道交通工程工程量计算规范》，均包括了每个专业工程中所涉及的全部专业工程内容，如房屋工程包括土建、装饰、给排水、强电、弱电智能化、暖通、室外总平、专项工程、外部配套等全部工程，保持了专业工程内容的完整性和合理性。

五、《计价计量规范》的特点和作用

1.《计价计量规范》的制定填补了空白

《计价计量规范》聚焦了工程总承包这一新模式，填补了无工程总承包计价标准的空白，对工程总承包计价具有指导作用。

2.《计价计量规范》的制定符合团体标准的编制原则

（1）开放原则。《计价计量规范》编制组成员涵盖了与工程总承包相关的政府投资及评审管理机构、工程造价管理机构、建设单位、设计院、施工企业、咨询企业以及律师事务所，代表性广泛，为《计价计量规范》的顺利编制奠定了基础。

（2）透明原则。《计价计量规范》立项在国标委网站面向全国公开征求意见，且征求意见稿面向全国公开征求意见。

（3）公平原则。《计价计量规范》主要是规范发承包双方的计价行为，条文设置体现了权责对等，风险合理分担。

3.《计价计量规范》的编制符合团体标准的要求

（1）符合《中华人民共和国标准化法》的规定。

（2）符合国标委、民政部《团体标准管理规定》（国标委联〔2019〕1号）的规定。

（3）编写格式符合住房和城乡建设部《工程建设标准编写规定》的规定。

4.《计价计量规范》的特点

（1）传承性。使用名词、阶段划分等与工程建设领域保持对接。

（2）创新性。不少内容均是针对工程总承包计价的首次规定。

（3）前瞻性。针对工程总承包存在的问题，提出了解决方案。

（4）可操作性。从前期发包到最终结清，工程计价各阶段的内容规定明确具体，方便使用。

（5）可选择性。有两种方式的均并列列出，供发承包双方选用。

5.《计价计量规范》与现行标准具有互补关系

《计价计量规范》与“2013 清单计价规范”的关系是互补的。因“2013 清单计价规范”所规范的范围是基于施工图设计的项目，适用于施工总承包。《计价计量规范》所规范的范围是建设项目工程总承包，适用于包括设计、采购、施工和设计、施工等阶段的工程总承包。

6. 需要说明的问题

（1）《计价计量规范》在今后的实施中，应注重资料的积累，以便下一步修订时，进一步完善。

（2）《计价计量规范》实施中，对于发包人要求还需进一步做好指引，以推动工程总承包的健康开展。

《计价计量规范》正本清源，是我国首部全面、系统、详尽地引导工程总承包计价的标准规范，与适用于施工总承包的“2013 清单计价规范”的区分就像“雄鹰之两翅、铁道之双轨”，共同标志着我国适用于不同设计深度、不同管理需求、不同发承包模式的计价规则已经建立，对于规范工程总承包计价行为，促使工程总承包健康有序、可持续、高质量发展具有积极意义。

前　言

自2016年以来，建设项目工程总承包是各地采用较多的一种发包模式，也是工程建设领域的热门话题，但近两年却呈现断崖式下滑。不少政府投资项目面临工程结算严重超过合同总价，进而严重超概，陷入结算难办的尴尬境地。正如某地总结工程总承包试点所讲，“穿的是工程总承包的新鞋，走的是施工总承包的老路”。面临工程总承包长期缺少计价计量规则，不适应工程总承包发展的状况，2022年12月中价协发布了《建设项目工程总承包计价规范》T/CCEAS 001—2022以及房屋、市政、城市轨道工程三本计量规范，标志着我国首部全面、详尽、系统地引导工程总承包计价计量的规则终于经过近10年的论证、实践、打磨而出台。填补了我国工程总承包计价规则的空白，社会反响热烈。受到了财政评审、工程审计、建设管理等政府部门，建设、设计、施工、咨询单位等建设市场主体以及处理合同纠纷案件的人民法院、仲裁机构、律师事务所的广泛关注。随着中价协组织的规范宣贯，掀起了一波学习工程总承包计价规则的热潮，互联网上一些专业人士也纷纷对总承包计价规范进行解读。为帮助使用者在实践中精准把握规范，《计价计量规范》编制组部分人员经过大半年的努力，编写了本书，以期对工程总承包的推广有所助益。本书具有以下特点：

（1）传承性与创新性的统一。我国基本建设经过70多年来的实践，已经形成了一套行之有效的程序，从工程计价的角度来讲，按照工程建设不同阶段形成的技术文件，形成了以项目建议书、可行性研究报告、方案设计文件为支撑的投资估算，以初步设计文件为支撑的设计概算，以施工图设计文件为支撑的施工图预算，以竣工项目交付标准（竣工图）为支撑的竣工结算。传统的施工发承包模式的计价基础就是建立在施工图设计文件上。工程总承包由于设计施工一体化的高度融合，承包人将承接施工图设计甚至是初步设计，因此，《计价计量规范》将工程总承包的计价基础建立在投资估算或设计概算上就是必然选择。工程总承包与施工总承包各有其内在逻辑和应当遵循的客观规律，不能相互混淆。实践已经证明，用施工总承包的思维推行工程总承包必然会带来种种问题。《计价计量规范》按照工程总承包的客观规律，在总结经验教训的基础上，提出了适用于工程总承包计价的新方法，例如，以估算或概算作为计价基础，EPC与DB的选用，里程碑与合同价款支付分解，指数法调整价差等，这些规定都比较详尽、具体，具有可操作性。

此外，在建设项目费用的选择及术语名称上保持了工程建设费用项目约定俗成的用语，与其无缝衔接，以方便理解和使用。

（2）理论性与实践性的统一。工程造价是一门实践性很强的技术经济学科，本书编写者参与了工程总承包计价规范从构思、调研、论证、起草、修改到最终成稿的过程。参与了对一些疑难问题，如增值税在计价中的处理，指数法价差调整等课题的科学研究。计量规范的编写者是从事可行性研究、方案设计、初步设计、施工图设计的估算、概算、预算编制等工作，具有丰富实际工作经验的行家里手，较为详细介绍了工程总承包计价的思路，并附相关案例，尽可能实现了理论与实践的有机结合。

（3）专业性和法律性的统一。工程造价是一门技术与经济相互融合的专业工作，需要遵守相关工程建设的标准规范，工程造价的形成最终确定还需要遵守《民法典》《建筑法》《招标投标法》等法律法规，专业性与法律性二者缺一不可。本书在解读中引用并编入相关的法律法规、规范性文件的条文，方便使用者查阅。

本丛书第一本《建设项目工程总承包计价规范应用指南》的“条文解读”对设置条文的宗旨、理解作了介绍，“应用指引”给出了应用该条文的思路和方法，“法条链接”指出了引用法律法规、部门规章、规范性文件的条文。

本丛书第二、第三本，分别对房屋工程、市政工程、城市轨道交通工程总承包计量规范的条文、附录进行“要点说明”，并分别用EPC、DB案例介绍了发包人要求、项目清单、标底/最高投标限价、价格清单、工程结算（预付款、价款调整、进度款、竣工结算、最终结清），增强使用者对工程总承包计价的认识。

本书引用现行法律法规、规范性文件外，还引用一些相关文献列入参考文献中，在此对文献作者表示由衷的感谢！

由于工程总承包计价的专业规范和法律规定相对欠缺，即使经验丰富的专家难免也有左右为难的问题，一些观点与分析还有待进一步接受市场检验，加之编写者水平有限，成书时间仓促，不足之处望读者批评指正为感。

编写组
2023年12月

目　　录

1　总　　则 …… 1
2　术　　语 …… 3
3　工程量计算 …… 5
4　项目清单编制 …… 7
　4.1　一般规定 …… 7
　4.2　项目清单 …… 7
附录 A　可行性研究或方案设计后项目清单 …… 12
附录 B　初步设计后项目清单 …… 23
案例 A　可行性研究或方案设计后工程总承包（EPC）案例 …… 87
案例 B　初步设计后工程总承包（DB）案例 …… 144

1 总 则

【概述】

本规范第1章“总则”共计5条，从整体上叙述有关本规范编制与使用的几个基本问题。主要内容为编制目的、适用范围、基本原则、使用范围以及执行本规范与执行其他标准之间的关系等基本事项。

1.0.1 为规范房屋工程总承包计量行为，统一房屋工程总承包工程量计算规则、项目清单编制方法，制定本规范。

【条文解读】

本条阐述了制定本规范的目的。

制定本规范的目的在于“规范房屋工程总承包计量行为，统一房屋工程总承包工程量计算规则、项目清单编制方法”。

1.0.2 本规范适用于房屋工程总承包计价活动中的工程量计算（以下简称工程计量）和项目清单编制。

【条文解读】

本条说明本规范的适用范围。

本规范的适用范围是工业与民用的房屋建筑工程总承包计价活动中的“工程量计算和项目清单编制”。

1.0.3 发承包人在建设项目工程总承包的计量活动中法律地位平等，应遵循自愿、公平、诚信、守法、绿色的原则。

【条文解读】

本条阐述了使用本规范的基本原则。

本规范的使用者在建设项目工程总承包的计量活动中法律地位平等，使用原则是“自愿、公平、诚信、守法、绿色”。

1.0.4 本规范分为可行性研究或方案设计后项目清单、初步设计后项目清单。具体内容见本规范附录A和附录B。

【条文解读】

本条说明本规范适用的发承包阶段。

本规范适用的发承包阶段为两个阶段，分别是可行性研究或方案设计后发包的房屋工程总承包项目和初步设计后发包的房屋工程总承包项目。

1.0.5 房屋工程总承包的计量除应符合本规范外，尚应符合国家现行有关标准的规定。

【条文解读】

本条规定了执行本规范与执行其他标准之间的关系。

本条明确了本规范的条款是房屋工程总承包计价与计量活动中应遵守的专业性条款，在工程计量活动中，除应遵守本规范外，还应遵守国家现行有关标准的规定。

2 术　　语

【概述】

本规范第2章“术语”共计4条，按照编制标准规范的要求，“术语”是对本规范特有术语给予的定义，避免规范贯彻实施过程中由于不同理解造成的争议。

2.0.1　房屋工程　　building works

在固定地点，为使用者或占用物提供庇护覆盖以进行生活、生产或其他活动的实体，可分为工业建筑和民用建筑。

【条文解读】

“房屋工程”是指在固定地点，为使用者或占用物提供庇护覆盖以进行生活、生产或其他活动的实体，可分为工业建筑和民用建筑。房屋工程与其他工程区别在于：一是有固定地点；二是实物体；三是功能满足，为使用者或占用物提供生活、生产或其他活动的庇护覆盖，用于工业和民用。

2.0.2　工业建筑　　industrial building

提供生产用的各种建筑物和构筑物，如车间、动力站、烟囱、水塔、与厂房相连的生活间、厂区内的库房和运输设施等。

【条文解读】

“工业建筑”是指提供生产用的各种建筑物和构筑物，如车间、动力站、烟囱、水塔、与厂房相连的生活间、厂区内的库房和运输设施等。明确了工业建筑功能是提供生产使用，也进一步明确与生产使用相关联的建筑物和构筑物亦归属工业建筑。

2.0.3　民用建筑　　civil building

非生产性的居住建筑和公用建筑，如住宅、办公楼、幼儿园、学校、食堂、影剧院、商店、体育馆、旅馆、医院、展览馆、航站楼、车站等。

【条文解读】

“民用建筑”是指非生产性的居住建筑和公用建筑，如住宅、办公楼、幼儿园、学校、食堂、影剧院、商店、体育馆、旅馆、医院、展览馆、航站楼、车站等，明确了与工业建筑的区别是非生产性建筑物和构筑物，又隶属房屋工程，主要体现在居住和公共使用。

2.0.4 项目编码 item code

用于标识工程总承包项目清单的名称所采用的阿拉伯数字及字母。

【条文解读】

"项目编码"是指用于标识工程总承包项目清单的名称所采用的阿拉伯数字及字母，明确了项目编码的功能是标识工程总承包项目清单的名称，也明确了项目编码的组成元素为阿拉伯数字及字母。

3 工程量计算

【概述】

本规范第3章“工程量计算”共计5条，明确了工程计量的依据、计量单位和工程内容，确定了工程量有效位数遵守原则，规定了服务面积的计算规则。

3.0.1 工程量计算除应符合本规范相关规定外，还应依据可行性研究文件、方案设计文件、初步设计文件及其他有关技术经济文件。

【条文解读】

本条规定了工程量计算的依据。明确工程量计算，一是应遵守《房屋工程总承包工程量计算规范》T/CCEAS 002—2022的各项规定；二是应依据可行性研究或方案设计、初步设计文件以及其他有关技术经济文件进行计算。

3.0.2 工程总承包项目清单的计量单位应按本规范附录中规定的计量单位确定，本规范附录中有两个或两个以上计量单位的，应结合拟建工程项目的实际情况，同一项目宜选择其中一个计量单位。

【条文解读】

本条规定了附录中有两个或两个以上计量单位的项目，在工程计量时，应结合拟建工程项目的实际情况，选择其中一个作为计量单位，在同一个建设项目（或标段、合同段）中，有多个单位工程的相同项目的计量单位必须保持一致。

3.0.3 工程量计算时每个项目汇总的有效位数应符合下列规定：

1 以“t”“m”“m^2”“m^3”“kg”“m^3/d”“m^3/h”“kV·A”“kW/h”为单位的，应四舍五入为整数；

2 以“个”“根”“部”“块”“防区”“系统”“点位”“座”“门”“樘”“台”“株”“丛”“樘”“套”“频道”“项”“站”为单位的，应取整数。

【条文解读】

本条规定了工程计量时，项目清单工程量的有效位数，体现了统一性。

在征求意见阶段，有部分专家提出工程量应该精确至2位小数，以“t”为单位的，则精确至3位小数。经过编制组研究讨论认为：首先，无论是可行性研究阶段还是初步设计阶段，设计方案图纸并非最终施工图纸，过于追求工程量的精度并无太大意义；其次，工程总承包项目以总价合同为主，工程量的小数位数对总价影响较小。故编制组结合以上因素及行业习惯，确定了最终的小数位数保留要求。

3.0.4 本规范服务面积是指根据现行国家标准《建筑工程建筑面积计算规范》GB/T 50353计算的为相关工程服务的对应建筑面积。

【条文解读】

本条规定了服务面积的计算规则，服务面积指根据《建筑工程建筑面积计算规范》GB/T 50353—2013计算的为相关工程服务的对应建筑面积。

3.0.5 除另有规定和说明外，本规范项目清单应视为已经包括完成该项目的全部工程内容。

【条文解读】

（1）本条附录中的“工程内容”不同于《建设工程工程量清单计价规范》GB 50500—2013中的“项目特征”。

在《建设工程工程量清单计价规范》GB 50500—2013中，项目特征是构成清单项目价值的本质特征，单价的高低与其具有必然联系。

在工程总承包模式下，合同价格以总价包干为主。发包人对技术要求、功能需求等在“发包人要求”中予以明确，承包人可以在满足“发包人要求”前提下，自行优化。故本规范的“工程内容”，列举了项目清单包含的工程内容，目的是便于使用者厘清各项目清单涵盖的内容。

因此可以看出，项目清单对应的是可行性研究/方案设计或初步设计图纸，项目清单中的工程内容来自可行性研究/方案设计或初步设计图，其内涵及本质与工程量清单的项目特征不同。

（2）本规范对项目的工程内容进行了规定，除另有规定和说明外，应视为已经包括完成该项目的全部工程内容，未列内容不另行计算，未发生的内容也不应扣除；本规范附录项目工程内容列出了主要工程内容，施工过程中为满足发包人要求必然发生的其余辅助性工程内容虽然未列出，但应包括在相应的项目清单工程内容中。

4　项目清单编制

【概述】

本规范第4章“项目清单编制”共计2节、7条，规定了编制项目清单的项目名称、项目编码原则等通用性规定。

4.1　一般规定

【概述】

本节共2条，规定了项目清单补充项目以及编码不得重复的编制规定。

4.1.1　编制项目清单时出现本规范附录中未列出的项目，编制人可予以补充。

【条文解读】

工程建设中新材料、新技术、新工艺等不断涌现，本规范附录所列的可行性研究或方案设计后项目清单和初步设计后项目清单项目不可能涵盖完所有项目。在编制项目清单时，当出现本规范附录中未包括的清单项目时，编制人可作补充。在编制补充项目时应注意以下两个方面：

（1）在规范执行中如遇缺项，编制人可根据项目实际情况进行补充，编码在相应的分类码处按顺序编排，同一招标工程的项目清单编码不得有重码。

（2）在项目清单中应附补充项目的项目名称、计量单位、计量规则和工程内容。

4.1.2　同一招标工程的项目清单编码不得重码。

【条文解读】

在使用本规范时，同一招标工程的项目清单编码应按本规范编码规则进行编码，但不得有重码。

4.2　项目清单

【概述】

本节共5条。一是规定了项目编码、项目名称和工程量计算规则的使用方法，二是明确了项目编码的组成与含义。

4.2.1 项目清单应符合下列规定：

1 可行性研究或方案设计后应根据本规范附录A规定的项目编码、项目名称、计量单位和工程量计算规则进行编制，先按本规范表A.0.1确定房屋工程类型分类码，再按本规范表A.0.2确定可行性研究或方案设计后项目清单；

2 初步设计后应根据本规范附录B规定的项目编码、项目名称、计量单位和工程量计算规则进行编制。

【条文解读】

此条规定了构成一个项目清单的四个要件——项目编码、项目名称、计量单位和工程量，这四个要件在项目清单的组成中缺一不可。本条并对本规范附录A、附录B的使用规则进行了明确。可行性研究或方案设计后项目清单应根据本规范表A.0.1、表A.0.2组合编制，初步设计后项目清单应根据本规范附录B进行编制。

4.2.2 可行性研究或方案设计后项目清单编码应由四级编码组合而成（图4.2.2），并应符合下列规定：

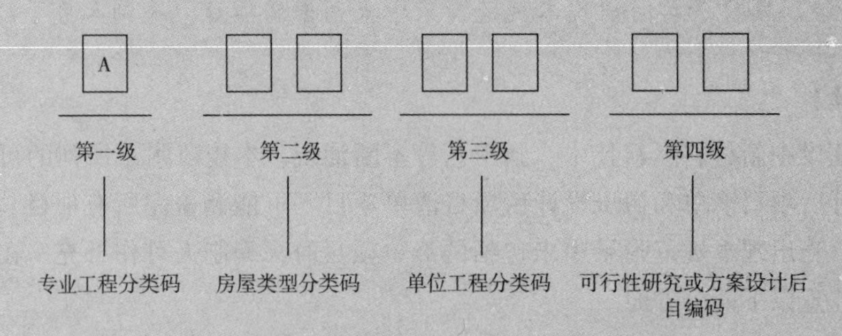

图4.2.2 可行性研究或方案设计后项目清单编码

第一级为专业工程分类码，房屋建筑工程对应字母A；

第二级为房屋类型分类码，由两位阿拉伯数字组成，编码详见本规范表A.0.1；

第三级为单位工程分类码，由两位阿拉伯数字组成，编码详见本规范表A.0.2，表A.0.2中以“××”对应第二级房屋类型分类码；

第四级为可行性研究或方案设计后自编码，由两位阿拉伯数字组成，在同一个建设项目存在多个同类单项工程时使用，如不存在多个同类单项工程时，自编码为00。

在使用时，应根据实际项目，按照本规范表A.0.1和表A.0.2进行组合。

【条文解读】

本条明确了可行性研究或方案设计后项目清单编码的组成、含义及使用方法。可行性研究或方案设计后编码采用四级编码，与之深度相匹配的编制依据为设计说明书和设计图纸。在编制可行性研究或方案设计后项目清单时，使用单位应根据实际项目组合使用本规范表 A. 0. 1 和表 A. 0. 2 编制前三级编码，并根据项目实际情况自行拟定可行性研究或方案设计后自编码。

当同一个建设项目存在多个同类单项工程时可用自编码区分可行性研究或方案设计后清单项，便于数据整合与对比。下面以商业综合体（图 1）为例进行可行性研究或方案设计后项目清单编码。

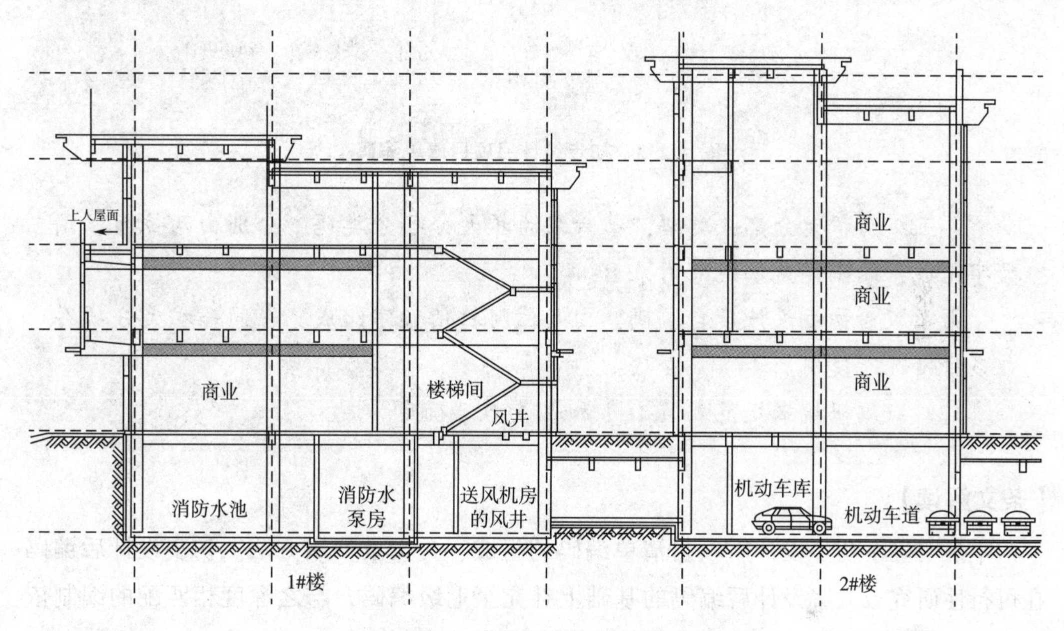

图 1　商业综合体剖面图

1. 竖向土石方工程

竖向土石方　　A19 10 00：

A（房屋工程）19（商业综合体）10（竖向土石方）00（可行性研究或方案设计后自编码）。

2. 土建工程

土建　　A19 20 00：

A（房屋工程）19（商业综合体）20（整个单项工程的土建）00（可行性研究或方案设计后自编码）。

3. 装饰工程

（1）地上部分室内装饰-1#楼　　A19 33 01：

A（房屋工程）19（商业综合体）33（地上室内装饰工程）01（可行性研究或方案设计后自编码 1#楼）。

（2）地上部分室内装饰-2#楼　　A19 33 02：

A（房屋工程）19（商业综合体）33（地上室内装饰工程）02（可行性研究或方

案设计后自编码2#楼）。

4.2.3 初步设计后项目清单编码应在可行性研究或方案设计后项目清单编码的基础上进行（图4.2.3），并符合下列规定：

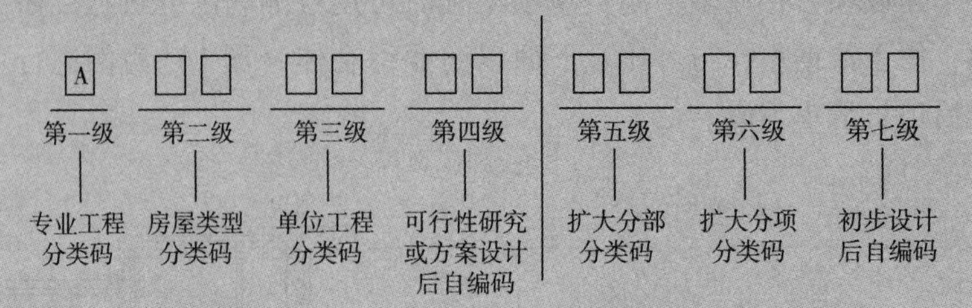

图4.2.3 初步设计后项目清单编码

第五级为扩大分部分类码，第六级为扩大分项分类码，分别由两位阿拉伯数字组成，编码详见本规范附录B；

第七级为初步设计后自编码，由两位阿拉伯数字组成，在同一扩大分项存在多种情况时使用。

前四级编码按本规范表A.0.1和表A.0.2确定。

【条文解读】

本条明确了初步设计后项目清单编码的组成、含义及使用方法。初步设计后编码在可行性研究或方案设计后编码的基础上补充至七级编码，与之深度相匹配的编制依据为设计总说明、各专业设计说明和图纸。

当同一个建设项目存在多个同类单项工程时可用自编码区分初步设计后清单项，便于数据整合与对比。下面以多层建筑（图1）为例进行初步设计后项目清单编码。

1. 竖向土石方工程

竖向土石方开挖　　A19 10 00 0102 00：

A（房屋工程）19（商业综合体）10（竖向土石方）00（可行性研究或方案设计后自编码）0102（竖向土石方开挖）00（初步设计后自编码）。

2. 土建工程

（1）地下室土建　现浇钢筋混凝土柱C30　　A19 21 00 0702 01：

A（房屋工程）19（商业综合体）21（地下部分土建）00（可行性研究或方案设计后自编码）0702（现浇钢筋混凝土柱）01（初步设计后自编码C30）。

（2）地下室土建　现浇钢筋混凝土柱C40　　A19 21 00 0702 02：

A（房屋工程）19（商业综合体）21（地下部分土建）00（可行性研究或方案设计后自编码）0702（现浇钢筋混凝土柱）02（初步设计后自编码C40）。

（3）地下室土建　现浇钢筋混凝土有梁板　　A19 21 00 0705 00：

A（房屋工程）19（商业综合体）21（地下部分土建）00（可行性研究或方案设计后自编码）0705（现浇钢筋混凝土有梁板）00（初步设计后自编码）。

（4）地上部分土建不带基础 现浇钢筋混凝土有梁板 A19 23 00 0705 00：

A（房屋工程）19（商业综合体）23（地上部分土建不带基础）00（可行性研究或方案设计后自编码）0705（现浇钢筋混凝土有梁板）00（初步设计后自编码）。

3. 装饰工程

（1）地上部分室内装饰工程-1#楼 地砖楼地面 A19 33 01 1401 01：

A（房屋工程）19（商业综合体）33（地上部分室内装饰工程）01（可行性研究或方案设计后自编码 1#楼）1401（楼地/梯面装饰）01（初步设计后自编码 地砖楼地面）。

（2）地上部分室内装饰工程-1#楼 PVC 楼地面 A19 33 01 1401 02：

A（房屋工程）19（商业综合体）33（地上部分室内装饰工程）01（可行性研究或方案设计后自编码 1#楼）1401（楼地/梯面装饰）02（初步设计后自编码 PVC 楼地面）。

（3）地上部分室内装饰工程-2#楼 地砖楼地面 A19 33 02 1401 01：

A（房屋工程）19（商业综合体）33（地上部分室内装饰工程）02（可行性研究或方案设计后自编码 2#楼）1401（楼地/梯面装饰）01（初步设计后自编码 地砖楼地面）。

（4）地上部分室内装饰工程-2#楼 PVC 楼地面 A19 33 02 1401 02：

A（房屋工程）19（商业综合体）33（地上部分室内装饰工程）02（可行性研究或方案设计后自编码 2#楼）1401（楼地/梯面装饰）02（初步设计后自编码 PVC 楼地面）。

4.2.4 项目清单中的项目名称应按本规范中规定的项目名称并结合拟建工程项目的实际情况予以确定。

【条文解读】

本条明确了项目清单中的项目名称命名原则。项目清单中的项目名称应按本规范附录中规定的项目名称结合拟建工程项目的实际情况予以确定，特别是归并或综合较大的项目应区分项目名称，分别编码列项。例如现浇钢筋混凝土墙，可以根据项目实际情况命名为：现浇钢筋混凝土墙 C30、现浇钢筋混凝土墙 C40、现浇钢筋混凝土墙 C50 等。

4.2.5 工程总承包的计量应按本规范附录 A 和附录 B 规定的计量规则计算。

【条文解读】

本条规定了项目清单工程量计算原则。

附录 A　可行性研究或方案设计后项目清单

【概述】

附录 A 共 2 条，规定了房屋类型分类（95 项）、可行性研究或方案设计后的项目清单（37 项）。

A. 0. 1　房屋类型分类应符合表 A. 0. 1 的规定。

表 A. 0. 1　房屋类型分类表

项目编码	项目名称		项目编码	项目名称	
A01	居住建筑	多层	A22	居民服务建筑	社区服务用房
A02		小高层	A23		消防站
A03		高层	A24		养老院
A04		超高层	A25		福利院
A05		独栋别墅	A26		殡仪馆
A06		其他别墅	A27		其他
A07		其他	A28	文化建筑	公共图书馆
A08	办公建筑	商务写字楼	A29		纪念馆
A09		办公楼	A30		档案馆
A10		其他	A31		博物馆
A11	酒店建筑	旅馆	A32		科技馆
A12		酒店（三星）	A33		文化宫
A13		酒店（四星）	A34		展览馆
A14		酒店（五星）	A35		游乐园
A15		酒店（超五星）	A36		宗教寺院
A16		其他	A37		剧场
A17	商业建筑	农贸市场	A38		影剧院
A18		专业商店	A39		其他
A19		商业综合体	A40	教育建筑	幼儿园 、托儿所
A20		会展中心	A41		教学楼
A21		其他	A42		学校图书馆

表A.0.1(续)

项目编码	项目名称		项目编码	项目名称	
A43	教育建筑	实验楼	A72	交通建筑	机场指挥塔
A44		教育辅助用房	A73		机场运营控制中心
A45		展览馆	A74		综合交通枢纽
A46		学生宿舍（公寓）	A75		城市轨道交通运营控制中心
A47		学生食堂	A76		城市轨道交通车辆基地
A48		学校体育馆	A77		其他
A49		其他	A78	司法建筑	法院
A50	体育建筑	公共体育馆	A79		检察院
A51		体育场	A80		监狱
A52		游泳馆（场）	A81		看守所 、拘留所
A53		跳水馆（场）	A82		公安派出所
A54		其他	A83		戒毒所
A55	卫生建筑	门诊大楼（急救中心）	A84		其他
A56		实验楼	A85	广播电影电视建筑	广电综合大楼
A57		医技楼	A86		广播发射台（站）
A58		保健站	A87		地球站
A59		卫生所	A88		监测台（站）
A60		住院楼	A89		综合发射塔
A61		其他	A90		其他
A62	交通建筑	公交站台	A91	工业建筑	单层厂房
A63		加油站	A92		多层厂房
A64		停车楼	A93		仓库
A65		汽车客运楼	A94		辅助附属设施
A66		汽车站房	A95		其他
A67		高速公路服务区用房			
A68		铁路客运楼			
A69		铁路站房			
A70		港口码头建筑			
A71		机场航站楼			

注：1　本规范中房屋建筑类型分类参考现行国家标准《建设工程分类标准》GB/T 50841并结合实际情况进行编列，在规范执行中如遇缺项，发包人可根据项目实际情况进行补充，编码顺排。

2　集合多种功能的复合建筑按相应建筑类型中的“其他 ”执行。

3　工业建筑辅助附属设施包含变配电站、集中供热房、锅炉房、制冷站、分布式能源站等。

4　学校、医疗等公共建筑中的行政办公用房按编号 A09 办公楼执行。

【要点说明】

《建设工程分类标准》GB/T 50841—2013 将建筑工程按使用性质分为民用建筑工程、工业建筑工程、构筑物工程及其他建筑工程。而民用建筑可按用途分为居住建筑、办公建筑、旅馆酒店建筑、商业建筑、居民服务建筑、文化建筑、教育建筑、体育建筑、卫生建筑、科研建筑、交通建筑、人防建筑、广播电影电视建筑等。

本规范结合工程实践将房屋工程分为居住建筑、办公建筑、酒店建筑、商业建筑、居民服务建筑、文化建筑、教育建筑、体育建筑、卫生建筑、交通建筑、司法建筑、广播电影电视建筑和工业建筑等 13 大类建筑类型。每一建筑类型又进一步细分，由此组成 95 种房屋类型，集合多种功能的复合建筑按相应建筑类型中的“其他”执行。对于其他房屋工程，如构筑物工程等，发包人可根据项目实际情况进行补充，编码顺排。

地下室的建筑类型按地上建筑房屋类型分类码执行，当地上有多种建筑类型时，地下室的建筑类型按地上主要建筑的建筑类型执行；地上建筑为集合不同建筑类型多种功能的复合建筑时，建筑类型按主要建筑的建筑类型执行；主要建筑以规模与投资额作为判断依据。下面以集合多种建筑类型的建筑综合体 TOD（以公共交通为导向的发展模式）项目为例进行房屋类型编码。

项目概况简介：某 TOD 综合开发项目建筑物由高层公共建筑、商业裙楼、住宅、一层半地下室、两层地下室组成，主要功能包括办公、商业、地下机动车库、地下非机动车库、物管用房等。

工程概况表如表 1 所示。

表 1　工程概况表

序号	建筑组成	建筑面积
1#楼	购物中心：1F~2F	3 281.53m^2
	避难层：3F、17F	1 623.84m^2
	办公楼：4F~16F、18F~29F	20 298.00m^2
2#楼	购物中心：1F~2F	2 215.11m^2
	避难层：3F、17F	1 123.86m^2
	住宅：4F~16F、18F~27F	12 924.39m^2
3#楼	购物中心：-1F~1F	2 024.73m^2
4#楼	商业体连廊	758.44m^2
5#楼	地下室：-3F~-1F	27 273.4m^2

项目清单二级编码选用结果如表 2 所示。

表 2　项目清单二级编码选用结果

序号	建筑组成	二级编码
1#楼	购物中心：1F~2F	A09
	避难层：3F、17F	
	办公楼：4F~16F、18F~29F	
2#楼	购物中心：1F~2F	A03
	避难层：3F、17F	
	住宅：4F~16F、18F~27F	
3#楼	购物中心：-1F~1F	A19
4#楼	商业体连廊	A21
5#楼	地下室：-3F~-1F	A09

其余房屋类型的可行性研究或方案设计后编码使用方法与上例一致。当建筑为集合同一建筑类型多种功能的复合建筑时，二级编码可按本规范表 A.0.1 中相应建筑类型中的“其他”执行。例如：当卫生建筑下部裙楼部分为门诊大楼，上部塔楼部分为住院楼时，其二级编码则按“A61（卫生建筑—其他）”执行。当建筑无法归属于表 A.0.1 中任何一项建筑类型时，发包人可根据项目实际情况进行补充，二级编码按表 A.0.1 顺排。当竖向土石方工程、总图工程及外部配套工程无法按表 A.0.1 划分到各单项工程时，前三位项目清单编码可采用 A00 进行编码。

A.0.2　可行性研究或方案设计后项目清单应符合表 A.0.2 的规定。

表 A.0.2　可行性研究或方案设计后项目清单表

项目编码	项目名称	计量单位	计量规则	工程内容
A××10	竖向土石方工程	m^3	按设计图示尺寸以体积计算	包括竖向土石方（含障碍物）开挖、竖向土石方回填、余方处置等全部工程内容
A××20	土建工程	m^2	按建筑面积计算	包括基础土石方工程、地基处理、基坑支护及降排水工程、地下室防护工程、桩基工程、砌筑工程、钢筋混凝土工程、装配式混凝土工程、钢结构工程、木结构工程、屋面工程和建筑附属构件等全部工程内容
A××21	地下部分土建		按地下部分建筑面积计算	
A××22	地上部分土建（带基础）		按地上部分建筑面积计算	
A××23	地上部分土建（不带基础）			

表A.0.2(续)

<table>
<tr><th>项目编码</th><th>项目名称</th><th>计量单位</th><th>计量规则</th><th>工程内容</th></tr>
<tr><td>A××30</td><td>装饰工程</td><td rowspan="9">m^2</td><td>按建筑面积计算</td><td>包括建筑外立面装饰工程、室内装饰工程等全部工程内容</td></tr>
<tr><td>A××31</td><td>建筑外立面装饰工程</td><td>按设计图示尺寸以建筑外立面面积计算</td><td>包括建筑外立面装饰工程及其附属的遮阳板、线条等全部工程内容</td></tr>
<tr><td>A××32</td><td>地下部分室内装饰工程</td><td>按地下部分建筑面积计算</td><td rowspan="2">包括室内装饰工程等全部工程内容</td></tr>
<tr><td>A××33</td><td>地上部分室内装饰工程</td><td>按地上部分建筑面积计算</td></tr>
<tr><td>A××40</td><td>机电安装工程</td><td rowspan="5">按设计图示尺寸以建筑面积计算</td><td>包括给排水工程、消防工程、通风与空调工程、电气工程、建筑智能化工程、电梯工程等机电安装工程内容</td></tr>
<tr><td>A××41</td><td>给排水工程</td><td>包括给水系统、污水系统、废水系统、雨水系统、中水系统、供热系统、抗震支架等全部工程内容</td></tr>
<tr><td>A××42</td><td>消防工程</td><td>包括各类灭火系统、火灾自动报警系统、消防应急广播系统、消防监控系统、智能疏散及应急照明系统、抗震支架等全部工程内容</td></tr>
<tr><td>A××43</td><td>通风与空调工程</td><td>包括各类空调系统、通风系统、防排烟系统、采暖系统、冷却循环水系统、抗震支架等全部工程内容</td></tr>
<tr><td>A××44</td><td>电气工程</td><td>包括各类配电系统、电气监控系统、防雷接地系统、光彩照明系统、抗震支架等全部工程内容</td></tr>
</table>

表A.0.2(续)

项目编码	项目名称	计量单位	计量规则	工程内容
A××45	建筑智能化工程	m^2	按设计图示尺寸以建筑面积计算	包括智能化集成系统、信息设施系统、综合布线系统、各类通信系统、各类电视广播系统、会议系统、信息引导系统、信息发布系统、大屏幕显示系统、时钟系统、工作业务应用系统、物业运营管理系统、公共服务管理系统、公众信息服务系统、智能卡应用系统、信息网络安全管理系统、设备管理系统-热力管理系统、设备管理系统、入侵报警系统、视频安防监控系统、出入口控制系统、电子巡查管理系统、访客对讲系统、停车库（场）管理系统、机房环境监控系统、抗震支架等全部工程内容
A××46	电梯工程	部	按设计图示以部计算	包括直梯、自动扶梯、自动步行道、轮椅升降台等全部工程内容
A××50	总图工程	m^2	按建设用地面积减去建筑基底面积计算	包括用地红线范围内的绿化工程、道路铺装、景观小品、总图安装及总图其他工程等全部工程内容
A××51	绿化工程		按设计图示尺寸以绿化面积计算	包括绿地整理、种植土回填、栽植花木植被、绿地维护等全部工程内容
A××52	园路园桥		按设计图示尺寸以道路与铺装面积计算	包括室外园路、广场、园桥等全部工程内容

表A. 0. 2(续)

<table>
<tr><th>项目编码</th><th>项目名称</th><th>计量单位</th><th>计量规则</th><th>工程内容</th></tr>
<tr><td>A××54</td><td>景观及小品</td><td rowspan="3">m^2</td><td rowspan="3">按建设用地面积减去建筑基底面积计算</td><td>包括水池、驳岸、护岸、喷泉、堆塑假山、亭廊、花架、园林桌椅等全部工程内容</td></tr>
<tr><td>A××55</td><td>总图安装工程</td><td>包括总图给排水工程、总图电气工程、总图消防工程等全部工程内容</td></tr>
<tr><td>A××56</td><td>总图其他工程</td><td>包括大门、围墙、标志标牌等其他总图工程内容</td></tr>
<tr><td>A××60</td><td>专项工程</td><td rowspan="7">1. m^2
2. 项</td><td rowspan="7">1. 以“m^2”计量，按专项工程服务面积计算
2. 以“项”计量，按专项工程系统数量计算</td><td>包括医疗专项、体育专项、演艺专项、交通专项及其他专项工程等全部工程内容</td></tr>
<tr><td>A××61</td><td>医疗专项工程</td><td>包括洁净室净化工程、智能化集成系统、物流传输、医疗气体、污水处理、实验室、电子辐射工程等全部工程内容</td></tr>
<tr><td>A××62</td><td>体育专项工程</td><td rowspan="2">包括各类场馆工艺安装工程、智能化集成等全部工程内容</td></tr>
<tr><td>A××63</td><td>演艺专项工程</td></tr>
<tr><td>A××64</td><td>交通专项工程</td><td>包括交通智能化、行李、安检、登机桥等全部工程内容</td></tr>
<tr><td>A××65</td><td>人防工程</td><td>包括人防门、人防封堵和人防安装等全部工程内容</td></tr>
<tr><td>A××66</td><td>其他专项工程</td><td>除上述工程以外的其他专项工程</td></tr>
</table>

表A.0.2(续)

项目编码	项目名称	计量单位	计量规则	工程内容
A××70	外部配套	项	根据项目需求按项计算	包括市政供水引入、市政供电引入、市政燃气引入、市政通信网络电视引入、市政热力引入、市政排水引出、外部道路引入等全部工程内容
A××71	外部道路引入工程			包括从红线外接口至红线内接口之间的道路施工、竣工前保修维护等全部工程内容
A××72	市政供水引入工程			包括从市政接驳口至红线内水表总表之间管线、阀门、水表、套管、支架及附件，挖、填、运、弃、夯实土石方，管线通道、检查井、阀门井等构筑物，基础，刷油、防腐、绝热，管路试压、消毒及冲洗等全部工程内容
A××73	市政供电引入工程			包括从市政环网柜至红线内高压开关柜进线端之间的柜箱、线缆、桥架、管道、套管及附件，挖、填、运、弃、夯实土石方，线缆通道、检查井、手孔井等构筑物，基础，刷油、防腐、绝热，系统调试、接地等全部工程内容

表A. 0. 2(续)

项目编码	项目名称	计量单位	计量规则	工程内容
A××74	市政燃气引入工程	项	根据项目需求按项计算	包括从市政气源管至末端用气点位的管线、阀门、调压站、套管、支架及附件，挖、填、运、弃、夯实土石方，管线通道、检查井、阀门井等构筑物，基础，刷油、防腐、绝热，试压、吹扫等全部工程内容
A××75	市政通信网络电视引入工程			包括从市政接驳点至机房、机房至各单体通信单元套管、检查井，挖、填、运、弃、夯实土石方，接线箱、单体通信单元接线箱至用户第一衔接点的线缆、桥架、管道、通道、通信设备（含机房）及附件，光纤的布放及熔纤，建立公用通信网、设备需要的电源管线及插座，光纤入网形式(光纤到楼/光纤到路/光纤到户)，线缆、桥架等材料及附件，刷油、防腐、绝热，线路测试、系统调试等全部工程内容
A××76	市政热力引入工程			包括从市政接驳口至红线内总热量表之间的管线、阀门、表计、套管、支架及附件，挖、填、运、弃、夯实土石方，管线通道、检查井、阀门井等构筑物，基础，刷油、防腐、绝热，管路试压、消毒及冲洗等全部工程内容

表A.0.2(续)

项目编码	项目名称	计量单位	计量规则	工程内容
A××77	市政排水引出工程	项	根据项目需求按项计算	包括从红线内排水点至市政排水接驳井之间管线、套管、支架及附件，挖、填、运、弃、夯实土石方，管线通道、检查井等构筑物，基础，刷油、防腐、绝热，管路灌水、管路密闭实验等全部工程内容

注：1 竖向土石方、总图工程及外部配套工程无法按本规范表A.0.1划分到各单项工程时，前三位编码可采用A00进行编码。

2 外部配套是指为满足建筑投入使用所必需的外部给排水、电气、通信、燃气工程的引入工程。

3 末位为“0”的三级编码可包含其余首位编码相同的清单项目，如“A××20土建工程”可包含整个单项工程的土建工程。

4 改造工程涉及拆除的，拆除工程包含在相应单位工程中。

5 可行性研究或方案设计后项目清单工程内容包含相应措施项目。

6 外部配套工程与室外安装工程的划分界限：

(1) 供水：从市政用水点至红线内水表井（不含水表井）总水表（含）之间的管线、阀门、附件、构筑物等属于市政供水引入工程；

(2) 排水：从市政雨污水接驳井至市政雨污水处理构筑物之间的管线、阀门、附件、构筑物等属于市政排水引入工程；

(3) 电气：从市政环网柜至红线内高压开关柜进线端之间的柜箱、线缆、红线外通道、构筑物等属于市政供电引入工程；

(4) 燃气：从市政气源管至末端用气点位的管线、阀门、附件、构筑物等属于市政燃气引入工程；

(5) 通信：从市政接驳点至用户接驳点之间的线缆、设施设备、红线外通道等属于市政通信网络电视引入工程；

(6) 热力：从市政供热源至换热站或热用户之间的输送管道、阀门、表计、附件等属于热力引入工程。

【要点说明】

(1) 本条中末位为“0”的三级编码可包含其余首位编码相同的清单项目，即“A××20 土建工程”可包含整个单项工程的土建工程。例如：当项目有地下室时采用A××21+A××23，无地下室时采用A××22，无法区分地上地下时可统一采用A××20，便于实际工作中灵活使用。

（2）地下室工程单独列项时，项目编码按以下方式执行：

1）当地上所有建筑属于同一房屋类型且为同一细分小类时，地下室按地上建筑房屋类型码执行。

2）当地上所有建筑属于同一房屋类型但不是同一细分小类时，地下室按地上建筑房屋类型中的其他执行。

3）当地上建筑不属于同一大类时，地下室按地上建筑中占比较大的房屋类型中的其他执行。“占比较大”以建筑面积或投资总额为依据进行确定。

（3）本条中各单项及单位工程清单的工程内容均包含相应措施项目。措施项目在方案阶段不单独列出，在初步设计阶段作为扩大分部工程单列，与其他扩大分部配套使用。

（4）本条中“A××31 建筑外立面装饰工程”按设计图示尺寸以建筑外立面面积计算。因总承包工程中施工图设计由总承包人完成，具体采用立面垂直投影面积还是立面展开面积应由总承包人根据投标方案结合投标报价自行确定。

（5）本条中“A××54 景观及小品”按建设用地面积减去建筑基底面积计算。方案阶段景观及小品不便于明确到项，如有需求按项计量，可以在后续设计阶段在满足业主要求的情况下进行设计调整。

附录B　初步设计后项目清单

【概述】

附录B共50条，规定了房屋工程初步设计后的项目清单，该项目清单适用于新建项目和改造项目。

B.0.1　竖向土石方工程应符合表B.0.1的规定。

表B.0.1　竖向土石方工程（A××10××01）

项目编码	项目名称	计量单位	计量规则	工程内容
A××10××0101	竖向土石方开挖	m^3	按设计图示尺寸以体积计算	包括竖向土石方（含障碍物）开挖、运输、余方处置等全部工程内容
A××10××0102	竖向土石方回填			包括取土、运输、回填、压实等全部工程内容

注：竖向土石方开挖包括建筑物场地厚度超出±300mm的竖向布置挖土、石及淤泥等，山坡切土、石及淤泥、石方爆破等，竖向土石方回填包括土方运输、余方处置等。

【要点说明】

本规范土石方开挖体积均按回填天然密实体积计算。

B.0.2　基础土石方工程应符合表B.0.2的规定。

表B.0.2　基础土石方工程（A××2×××02）

项目编码	项目名称	计量单位	计量规则	工程内容
A××2×××0201	平整场地	m^2	按建筑物首层建筑面积计算	包括厚度±300mm以内的开挖、回填、运输、找平等全部工程内容

表B. 0. 2(续)

项目编码	项目名称	计量单位	计量规则	工程内容
A××2×××0202	基础土石方开挖	m^3	按设计图示尺寸以基础垫层水平投影面积乘以基础开挖深度计算	包括基底钎探、地下室大开挖、基坑、沟槽土石方开挖、运输、余方处置等全部工程内容
A××2×××0203	基础土石方回填		按挖方清单项目工程量减去埋设的地下室及基础体积计算	包括基坑、沟槽土石方回填、顶板回填、取土、运输等全部工程内容
A××2×××0204	房心回填		按设计图示尺寸以体积计算	包括房心回填土石方取土、运输、回填等全部工程内容

注：建筑物场地厚度±300mm 以内的挖、填、运、找平，应按本表中平整场地项目编码列项。

【要点说明】

（1）挖基础土石方因工作面和放坡增加的工程量不计入项目清单工程量，其费用在项目清单单价中考虑。

（2）地下室大开挖和基坑、沟槽土石方开挖均按基础土石方开挖项目执行。

（3）地下室大开挖区域不计算平整场地。

（4）挖土石方如需截桩头，应按桩基工程相关项目列项。

【示例】

某三类工程项目基础平面图、剖面图如图 2、图 3 所示。该工程设计室外标高为 -0. 3m，室内标高±0. 00m，-0. 06m 处设防水砂浆防潮层。基础垫层为非原槽浇筑，垫层支模，混凝土强度为 C10。求基础土方开挖工程量。

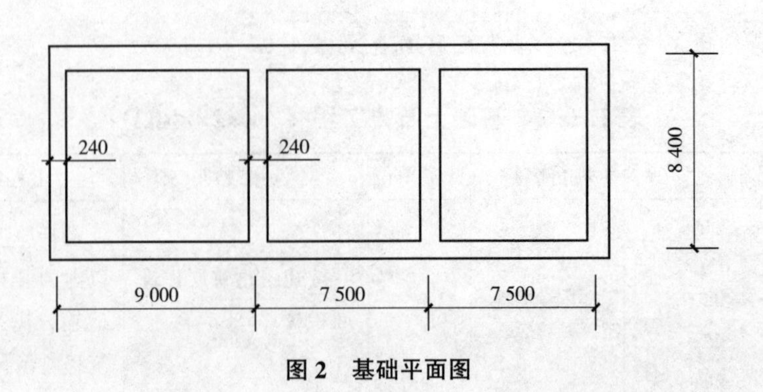

图 2 基础平面图

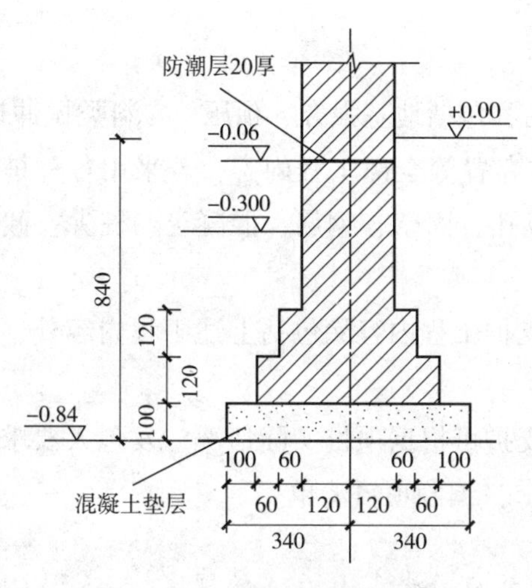

图 3 基础剖面图

解：

工程量=0.68×［(9+7.5+7.5+8.4)×2+(8.4−0.24)×2］×(0.84−0.3)=30(m^3)

注释：基础沟槽土方开挖工作量计算式中，0.68×［(9+7.5+7.5+8.4)×2+(8.4−0.24)×2］为垫层水平投影面积，(0.84−0.3)为基础开挖深度。

该项目清单表如表 3 所示。

表 3 项目清单表

项目编码	项目名称	工程内容	计量单位	工程量
A012101020201	基础土石方开挖	包括基底钎探、沟槽土石方开挖、运输、余方处置等全部工程内容	m^3	30

B.0.3 地基处理及基坑支护工程应符合表 B.0.3 的规定。

表 B.0.3 地基处理及基坑支护工程（A××2×××03）

项目编码	项目名称	计量单位	计量规则	工程内容
A××2×××0301	地基处理	1. 项 2. m^2	1. 以“项”计量，按设计图示数量计算 2. 以“m^2”计量，以地基处理面积计算 3. 以“m^2”计量，以基础底面积计算	包括地基强夯、预压、粒料类振冲挤密、换填、抛石挤淤、注浆等处理方式以及余方弃置等全部工程内容
A××2×××0302	基坑（边坡）支护		1. 以“项”计量，按设计图示数量计算 2. 以“m^2”计量，按设计图示尺寸以面积计算	包括用于地下结构施工及基坑周边环境安全的全部支档、加固及保护措施等全部工程内容

【要点说明】

(1) 地基处理工程内容包括地基强夯、预压、粒料类振冲挤密、换填、抛石挤淤、注浆等处理方式以及余方弃置等全部工程内容，若采用各种桩进行地基处理时，则工程内容还应包括相应的成孔、固壁、钢筋、混凝土、桩尖、截桩、场地清理等全部工程内容。

(2) 基坑（边坡）支护工程内容除包括上述工程内容外，还应包括相应工程内容的全部拆除工作。

(3) 基坑（边坡）支护可根据项目实际情况、发包人要求、初步设计图纸情况自行选择按“项”或按“m^2”编制项目清单。

B.0.4 地下室防护工程应符合表B.0.4的规定。

表B.0.4 地下室防护工程（A××2×××04）

<table>
<tr><th>项目编码</th><th>项目名称</th><th>计量单位</th><th>计量规则</th><th>工程内容</th></tr>
<tr><td>A××2×××0401</td><td>地下室底板防护</td><td rowspan="3">m^2</td><td>按设计图示尺寸以底板水平投影面积计算</td><td rowspan="3">包括基层处理（找平）、防水层、保护层、保温、隔热等全部工程内容</td></tr>
<tr><td>A××2×××0402</td><td>地下室侧墙防护</td><td>按设计图示尺寸以侧墙外侧面积计算</td></tr>
<tr><td>A××2×××0403</td><td>地下室顶板防护</td><td>按设计图示尺寸以顶板水平投影面积计算</td></tr>
</table>

注：1 地下室底板防护指地下室垫层顶标高以上、结构底板顶标高及以下（包括基础、集水井、排水沟、电梯基坑等部位）的全部工作，包括但不限于找平、防水、防水搭接及附加、保温隔热、保护层等。

2 地下室侧墙防护指地下室侧墙以外至回填土以内的全部工作，包括但不限于找平、防水、防水搭接及附加、保温隔热、保护层等。

3 地下室顶板防护指地下室顶板结构顶标高以上至刚性层的全部工作，包括但不限于找平、防水、防水搭接及附加、保温隔热、找坡、保护层等。

【要点说明】

地下室防护工程中的防水层包含相应的防水搭接及附加层。

B.0.5 桩基工程应符合表B.0.5的规定。

表 B.0.5　桩基工程（A××2×××05）

项目编码	项目名称	计量单位	计量规则	工程内容
A××2×××0501	预制钢筋混凝土桩	1. m 2. m^3	1. 以“m”计量，按设计图示尺寸以桩长（包括桩尖）计算 2. 以“m^3”计量，按设计图示桩身截面积乘以桩长（包括桩尖）以体积计算	包括打桩、沉桩、接桩、送桩、桩尖、截桩、场地清理等全部工程内容
A××2×××0502	钢管桩	t	按设计图示尺寸以质量计算	包括打桩、沉桩、场地清理等全部工程内容
A××2×××0503	灌注桩	1. m 2. m^3 3. 根	1. 以“m”计量，按设计图示尺寸以桩长（包括桩尖）计算 2. 以“m^3”计量，按设计图示桩身截面积乘以桩长（包括桩尖）以体积计算 3. 以“根”计量，按设计图示数量以根计算	包括成孔、固壁、钢筋、混凝土、桩尖、截桩、场地清理等全部工程内容

【要点说明】

（1）预制钢筋混凝土桩包括预制钢筋混凝土方桩和预制钢筋混凝土管桩。

（2）预制钢筋混凝土桩桩顶与承台的连接构造包括在相应项目工程内容中。

（3）灌注桩包括泥浆护壁成孔灌注桩、沉管灌注桩、干作业成孔灌注桩、人工挖孔灌注桩和钻孔压浆桩。

B.0.6　砌筑工程应符合表 B.0.6 的规定。

表 B.0.6 砌筑工程（A××2×××06）

项目编码	项目名称	计量单位	计量规则	工程内容
A××2×××0601	砌筑基础	m^3	按设计图示尺寸以体积计算，过梁、圈梁、反坎、构造柱等并入砌块砌体体积计算	包括砌体、构造柱、圈梁、现浇带、钢筋、模板及支架（撑）等全部工程内容
A××2×××0602	砌筑墙			包括砌体、构造柱、过梁、圈梁、反坎、现浇带、压顶、钢筋、模板及支架（撑）等全部工程内容
A××2×××0603	砌筑柱			包括砌体、钢筋等全部工程内容
A××2×××0604	其他砌筑工程			包括砌体、构造柱、圈梁、现浇带、钢筋、模板及支架（撑）等全部工程内容

注：1 砌体材质包括砖、石、砌块等。

2 钢筋混凝土构件需要设置垫层的，其工程内容还应包括垫层，但垫层工程量不另行计算。

3 排水管（泄水孔）、变形缝、止水带、防潮层、预埋铁件等应包括在相应项目工程内容中。

【要点说明】

（1）工程总承包项目施工图由总承包人进行设计，因此砌筑工程中的混凝土圈梁、过梁、构造柱等二次结构由总承包人进行深化设计并自行考虑报价。

（2）“砌筑基础”项目适用于各种类型砌筑基础：墙基础、柱基础、管道基础等。

（3）其他砌筑工程包含砌筑挖孔桩护壁、砌筑检查井、零星砌筑、砌筑栏杆、砌筑护坡等。

【示例】

某社区服务用房项目建筑面积约为68.92m^2，地上3层，层高3.3m，该项目一层平面图、标准层平面图、剖面图如图4所示，求墙体工程量。

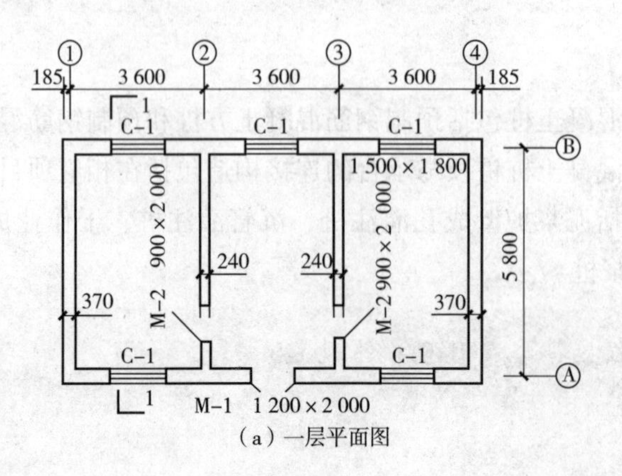

（a）一层平面图

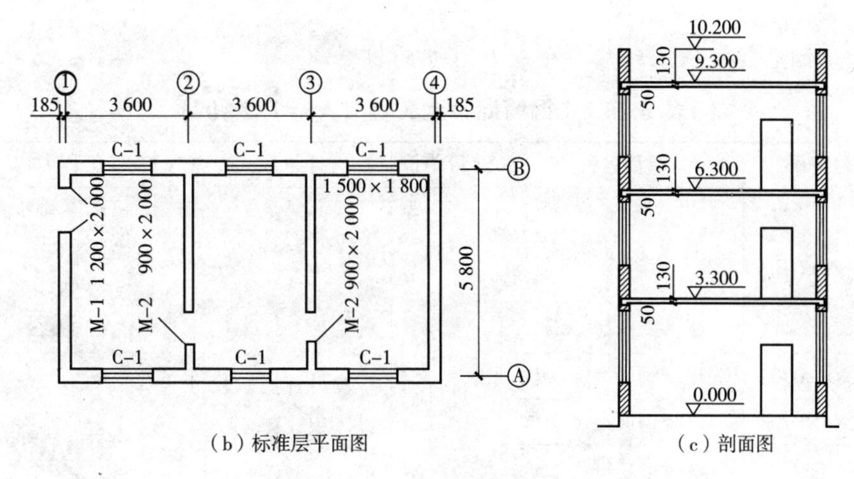

（b）标准层平面图　　（c）剖面图

图4　某工程示意图

解：

外墙中心线长度：$L_{外}=(3.6\times3+5.8)\times2=33.2$（m）

外墙面积：$S_{外墙}=33.20\times9.3-$门窗面积

（注：女儿墙属于屋面细部构造，不并入外墙计算）

$=33.20\times9.3-(1.2\times2.0\times3)-(1.5\times1.8\times17)$

$=308.76-7.2-45.9$

$=255.66$（m^2）

内墙净长度：$L_{内}=(5.8-0.365)\times2=10.87$（m）

内墙面积：$S_{内墙}=10.87\times(9.3-0.13\times3)-0.9\times2\times6=86.05$（$m^2$）

$V_{砌筑墙}=V_{外墙}+V_{内墙}$

（注：圈梁工程量并入砌筑墙计算）

$=255.66\times0.37+86.05\times0.24$

$=115$（m^3）

【注释】

外墙面积计算式中，9.3为外墙不含女儿墙的高度，1.2×2.0×3为3个M-1所占的外墙面积，1.5×1.8×17为17个窗户所占的外墙面积；内墙面积计算式中，9.3为内墙高度，9.3-0.13×3为内墙净高度，其中0.13为楼板厚，0.9×2×6为6个M-2所占的内墙面积。

该项目清单表如表4所示。

表4　项目清单表

项目编码	项目名称	工程内容	计量单位	工程量
A222201060201	砌筑墙	包括砌体、构造柱、过梁、圈梁、反坎、现浇带、压顶、钢筋、模板及支架（撑）等全部工程内容	m^3	115

B. 0. 7 钢筋混凝土工程应符合表 B. 0. 7 的规定。

表 B. 0. 7 钢筋混凝土工程（A××2×××07）

<table>
<tr><th>项目编码</th><th>项目名称</th><th>计量单位</th><th>计量规则</th><th>工程内容</th></tr>
<tr><td>A××2×××0701</td><td>现浇钢筋混凝土基础</td><td rowspan="6">m^3</td><td rowspan="6">按设计图示尺寸以体积计算</td><td>包括基础混凝土(含后浇带)、钢筋、模板及支架（撑）等全部工程内容</td></tr>
<tr><td>A××2×××0702</td><td>现浇钢筋混凝土柱</td><td rowspan="6">包括混凝土（含后浇带）、钢筋、模板及支架（撑）等全部工程内容</td></tr>
<tr><td>A××2×××0703</td><td>现浇钢筋混凝土梁</td></tr>
<tr><td>A××2×××0704</td><td>现浇钢筋混凝土板</td></tr>
<tr><td>A××2×××0705</td><td>现浇钢筋混凝土有梁板</td></tr>
<tr><td>A××2×××0706</td><td>现浇钢筋混凝土墙</td></tr>
<tr><td>A××2×××0707</td><td>现浇钢筋混凝土楼梯</td><td>1. m^2
2. m^3</td><td>1. 以“m^2”计量，按设计图示以水平投影面积计算；不扣除宽度 ≤ 500mm 的楼梯井，伸入墙内部分不计算
2. 以“m^3”计量，按设计图示尺寸以体积计算</td></tr>
<tr><td>A××2×××0708</td><td>钢筋混凝土其他构件</td><td>m^3</td><td>按设计图示尺寸以体积计算</td><td>包括基础混凝土(含后浇带)、钢筋、模板及支架（撑）等全部工程内容</td></tr>
</table>

注：1 柱高计算规则：①有梁板的柱高应自柱基上表面（或楼板上表面）至上一层楼板上表面之间的高度计算；②无梁板的柱高应自柱基上表面（或楼板上表面）至柱帽下表面之间的高度计算；③框架柱的柱高应自柱基上表面至柱顶高度计算；④依附柱上的牛腿和升板的柱帽，并入柱身体积计算。

2 梁长计算规则：①梁与柱连接时，梁长算至柱侧面；②主梁与次梁连接时，次梁长算至主梁侧面。

3 预应力钢筋混凝土构件执行现浇钢筋混凝土构件相应项目，其工程内容还应包括预应力钢筋、钢绞线、锚具、波纹管、压浆等全部工程内容。

4 预埋件、地锚、支座、对拉螺栓、变形缝、止水带、排水管（泄水孔）等包括在相应项目中。

5 钢筋混凝土构件需要设置垫层的，其工程内容还应包括垫层，但垫层工程量不另行计算。

【要点说明】

(1) 扶手、压顶、化粪池检查井、雨棚、阳台板、栏板、门框等构件执行“现浇混凝土其他构件”项目。

(2) 混凝土及钢筋混凝土构筑物按钢筋混凝土其他构件相应项目编码列项。

(3) 钢筋混凝土工程的模板及支撑、钢筋包括在钢筋混凝土项目中，不单独列项。

【示例】

某多层住宅项目建筑面积约为 3 565m²，地下 1 层，地上 6 层，梁板混凝土强度为 C30，建筑高度不超过 24m，现选取该项目局部初步设计图纸如图 5 所示，计算图中有梁板工程量。

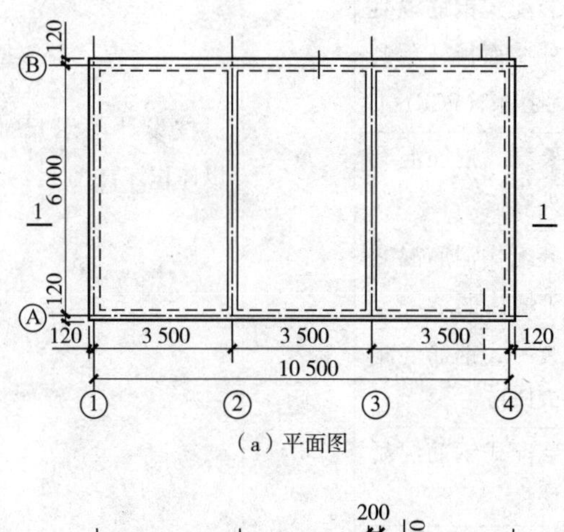

(a) 平面图

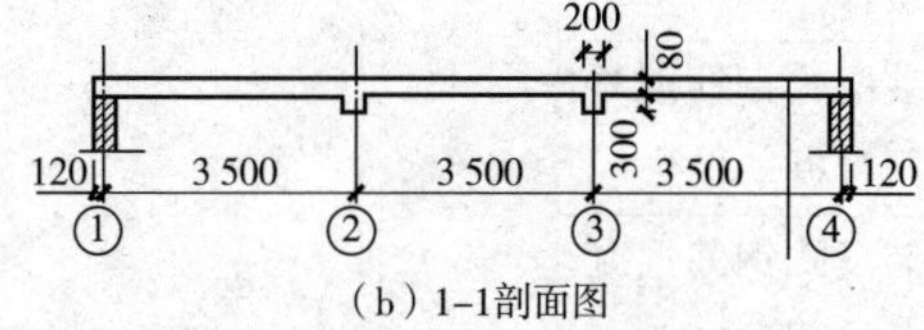

(b) 1-1剖面图

图 5　钢筋混凝土有梁板

解：

$V=(10.5+0.24)\times(6+0.24)\times0.08+0.2\times0.3\times(6-0.24)\times2=6\ (m^3)$

该项目清单表如表 5 所示。

表 5　项目清单表

项目编码	项目名称	工程内容	计量单位	工程量
A012201070501	现浇钢筋混凝土有梁板	包括混凝土（含后浇带）、钢筋、模板及支架（撑）等全部工程内容	m^3	6

B. 0. 8　装配式混凝土工程应符合表 B. 0. 8 的规定。

表 B. 0. 8 装配式混凝土工程（A××2×××08）

项目编码	项目名称	计量单位	计量规则	工程内容
A××2×××0801	装配式钢筋混凝土柱	m^3	按设计图示尺寸以体积计算	包括装配式钢筋混凝土构件、支架（撑）及支架（撑）基础、注浆、接缝等全部工程内容
A××2×××0802	装配式钢筋混凝土梁			
A××2×××0803	装配式钢筋混凝土叠合梁（底梁）			
A××2×××0804	装配式钢筋混凝土楼板（底板）			
A××2×××0805	装配式钢筋混凝土外墙面板［预制外墙挂板（PCF）］			
A××2×××0806	装配式钢筋混凝土外墙板			
A××2×××0807	装配式钢筋混凝土外墙挂板			
A××2×××0808	装配式钢筋混凝土内墙板			
A××2×××0809	装配式钢筋混凝土楼梯			
A××2×××0810	装配式钢筋混凝土阳台板			
A××2×××0811	装配式钢筋混凝土凸（飘）窗			
A××2×××0812	装配式钢筋混凝土烟道、通风道	m	按设计图示尺寸以长度计算	
A××2×××0813	装配式钢筋混凝土其他构件	m^3	按设计图示尺寸以体积计算	
A××2×××0814	装配式隔墙	m^2	按设计图示尺寸以垂直投影面积计算，扣除门窗洞口面积和每个面积>0.3m^2的孔洞所占面积；过梁、圈梁、反坎、构造柱等并入轻质隔墙面积计算	包括轻质隔墙，构造柱、过梁、圈梁、现浇带的混凝土、钢筋、模板及支架（撑），螺栓、铁件、表面处理等全部工程内容

表B.0.8(续)

项目编码	项目名称	计量单位	计量规则	工程内容
A××2×××0815	装配式钢筋混凝土叠合梁（现浇）	m^3	按设计图示尺寸以体积计算	包括装配式钢筋混凝土构件后浇筑部分混凝土、钢筋、预埋件、模板及支架（撑）、变形缝、止水带，表面处理等全部工程内容
A××2×××0816	装配式钢筋混凝土叠合板（现浇）			
A××2×××0817	装配式钢筋混凝土叠合墙板（现浇）			
A××2×××0818	装配式钢筋混凝土其他构件（现浇）			

注：1 装配式其他构件包括装配式空调板、线条、成品风帽等小型装配式钢筋混凝土构件。
2 装配式隔墙是指由工厂生产的，具有隔声、防火、防潮等性能，且满足空间功能和美学要求的部品集成，并主要采用干式工法装配而成的隔墙。

【要点说明】

装配式内墙板包括复合型内隔墙板、增强型发泡水泥无机复合内隔墙板、蒸压加气混凝土内隔墙板、陶粒混凝土内隔墙板、预制钢筋混凝土带梁隔墙板等。

B.0.9 钢结构工程应符合表B.0.9的规定。

表B.0.9 钢结构工程（A××2×××09）

项目编码	项目名称	计量单位	计量规则	工程内容
A××2×××0901	钢网架	t	按设计图示尺寸以质量计算，不扣除孔眼的质量，焊条、铆钉、螺栓等不另增加质量	包括成品钢构件、支架（撑）及基础、探伤、防火、防腐、面漆等全部工程内容
A××2×××0902	钢屋架、钢托架、钢桁架	1. 榀 2. t	1. 以“榀”计量，按设计图示数量计算 2. 以“t”计量，按设计图示尺寸以质量计算；不扣除孔眼的质量，焊条、铆钉、螺栓等不另增加质量	

表B.0.9(续)

项目编码	项目名称	计量单位	计量规则	工程内容
A××2×××0903	钢柱	t	按设计图示尺寸以质量计算，不扣除孔眼的质量，焊条、铆钉、螺栓等不另增加质量	包括成品钢构件、支架（撑）及基础、探伤、防火、防腐、面漆等全部工程内容
A××2×××0904	钢梁			
A××2×××0905	钢楼板、墙板	m^2	按设计图示尺寸以铺设投影面积计算	
A××2×××0906	钢楼梯	t	按设计图示尺寸以质量计算，不扣除孔眼的质量，焊条、铆钉、螺栓等不另增加质量	
A××2×××0907	其他钢构件			

【要点说明】

（1）装配式钢结构工程执行钢结构工程相应项目。

（2）其他钢构件包括钢护栏、钢支架、零星钢构件等。

（3）钢结构工程制作、运输、拼装、安装、吊装包含在相应项目工程内容中。

（4）钢结构工程涉及拼装、支撑的，拼装胎架、支撑架的安拆包含在相应项目工程内容中。

B.0.10　木结构工程应符合表B.0.10的规定。

表B.0.10　木结构工程（A××2×××10）

项目编码	项目名称	计量单位	计量规则	工程内容
A××2×××1001	木屋架	1. 榀 2. m^3	1. 以“榀”计量，按设计图示数量计算 2. 以“m^3”计量，按设计图示尺寸以体积计算	包括木构件、防火、防潮、防腐、腻子、油漆、连接构造、表面处理等全部工程内容
A××2×××1002	木柱	m^3	按设计图示尺寸以体积计算	
A××2×××1003	木梁			
A××2×××1004	木檩	1. m^2 2. m^3	1. 以“m^2”计量，按设计图示尺寸以屋面水平投影面积计算 2. 以“m^3”计量，按设计图示尺寸以体积计算	

表B.0.10(续)

项目编码	项目名称	计量单位	计量规则	工程内容
A××2×××1005	木楼梯	m^2	按设计图示尺寸以水平投影面积计算，不扣除宽度≤300mm的楼梯井，伸入墙内部分不计算	包括木构件、防火、防潮、腻子、油漆、螺栓铁件、支座、填缝材料、连接构造、表面处理等全部工程内容
A××2×××1006	其他木构件	m^3	按设计图示尺寸以体积计算	包括木构件、防火、防潮、防腐、腻子、油漆、连接构造、表面处理等全部工程内容

【要点说明】

装配式木结构工程执行木结构工程相应项目。

B.0.11 屋面工程应符合表B.0.11的规定。

表B.0.11 屋面工程（A××2×××11）

项目编码	项目名称	计量单位	计量规则	工程内容
A××2×××1101	瓦屋面	m^2	按设计图示尺寸以斜面积计算，檐口、檐沟和天沟等不另增加面积	包括找平、保护层、保温层、隔热层、防水层、密封层、瓦、细部构造等全部工程内容
A××2×××1102	型材屋面			包括保温层、隔热层、防水层、密封层、檩条、檩托、面层、细部构造等全部工程内容
A××2×××1103	膜结构屋面		按设计图示尺寸以需要覆盖的水平投影面积计算	包括钢支柱（钢网架）、钢拉索、膜布、钢丝绳、锚固基座、密封层、油漆、细部构造等全部工程内容

表B. 0. 11(续)

项目编码	项目名称	计量单位	计量规则	工程内容
A××2×××1104	混凝土板屋面	m^2	按设计图示尺寸以面积计算	包括找平、保护层、保温层、隔热层、防水层、密封层、面层（或植被）、细部构造等全部工程内容
A××2×××1105	屋面木基层	1. m^3 2. m^2	1. 以“m^3”计量，按设计图示以体积计算 2. 以“m^2”计量，按设计图示以斜面积计算	包括椽子、望板、防火、防潮涂料、螺栓铁件、连接构造等全部工程内容

注：1 屋面细部构造包括檐口、檐沟和天沟、女儿墙和山墙、水落口、变形缝、伸出屋面管道、屋面出入口、反梁过水孔、设施基座、屋脊、屋顶窗。

2 屋面工程指屋面结构层以上至装饰完成面的全部工作，包括但不限于保温、防水、找坡、找平及细部构造等。

3 与主体结构相连的膜结构屋面的钢支柱（钢网架）包含在本规范表 B. 0. 9 钢结构工程相应内容中，不与主体结构相连的膜结构屋面中的钢支柱（钢网架）包含在膜结构屋面工程内容中。

【要点说明】

本条注中屋面细部构造所包括的山墙仅考虑超出屋面的造型部分。

B. 0. 12　建筑附属构件应符合表 B. 0. 12 的规定。

表 B. 0. 12　建筑附属构件（A××2×××12）

项目编码	项目名称	计量单位	计量规则	工程内容
A××2×××1201	散水	m^2	按设计图示尺寸以水平投影面积计算	包括基层、结构层、结合层、面层等全部工程内容
A××2×××1202	地沟	m	按设计图示尺寸以水平投影长度计算	
A××2×××1203	台阶	m^2	按设计图示尺寸以水平投影面积计算	
A××2×××1204	坡道			

注：排水沟、电缆沟等均适用地沟项目。

【要点说明】

建筑主体工程与总图工程的划分（图6）以建筑附属构件外边线为界，建筑附属构件归属于土建工程，附属构件边线以外归属于总图工程。

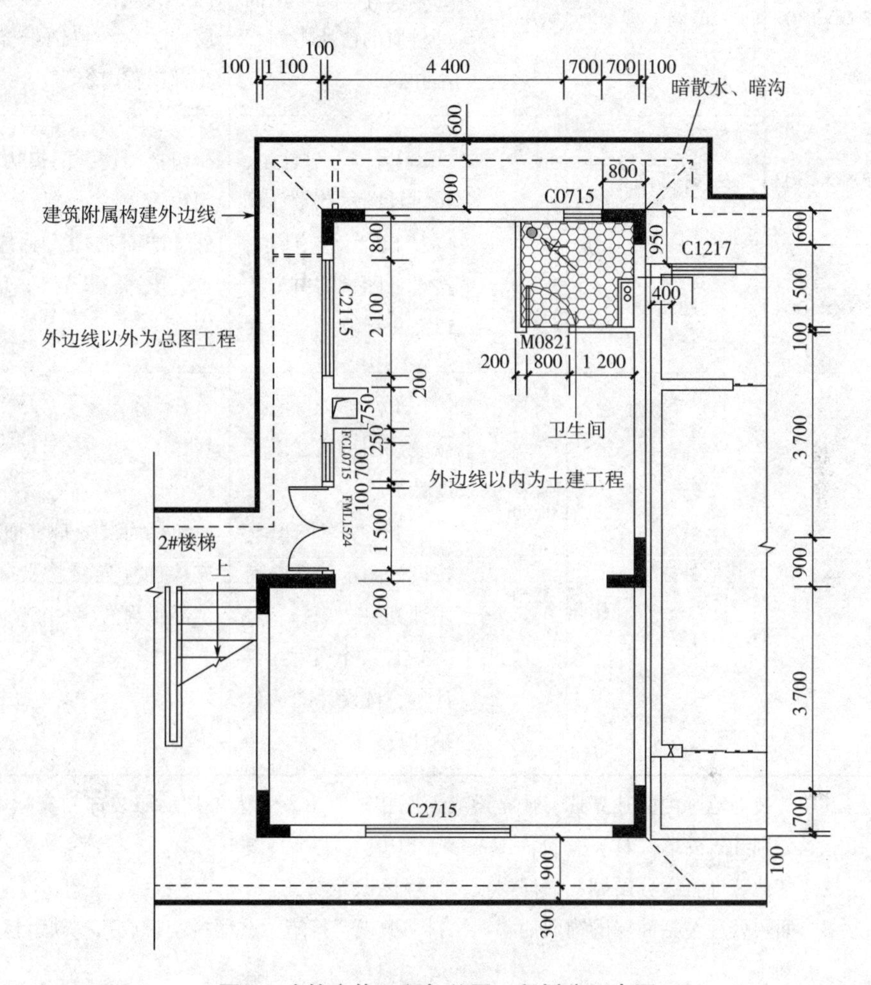

图6 建筑主体工程与总图工程划分示意图

B.0.13 建筑外立面装饰工程应符合表B.0.13的规定。

表B.0.13 建筑外立面装饰工程（A××3×××13）

项目编码	项目名称	计量单位	计量规则	工程内容
A××3×××1301	外墙（柱、梁）面饰面	m^2	按设计图示尺寸以面积计算	包括基层、结合层、面层、防水、保温隔热层、装饰线条等全部工程内容

表 B. 0. 13(续)

项目编码	项目名称	计量单位	计量规则	工程内容
A××3×××1302	幕墙工程	m^2	按设计图示尺寸以面积计算，与幕墙同种材质的窗所占面积不扣除	包括基层、结合层、面层、防水、保温隔热层、防火、装饰线条等全部工程内容
A××3×××1303	外墙门	1. 樘 2. m^2	1. 以“樘”计量，按设计图示数量计算 2. 以“m^2”计量，按设计图示洞口尺寸以面积计算	包括门窗、门窗边框、门窗套、窗台板、五金件、饰面油漆、感应装置、电机等全部工程内容
A××3×××1304	外墙窗			
A××3×××1305	其他外立面装饰	1. m 2. m^2 3. 个（根）	1. 以“m”计量，按设计图示尺寸以长度计算 2. 以“m^2”计量，按设计图示尺寸以面积计算 3. 以“个（根）”计量，按设计图示数量计算	包括面层处理、面层、连接件（连接构造）等全部工程内容

注：1 外装饰范围内的独立柱、独立梁或天棚装饰应由发包人根据面层装饰的实际做法，分别计入外墙（柱）面饰面或幕墙工程中。
2 其他装饰宜区分雨棚、栏杆栏板、外墙标识等项目。
3 面层处理包括面层的饰面油漆、涂料、抛光、打蜡、造型拼装、成孔挖缺、镂空雕刻等。
4 结合层：面层与基层相连接的中间层，包括粘接层、龙骨、骨架、支架和埋件等。
5 基层：面层下的构造层，包括填充层、隔离层、找平层、垫层和基土等。
6 各类门窗（包括防火门窗等）均执行门、窗项目清单。
7 门的五金件应包括锁、执手、拉手、合页、地弹簧、门铰、插销、门碰珠、防盗门机、门眼（猫眼）、闭门器、顺位器、螺丝、角铁、门轧头等。
8 窗的五金件应包括锁、执手、拉手、合页、插销、撑挡、滑轮滑轨等。

【要点说明】

建筑外立面装饰与室内装饰的界面通过是否有保温防水要求进行划分，划分规则详见图 7。

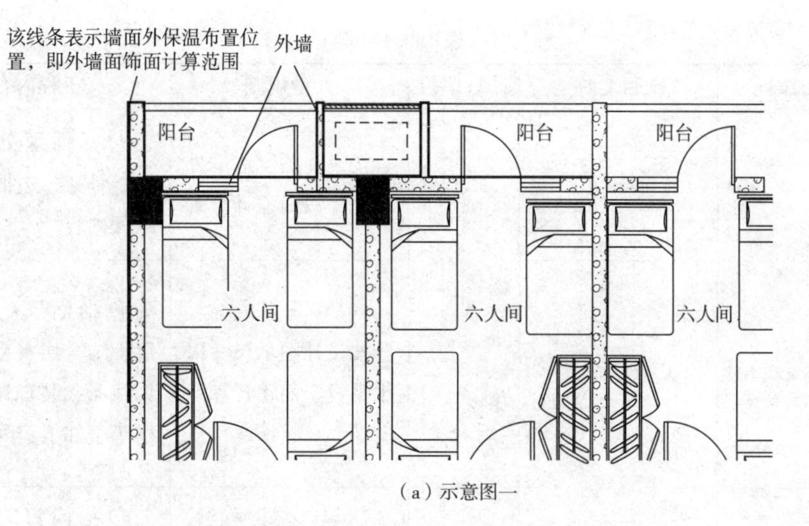

(a) 示意图一

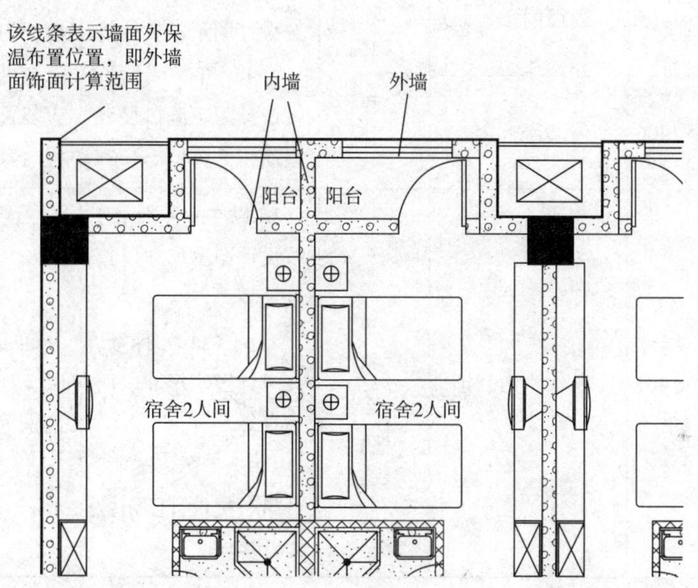

(b) 示意图二

图7 内外墙划分示意图

B. 0. 14 室内装饰工程应符合表 B. 0. 14 的规定。

表 B. 0. 14 室内装饰工程 (A××3×××14)

项目编码	项目名称	计量单位	计量规则	工程内容
A××3×××1401	楼地（梯）面装饰	m^2	按设计图示尺寸以面积计算	包括面层处理、面层、结合层、基层、防水、保温隔热层、装饰线条等全部工程内容
A××3×××1402	室内墙（柱）面装饰			

表B. 0. 14（续）

项目编码	项目名称	计量单位	计量规则	工程内容
A××3×××1403	装饰隔断	m^2	按设计图示边框外围尺寸以面积计算	包括面层处理、面层、骨架、边框等全部工程内容
A××3×××1404	天棚装饰		按设计图示尺寸以水平投影面积计算	包括面层处理、面层、结合层、基层、装饰线条、装饰风口、灯槽等全部工程内容
A××3×××1405	内墙门	1. 樘 2. m^2	1. 以“樘”计量，按设计图示数量计算 2. 以“m^2”计量，按设计图示洞口尺寸以面积计算	包括门窗、门窗边框、门窗套、窗台板、五金件、饰面油漆、感应装置、电机等全部工程内容
A××3×××1406	内墙窗			
A××3×××1407	其他室内装饰	1. m 2. m^2 3. 个（根）	1. 以“m”计量，按设计图示尺寸以长度计算 2. 以“m^2”计量，按设计图示尺寸以面积计算 3. 以“个（根）”计量，按设计图示数量计算	包括面层处理、面层、连接件（连接构造）等全部工程内容

注：1 其他装饰宜区分栏杆栏板、柜体、室内标识导视、窗帘盒（轨）、窗帘等项目。

2 面层处理包括面层的饰面油漆、涂料、抛光、打蜡、造型拼装、成孔挖缺、镂空雕刻等。

3 结合层：面层与基层相连接的中间层，包括粘接层、龙骨、骨架、支架、埋件等。

4 基层：面层下的构造层，包括填充层、隔离层、找平层、垫层和基土等。

5 各类门窗（包括防火门窗等）均执行门、窗项目清单。

6 门的五金件应包括锁、执手、拉手、合页、地弹簧、门铰、插销、门碰珠、防盗门机、门眼（猫眼）、闭门器、顺位器、螺丝、角铁、门轧头等。

7 窗的五金件应包括锁、执手、拉手、合页、插销、撑挡、滑轮滑轨等。

【要点说明】

当初步设计图纸明确踢脚线做法时，可在室内墙（柱）面装饰项目采用自编码自行列项。

B. 0. 15 给排水工程应符合表 B. 0. 15 的规定。

表 B. 0. 15 给排水工程（A××4×××15）

项目编码	项目名称	计量单位	计量规则	工程内容
A××4×××1501	给水系统	m^2	按建筑面积计算	包括设备、管道、支架及其他、管道附件、卫生器具等全部工程内容
A××4×××1502	污水系统			
A××4×××1503	废水系统			
A××4×××1504	雨水系统			
A××4×××1505	中水系统			
A××4×××1506	供热系统			
A××4×××1507	抗震支架			包括抗震支架等全部工程内容

注：1 卫生洁具在给水系统中统一考虑。
2 供热系统包括热水供应系统。
3 给水系统包括直饮水系统。
4 设备包含相应项目对应的各种设备，含设备配套控制箱以及设备至配套控制箱间线缆。
5 管道包含相应项目对应的各种管道、管件等。
6 支架及其他包含相应项目对应的管道支架、设备支架和各种套管、管道试验、系统调试、管道消毒、冲洗、成品表箱、防火封堵、基础、防腐绝热等。
7 管道附件包含相应项目对应的各类阀门、法兰、补偿器、计量表、软接头、倒流防止器、塑料排水管消声器、液面计、水位标尺等。
8 卫生器具包含相应项目对应的各类卫生器具。

【要点说明】

（1）给排水工程各系统涉及土石方工程的，其工程内容应包含相应的土石方开挖、运输、回填、余方处置。

（2）各系统支架包含固定支架、滑动支架及成品支架。

B. 0. 16 消防工程应符合表 B. 0. 16 的规定。

表 B. 0. 16 消防工程（A××4×××16）

项目编码	项目名称	计量单位	计量规则	工程内容
A××4×××1601	消火栓灭火系统	m^2	按建筑面积计算	包括设备、管道、支架及其他、管道附件、消防组件等全部工程内容

表B. 0. 16(续)

项目编码	项目名称	计量单位	计量规则	工程内容
A××4×××1602	水喷淋灭火系统	m^2	按服务面积计算	包括设备、管道、支架及其他、管道附件、消防组件等全部工程内容
A××4×××1603	大空间智能灭火系统			
A××4×××1604	细水雾灭火系统			
A××4×××1605	气体灭火系统			
A××4×××1606	泡沫灭火系统			
A××4×××1607	火灾自动报警系统		1. 以“m^2”计量，按建筑面积计算 2. 以“m^2”计量，按服务面积计算	包括设备、配电箱柜、线缆、消防组件、金属构件及辅助项目等全部工程内容
A××4×××1608	消防应急广播系统			
A××4×××1609	防火门监控系统			
A××4×××1610	电气火灾监控系统			
A××4×××1611	智能疏散及应急照明系统	1. m^2 2. 点位	1. 以“m^2”计量，按建筑面积计算 2. 以“点位”计量，按照明末端点位计算	包括设备、配电箱柜、线缆、消防组件、用电器具、金属构件及辅助项目等全部工程内容
A××4×××1612	抗震支架	m^2	按建筑面积计算	包括抗震支架等全部工程内容

注：1 大空间智能灭火系统包括配套控制系统。

2 电气火灾监控系统包括消防电源监控系统、电气火灾监控系统、消防风机余压监控系统等电气相关监控系统。

3 设备包含相应项目对应的各种设备，含设备配套控制箱以及设备至配套控制箱间线缆。

4 配电箱柜包含相应项目对应的各种报警电源箱、控制箱、模块箱等。

5 管道包含相应项目对应的各种管道、管件等。

6 支架及其他包含相应项目对应的管道支架、设备支架和各种套管、管道试验、系统调试、管道消毒、冲洗、防火封堵、基础、防腐绝热等。

7 管道附件包含相应项目对应的各类阀门、法兰、补偿器、计量表、软接头、倒流防止器、塑料排水管消声器、液面计、水位标尺等。

8 线缆包含相应项目对应的各类桥架、电气配管、电线、电缆等。

9 消防组件包含相应项目对应的各类消防设施（各类探测器、按钮、警铃、报警器、电话插孔、消防广播、消火栓、喷头、消防水炮等）。

10 用电器具包含相应项目对应的各类灯具、开关插座等。

11 金属构件及辅助项目包含相应的管道支架、桥架支架、设备支架和各种套管、系统调试、防火封堵、基础、防腐绝热等。

【要点说明】

（1）消防工程各系统涉及土石方工程的，其工程内容应包含相应的土石方开挖、运输、回填、余方处置。

（2）各系统支架包含固定支架、滑动支架及成品支架。

B. 0. 17 通风与空调工程应符合表 B. 0. 17 的规定。

表 B. 0. 17 通风与空调工程（A××4×××17）

项目编码	项目名称	计量单位	计量规则	工程内容
A××4×××1701	空调系统	m^2	按服务面积计算	包括设备、管道、支架及其他、管道附件、风管部件等全部工程内容
A××4×××1702	通风系统		按建筑面积计算	
A××4×××1703	防排烟系统			
A××4×××1704	采暖系统		按服务面积计算	包括设备、管道、支架及其他、管道附件等全部工程内容
A××4×××1705	冷却循环水系统			
A××4×××1706	抗震支架		按建筑面积计算	包括抗震支架等全部工程内容

注：1 通风系统兼防排烟系统时，并入防排烟系统。

2 设备包含相应项目对应的各种设备，含设备配套控制箱以及设备至配套控制箱间线缆。

3 管道包含相应项目对应的各种管道、管件等。

4 支架及其他包含相应项目对应的管道支架、设备支架和各种套管、管道试验、系统调试、管道消毒、冲洗、成品表箱、防火封堵、基础、防腐绝热等。

5 管道附件包含相应项目对应的各类阀门、法兰、补偿器、计量表、软接头、倒流防止器、塑料排水管消声器、液面计、水位标尺等。

6 风管部件包含相应项目对应的各类阀门、风口、散流器、空气分布器、排烟口、消声器、消声弯头、挡烟垂壁、厨房油烟过滤排气罩、风帽、罩类、静压箱等。

【要点说明】

（1）通风与空调工程各系统涉及土石方工程的，其工程内容应包含相应的土石方开挖、运输、回填、余方处置。

（2）空调系统是指一套完整的系统，包括空调机房设备与空调末端。若空调机房设备与空调末端不在同一单项工程时，各单项工程所包含内容应在对应工程内容中明确。

（3）空调系统工程量按照一套完整的系统对应的服务面积进行计算，若项目按照单体进行列项，空调机房设备与空调末端不在同一单体内，可将空调机房设备纳入空调末端所在单体中计列，空调机房设备所在单体不再单独计量；若项目空调末端不在同一单体，则按照不同单体对应的服务面积单独计量。

（4）冷却循环水系统服务面积等于冷却循环水系统服务的空调系统的服务面积。

B.0.18 电气工程应符合表B.0.18的规定。

表B.0.18 电气工程（A××4×××18）

项目编码	项目名称	计量单位	计量规则	工程内容
A××4×××1801	高低压变配电系统	1. kV·A 2. m^2	1. 以“kV·A”计量，按用电总负荷计算 2. 以“m^2”计量，按建筑面积计算	包括建筑红线内高压进线柜（含）至低压柜（含）之间的高低压配电柜、变压器、柴油发电机组、线缆、金属构件及辅助项目等全部工程内容
A××4×××1802	变配电智能监控系统	点位	按现场采集设备数量计算	包括站控管理层设备、网络通信层设备、现场设备层设备（现场采集设备）以及对应的各层级之间的设备、配电箱柜、线缆、蓄电池、金属构件及辅助项目等全部工程内容
A××4×××1803	动力配电系统	m^2	按建筑面积计算	包括低压柜出线端至末端动力设备之间的配电箱柜、线缆、用电器具、金属构件及辅助项目
A××4×××1804	电动汽车充电桩配电系统	点位	按用充电桩点位计算	包括低压柜出线端至末端充电桩之间的配电箱柜、线缆、用电器具、金属构件及辅助项目等全部工程内容
A××4×××1805	照明配电系统	m^2	按建筑面积计算	包括低压柜出线端至末端照明设备之间的配电箱柜、线缆、用电器具、金属构件及辅助项目等全部工程内容
A××4×××1806	防雷接地系统	m^2	按建筑面积计算	包括避雷针、避雷引下线、避雷网、接地极（板）、接地母线、接地跨接线、桩承台接地、设备防雷装置、阴极保护、等电位装置、电涌保护器及调试等全部工程内容

表B.0.18(续)

项目编码	项目名称	计量单位	计量规则	工程内容
A××4×××1807	光彩照明系统	m^2	1. 以“m^2”计量，按服务面积计算 2. 以“m^2”计量，按外立面垂直投影面积计算	包括光彩照明专用箱柜出线回路至末端照明设备之间的配电箱柜、线缆、用电器具、金属构件及辅助项目等全部工程内容
A××4×××1808	抗震支架	m^2	按建筑面积计算	包括抗震支架等全部工程内容

注：1　光彩照明系统是指灯具效果通过建筑外立面呈现出来的照明工程。

2　线缆包含相应项目对应的各类桥架、电气配管、电线、电缆等。

3　用电器具包含相应项目对应的各类灯具、开关插座等。

4　金属构件及辅助项目包含相应的管道支架、桥架支架、设备支架和各种套管、系统调试、防火封堵、基础、防腐绝热等。

【要点说明】

电气工程各系统涉及土石方工程的，其工程内容应包含相应的土石方开挖、运输、回填、余方处置。

B.0.19　建筑智能化工程应符合表B.0.19的规定。

表B.0.19　建筑智能化工程（A××4×××19）

项目编码	项目名称	计量单位	计量规则	工程内容
A××4×××1901	智能化集成系统	1. 套 2. m^2	1. 以“套”计量，按接口数量计算 2. 以“m^2”计量，按建筑面积计算	包括设备、线缆、软件、金属构件及辅助项目等全部工程内容
A××4×××1902	信息设施系统－电话交换系统	1. 门 2. m^2	1. 以“门”计量，按交换容量计算 2. 以“m^2”计量，按建筑面积计算	
A××4×××1903	信息设施系统－信息网络系统	1. 点位 2. m^2	1. 以“点位”计量，按接入末端点位数量计算 2. 以“m^2”计量，按建筑面积计算	

表B. 0. 19(续)

项目编码	项目名称	计量单位	计量规则	工程内容
A××4×××1904	综合布线系统	1. 点位 2. m^2	1. 以“点位”计量，按末端点位数量计算 2. 以“m^2”计量，按建筑面积计算	
A××4×××1905	室内移动通信覆盖系统	1. m^2 2. 个	1. 以“m^2”计量，按建筑面积计算 2. 以“个”计量，按天线个数计算	
A××4×××1906	卫星通信系统	套	按终端设备数量计算	
A××4×××1907	有线电视系统	1. m^2 2. 点位	1. 以“m^2”计量，按建筑面积计算 2. 以“点位”计量，按末端点位数量计算	
A××4×××1908	卫星电视接收系统	频道	按接收频道数量计算	
A××4×××1909	广播系统	1. m^2 2. 点位	1. 以“m^2”计量，按建筑面积计算 2. 以“点位”计量，按末端点位数量计算	包括设备、线缆、软件、金属构件及辅助项目等全部工程内容
A××4×××1910	会议系统	1. m^2 2. 套 3. 系统	1. 以“m^2”计量，按服务面积计算 2. 以“套”计量，按图形处理设备数量计算 3. 以“系统”计量，按设计图示数量计算	
A××4×××1911	信息引导系统	1. m^2 2. 点位	1. 以“m^2”计量，按建筑面积计算 2. 以“点位”计量，按末端显示点位数量计算	
A××4×××1912	信息发布系统			
A××4×××1913	大屏幕显示系统	m^2	按屏幕面积计算	
A××4×××1914	时钟系统	1. m^2 2. 台	1. 以“m^2”计量，按建筑面积计算 2. 以“台”计量，按子钟数量计算	

表B. 0. 19(续)

项目编码	项目名称	计量单位	计量规则	工程内容
A××4×××1915	工作业务应用系统	1. m^2 2. 系统	1. 以“m^2”计量，按建筑面积计算 2. 以“系统”计量，按设计图示数量计算	包括设备、线缆、软件、金属构件及辅助项目等全部工程内容
A××4×××1916	物业运营管理系统			
A××4×××1917	公共服务管理系统			
A××4×××1918	公众信息服务系统	1. m^2 2. 点位	1. 以“m^2”计量，按建筑面积计算 2. 以“点位”计量，按末端显示点位数量计算	
A××4×××1919	智能卡应用系统	1. m^2 2. 系统	1. 以“m^2”计量，按建筑面积计算 2. 以“系统”计量，按设计图示数量计算	
A××4×××1920	信息网络安全管理系统			
A××4×××1921	设备管理系统-热力管理系统	1. m^2 2. 点位	1. 以“m^2”计量，按建筑面积计算 2. 以“点位”计量，按控制点位数量计算	
A××4×××1922	设备管理系统-制冷管理系统			
A××4×××1923	设备管理系统-空调管理系统			
A××4×××1924	设备管理系统-给排水管理系统			
A××4×××1925	设备管理系统-电力管理系统			
A××4×××1926	设备管理系统-照明控制管理系统			
A××4×××1927	设备管理系统-电梯检测、监视、控制管理系统			
A××4×××1928	安全防范综合管理系统	1. m^2 2. 系统	1. 以“m^2”计量，按建筑面积计算 2. 以“系统”计量，按设计图示数量计算	

表B.0.19（续）

项目编码	项目名称	计量单位	计量规则	工程内容
A××4×××1929	入侵报警系统	1. m^2 2. 点位 3. 防区	1. 以“m^2”计量，按建筑面积计算 2. 以“点位”计量，总线制按地址模块防区数量之和计算 3. 以“防区”计量，分线制按报警主机出线路数计算	包括设备、线缆、软件、金属构件及辅助项目等全部工程内容
A××4×××1930	视频安防监控系统	1. m^2 2. 点位	1. 以“m^2”计量，按建筑面积计算 2. 以“点位”计量，按末端数量计算	
A××4×××1931	出入口控制系统		1. 以“m^2”计量，按建筑面积计算 2. 以“点位”计量，按出入口数量计算	
A××4×××1932	电子巡查管理系统		按巡更点位数量计算	
A××4×××1933	访客对讲系统		1. 以“m^2”计量，按建筑面积计算 2. 以“点位”计量，按对讲分机数量计算	
A××4×××1934	停车库（场）管理系统	套	按道闸数计算	
A××4×××1935	机房环境监控系统	1. m^2 2. 点位	1. 以“m^2”计量，按机房建筑面积计算 2. 以“点位”计量，按监控设备数量计算	
A××4×××1936	抗震支架	m^2	按建筑面积计算	包括抗震支架等全部工程内容

注：1 设备包含相应项目对应的各种设备，含设备配套控制箱以及设备至配套控制箱间线缆。
2 线缆包含相应项目对应的各类桥架、电气配管、电线、电缆等。
3 软件包含相应项目对应的软件开发、测试等。
4 金属构件及辅助项目包含相应的管道支架、桥架支架、设备支架和各种套管、系统调试、防火封堵、基础、防腐绝热等。

【要点说明】

(1) 建筑智能化工程各系统涉及土石方工程的，其工程内容应包含相应的土石方开挖、运输、回填、余方处置。

(2) 卫星电视接收系统工程量按照一套完整的系统对应频道数量进行计算，归属于接收设备所在单体。

(3) 电梯对讲系统如选择点位计量，则按电梯轿厢分机数量计算。

B. 0. 20 电梯工程应符合表 B. 0. 20 的规定。

表 B. 0. 20 电梯工程（A××4×××20）

项目编码	项目名称	计量单位	计量规则	工程内容
A××4×××2001	直梯	部	按部数计算	包括电梯设备、设备配套控制箱至电梯的箱柜、线缆、金属构件及辅助项目等全部工程内容
A××4×××2002	自动扶梯			
A××4×××2003	自动步行道			
A××4×××2004	轮椅升降台			

注：1 电梯设备包含相应项目对应的电梯、电梯的控制按钮、层站显示等。
2 线缆包含相应项目对应的各类桥架、电气配管、电线、电缆等。
3 金属构件及辅助项目包含相应项目对应的管道支架、桥架支架、设备支架和各种套管、系统调试、防火封堵、基础、防腐绝热等。

【要点说明】

(1) 直梯轿厢室内装修按表 B. 0. 14 室内装饰工程中的其他室内装饰项目执行。

(2) 自动扶梯外侧及底板装修按表 B. 0. 14 室内装饰工程中的其他室内装饰项目执行。

B. 0. 21 绿化工程应符合表 B. 0. 21 的规定。

表 B. 0. 21 绿化工程（A××5×××21）

项目编码	项目名称	计量单位	计量规则	工程内容
A××5×××2101	绿地整理	m^2	按设计图示以绿化面积计算	包括场地清理、种植土回填、整理绿化用地、绿地起坡造型、顶板基底处理等全部工程内容

表B.0.21(续)

项目编码	项目名称	计量单位	计量规则	工程内容
A××5×××2102	栽（移）植花木植被	1. 株（丛、个） 2. m 3. m^2	1. 以“株（丛、个）”计量，按设计图示数量计算 2. 以“m”计量，按设计图示以长度计算 3. 以“m^2”计量，按设计图示以绿化面积计算	包括种植穴开挖、种植土回（换）填、起挖、运输、栽植、支撑、成活及养护、栽植容器安装等全部工程内容
A××5×××2103	绿地灌溉	1. 点位 2. m^2	1. 以“点位”计量，按设计图示以灌溉末端点位计算 2. 以“m^2”计量，按设计图示以灌溉系统覆盖的绿地面积计算	包括设备及安装，管道、阀门、井及附件、系统性调试及试验等全部工程内容

注：1 栽（移）植花木植被项目包括栽植乔木、灌木、竹类、棕榈类、绿篱、攀缘植物、色带、花卉、水生植物、垂直墙体绿化种植、花卉立体布置、草皮、植草砖内植草等。

2 土石方开挖、运输、回填、余方处置等应包括在相应项目内。

B.0.22 园路园桥应符合表B.0.22的规定。

表B.0.22 园路园桥（A××5×××22）

项目编码	项目名称	计量单位	计量规则	工程内容
A××5×××2201	园路、广场	1. m 2. m^2	1. 以“m”计量，按设计图示尺寸以园路中心线长度计算 2. 以“m^2”计量，按设计图示尺寸以面积计算，路牙、树池面积计入工程量	包括基层、结合层、面层、路牙、树池围牙及盖板、龙骨、栏杆、钢筋、路基、路床整理等全部工程内容
A××5×××2202	园桥	1. m 2. m^2	1. 以“m”计量，按设计图示尺寸以园桥中心线长度计算 2. 以“m^2”计量，按设计图示尺寸以水平投影面积计算	

注：1 土石方开挖、回填、运输、余方处置等应包括在相应项目内。

2 钢筋混凝土构件需要设置垫层的，其工程内容还应包括垫层，但垫层工程量不另行计算。

【要点说明】

园路、广场、园桥项目需区分不同做法时，可在相应项目扩大分项分类码后以自编码区分，如属于园路的道路铺装，可编码为“A××5×××220101-植草砖铺装”“A××5×××220102-花岗岩铺装”。

B.0.23 景观及小品应符合表B.0.23的规定。

表B.0.23 景观及小品（A××5×××23）

项目编码	项目名称	计量单位	计量规则	工程内容
A××5×××2301	水池	m^2	按设计图示以水平投影面积计算	包括水池底板、侧壁等结构，防水、基层、结合层、面层、脚手架等全部工程内容
A××5×××2302	驳岸、护岸	1. m 2. m^2	1. 以“m”计量，按设计图示尺寸以长度计算 2. 以“m^2”计量，按设计图示尺寸以面积计算	包括基础、墙体、变形缝、泄水孔、饰面等全部工程内容
A××5×××2303	喷泉	点位	按设计图示以喷头点位计算	包括设备、管道、阀门、喷头、井及附件、系统调试及试验等全部工程内容
A××5×××2304	堆塑假山	1. m^3 2. t 3. 座	1. 以“m^3”计量，按假山水平投影外接矩形面积乘以高度的1/3以体积计算 2. 以“t”计量，按设计图示尺寸以质量计算 3. 以“座”计量，按设计图示数量计算	包括基础、堆砌、护角、台阶、钢筋及脚手架等全部工程内容
A××5×××2305	亭廊	m^2	按设计图示以水平投影面积计算	包括基础、结构、基层、面层、模板、脚手架等全部工程内容
A××5×××2306	花架			
A××5×××2307	园林桌椅	1. m 2. 个	1. 以“m”计量，按设计图示以座凳面中心线长度计算 2. 以“个”计量，按设计图示数量计算	包括基础、结构、预埋件、模板、饰面等全部工程内容

表B.0.23(续)

项目编码	项目名称	计量单位	计量规则	工程内容
A××5×××2308	其他景观小品工程	1. 个 2. m 3. m^2	1. 以"个"计量，按设计图示数量计算 2. 以"m"计量，按设计图示以长度计算 3. 以"m^2"计量，按设计图示以面积计算	包括成品构件、基础、模板、基层、结合层、面层、其他装饰等全部工程内容

注：1 土石方开挖、回填、运输、余方处置等应包括在相应项目内。
2 钢筋混凝土构件需要设置垫层的，其工程内容还应包括垫层，但垫层工程量不另行计算。
3 其他景观小品工程包括游乐健身设施、石灯、石球、点风景石、雕塑、垃圾箱等。

【要点说明】

(1) 其他景观小品需区分不同类型时，可采用自编码单独列项。

(2) 本分部工程需要设置装饰或者防水的，其工程内容还应包括装饰及防水。

B.0.24 总图安装工程应符合表B.0.24的规定。

表B.0.24 总图安装工程（A××5×××24）

项目编码	项目名称	计量单位	计量规则	工程内容
A××5×××2401	总图给排水工程	m^2	按建设用地面积扣除建筑基底面积计算	包括设备、管网、支架及其他、管道附件等全部工程内容
A××5×××2402	总图电气工程			包括设备、配电箱柜、线缆、用电器具、金属构件及辅助项目等全部工程内容
A××5×××2403	总图消防工程			包括设备、管网、支架及其他、管道附件等全部工程内容

注：1 总图电气工程包括总图强电工程、总图智能化工程。
2 总图给排水工程包括给水管网、污废水管网、雨水管网、中水管网等。
3 总图强电：以为总图工程服务的配电箱（柜）为界，配电箱（柜）出线端至总图用电末端为总图强电工程。
4 总图弱电：室外专属可独立运行、调试的弱电系统为总图弱电工程。
5 总图给水、消防：以建筑外墙1.5m处管道为界，界面以内的为室内工程，以外部分为总图工程。

6 总图排水：以出建筑第一口雨污水井为界面，界面以内的为室内排水工程，以外部分为总图排水工程（含雨污水井）。

7 设备包含相应项目对应的各种设备，含设备配套控制箱以及设备至配套控制箱间线缆。

8 管网包含相应项目对应的各种管道、管件、管道基础、各类构筑物（污水井、检查井、化粪池等）、管网土石方等。

9 线缆包含相应项目对应的各类桥架、电气配管、电线、电缆等。

10 用电器具包含相应项目对应的各类灯具、开关插座、庭院喇叭、音响等。

11 支架及其他包含相应项目对应的管道支架、设备支架和各种套管、管道试验、管道消毒、冲洗、成品表箱、防火封堵、基础、防腐绝热等。

12 金属构件及辅助项目包含相应项目对应的管道支架、桥架支架、设备支架和各种套管、系统调试、防火封堵、基础、防腐绝热等。

【要点说明】

（1）总图安装工程涉及土石方工程的，其土石方开挖、运输、回填、余方弃置包含在相应项目清单工程内容中。

（2）总图安装工程涉及建筑智能化、燃气、暖通工程的可以在本分部补充相应项目清单，项目编码顺排。

B. 0. 25 总图其他工程应符合表 B. 0. 25 的规定。

表 B. 0. 25 总图其他工程（A××5×××25）

项目编码	项目名称	计量单位	计量规则	工程内容
A××5×××2501	围（景）墙	m	按设计图示尺寸以长度计算	包括各类围墙基础、墙身结构、基层、结合层、面层、其他装饰、变形缝、模板、脚手架等全部工程内容
A××5×××2502	大门	m^2	按设计图示尺寸以面积计算	包括大门、基础、模板等全部工程内容
A××5×××2503	标志标牌	个（块）	按设计图示以数量计算	包括标志标牌、基础、模板等全部工程内容
A××5×××2504	其他工程	1. 个 2. m 3. m^2	1. 以“个”计量，按设计图示数量计算 2. 以“m”计量，按设计图示以长度计算 3. 以“m^2”计量，按设计图示以面积计算	包括成品构件、基础、模板、基层、结合层、面层、其他装饰等全部工程内容

注：1 土石方开挖、运输、回填、余方处置等应包括在相应项目内。

2 钢筋混凝土构件需要设置垫层的，其工程内容还应包括垫层，但垫层工程量不另行计算。

【要点说明】

本规范多个项目的工程内容中包括脚手架工程的内容，同时又在表 B. 0. 50 措施项目中单列了脚手架工程项目。对此，发包方应根据工程实际情况选用。以围（景）墙项目为例，若发包人在措施项目清单中未编列相应脚手架项目清单，即表示该脚手架项目不单列，围（景）墙工程项目的综合单价中应包括脚手架工程费用。

B. 0. 26　洁净室净化工程应符合表 B. 0. 26 的规定。

表 B. 0. 26　洁净室净化工程（A××6×××26）

项目编码	项目名称	计量单位	计量规则	工程内容
A××6×××2601	楼地（梯）面装饰	m^2	按设计图示尺寸以面积计算	包括面层处理、面层、结合层、基层、防水、保温隔热层、装饰线条等全部工程内容
A××6×××2602	室内墙（柱）面装饰			
A××6×××2603	装饰隔断		按设计图示边框外围尺寸以面积计算	包括面层处理、面层、骨架、边框等全部工程内容
A××6×××2604	天棚装饰		按设计图示尺寸以水平投影面积计算	包括面层处理、面层、结合层、基层、装饰线条、装饰风口、灯槽等全部工程内容
A××6×××2605	内墙门	1. 樘 2. m^2	1. 以“樘”计量，按设计图示数量计算 2. 以“m^2”计量，按设计图示洞口尺寸以面积计算	包括门窗、门窗边框、门窗套、窗台板、五金件、饰面油漆、感应装置、电机等全部工程内容
A××6×××2606	内墙窗			
A××6×××2607	其他室内装饰	1. m 2. m^2 3. 个（根）	1. 以“m”计量，按设计图示尺寸以长度计算 2. 以“m^2”计量，按设计图示尺寸以面积计算 3. 以“个（根）”计量，按设计图示数量计算	包括面层处理、面层、连接件（连接构造）等全部工程内容

表B. 0. 26（续）

项目编码	项目名称	计量单位	计量规则	工程内容
A××6×××2608	净化区域通风空调			包括设备、管道、支架及其他、风管部件等全部工程内容
A××6×××2609	净化区域电气	m^2	按服务面积计算	包括专用箱柜出线回路至末端设备之间的配电箱柜、线缆、用电器具、金属构件及辅助项目
A××6×××2610	净化区域给排水			包括设备、管道、支架及其他、管道附件、卫生器具等全部工程内容
A××6×××2611	净化区域智能化系统	1. 系统 2. m^2	1. 以“系统”计量，按设计图示数量计算 2. 以“m^2”计量，按服务面积计算	包括病房探视系统、视频示教系统、候诊呼叫信号系统、护理呼应信号系统、医院信息管理系统（HIS）、影像归档管理系统（PACS）、放射管理系统（RIS）、实验室信息系统（LIS）、临床信息系统（CIS）以及其他智能化集成系统等全部工程内容

注：1 洁净室净化工程室内装饰相关内容说明详参本规范表 B. 0. 14。

2 设备包含相应项目对应的各种设备，含设备配套控制箱以及设备至配套控制箱间线缆。

3 管道包含相应项目对应的各种管道、管件等。

4 支架及其他包含相应项目对应的管道支架、设备支架和各种套管、管道试验、系统调试、管道消毒、冲洗、成品表箱、防火封堵、基础、防腐绝热等。

5 管道附件包含相应项目对应的各类阀门、法兰、补偿器、计量表、软接头、倒流防止器、塑料排水管消声器、液面计、水位标尺等。

6 卫生器具包含相应项目对应的各类净化卫生器具。

7 风管部件包含相应项目对应的各类阀门、风口、散流器、空气分布器、消声器、消声弯头、风帽、罩类、静压箱等。

8 线缆包含相应项目对应的各类桥架、电气配管、电线、电缆等。

9 用电器具包含相应项目对应的各类灯具、开关插座等。

10 金属构件及辅助项目包含相应项目对应的管道支架、桥架支架、设备支架和各种套管、系统调试、防火封堵、基础、防腐绝热等。

【要点说明】

（1）洁净室净化工程天棚、地面、墙面、门窗、其他室内装饰等计算范围为图 8 所示阴影区域。

（2）洁净室净化工程通风空调、电气、给排水、智能化系统服务面积按图 8 所示阴影面积计算。

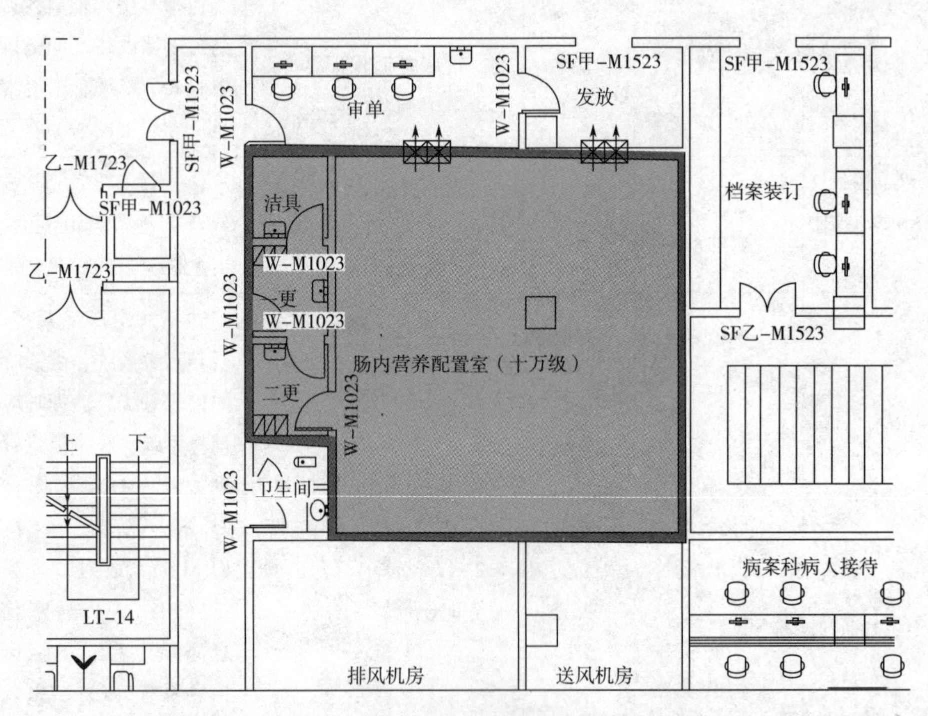

图 8　洁净室净化工程

B. 0. 27　医院物流传输应符合表 B. 0. 27 的规定。

表 B. 0. 27　医院物流传输（A××6×××27）

项目编码	项目名称	计量单位	计量规则	工程内容
A××6×××2701	气动物流系统	站	按系统收（发）站点位计算	包括系统动力发生设备至终端点位的设备、管道、支架及其他、线缆、软件、金属构件及辅助项目等全部工程内容
A××6×××2702	轨道物流系统			包括系统动力发生的设备、管道、支架及其他、线缆、软件、金属构件及辅助项目等全部工程内容
A××6×××2703	箱式物流系统			

表B. 0. 27(续)

项目编码	项目名称	计量单位	计量规则	工程内容
A××6×××2704	自动导引车（AGV）物流系统	台	按 AGV 数量计算	包括系统的设备、管道、支架及其他、线缆、软件、金属构件及辅助项目等全部工程内容
A××6×××2705	垃圾收集系统	站	按系统收（发）站点位计算	包括系统动力发生设备至终端点位的设备、管道、支架及其他、线缆、软件、金属构件及辅助项目等全部工程内容
A××6×××2706	污物回收系统			
A××6×××2707	其他物流工程			

注：1 设备包含相应项目对应的各种设备，含设备配套控制箱以及设备至配套控制箱间线缆。
2 管道包含相应项目对应的各种管道、管件等。
3 支架及其他包含相应项目对应的管道支架、设备支架和各种套管、管道试验、管道消毒、冲洗、成品表箱、防火封堵、基础等。
4 线缆包含相应项目对应的各类桥架、电气配管、电线、电缆等。
5 软件包含相应项目对应的软件开发、测试等。
6 金属构件及辅助项目包含相应的管道支架、桥架支架、设备支架和各种套管、系统调试、防火封堵、基础、防腐绝热等。

【要点说明】

气动物流系统中收（发）站点位见图9。

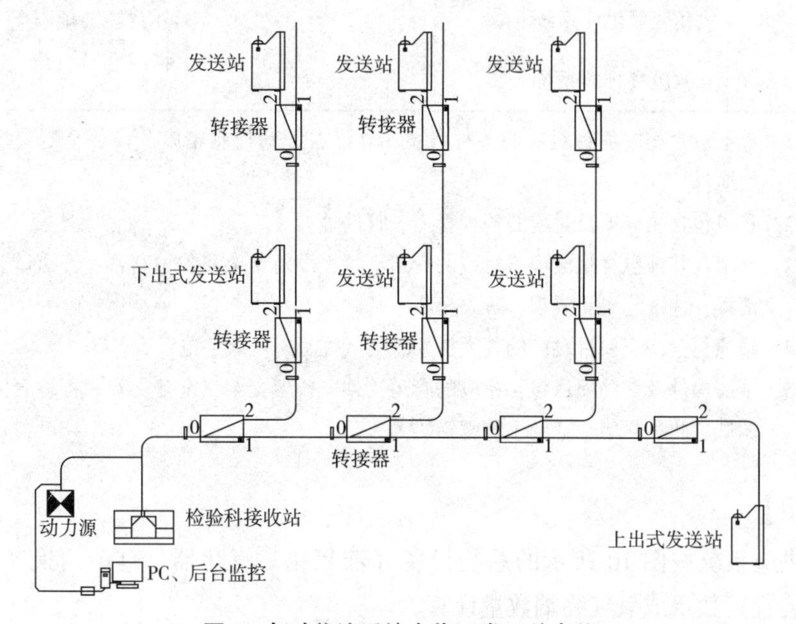

图9 气动物流系统中收（发）站点位

B. 0. 28　医疗气体应符合表 B. 0. 28 的规定。

表 B. 0. 28　医疗气体（A××6×××28）

<table>
<tr><th>项目编码</th><th>项目名称</th><th>计量单位</th><th>计量规则</th><th>工程内容</th></tr>
<tr><td>A××6×××2801</td><td>氧气供应系统</td><td rowspan="8">1. 套
2. 点位</td><td rowspan="8">1. 以“套”计量，按系统设备数量计算
2. 以“点位”计量，按系统终端数量计算</td><td rowspan="2">包括系统气源发生（储存）设备至终端点位的设备、管道、支架及其他、线缆、金属构件及辅助项目等全部工程内容</td></tr>
<tr><td>A××6×××2802</td><td>压缩空气供应系统</td></tr>
<tr><td>A××6×××2803</td><td>中心吸引系统</td><td>包括系统气体吸引设备至终端点位的设备、管道、支架及其他、线缆、金属构件及辅助项目等全部工程内容</td></tr>
<tr><td>A××6×××2804</td><td>二氧化碳供应系统</td><td rowspan="5">包括系统气源发生（储存）设备至终端点位的设备、管道、支架及其他、线缆、金属构件及辅助项目等全部工程内容</td></tr>
<tr><td>A××6×××2805</td><td>氮气供应系统</td></tr>
<tr><td>A××6×××2806</td><td>氦气供应系统</td></tr>
<tr><td>A××6×××2807</td><td>氧化亚氮供应系统</td></tr>
<tr><td>A××6×××2808</td><td>麻醉废气排放系统</td></tr>
</table>

注：1　设备包含相应项目对应的各种设备，含设备配套控制箱以及设备至配套控制箱间线缆。

2　管道包含相应项目对应的各种管道、管件等。

3　支架及其他包含相应项目对应的管道支架、设备支架和各种套管、管道试验、管道消毒、冲洗、成品表箱、防火封堵、基础。

4　线缆包含相应项目对应的各类桥架、电气配管、电线、电缆等。

5　金属构件及辅助项目包含相应的管道支架、桥架支架、设备支架和各种套管、系统调试、防火封堵、基础、防腐绝热等。

【要点说明】

氧气供应系统按图 10 所示的系统设备（液氧罐、汽化器、自动切换装置、汇流排、减压装置）数量或氧气终端数量计算。

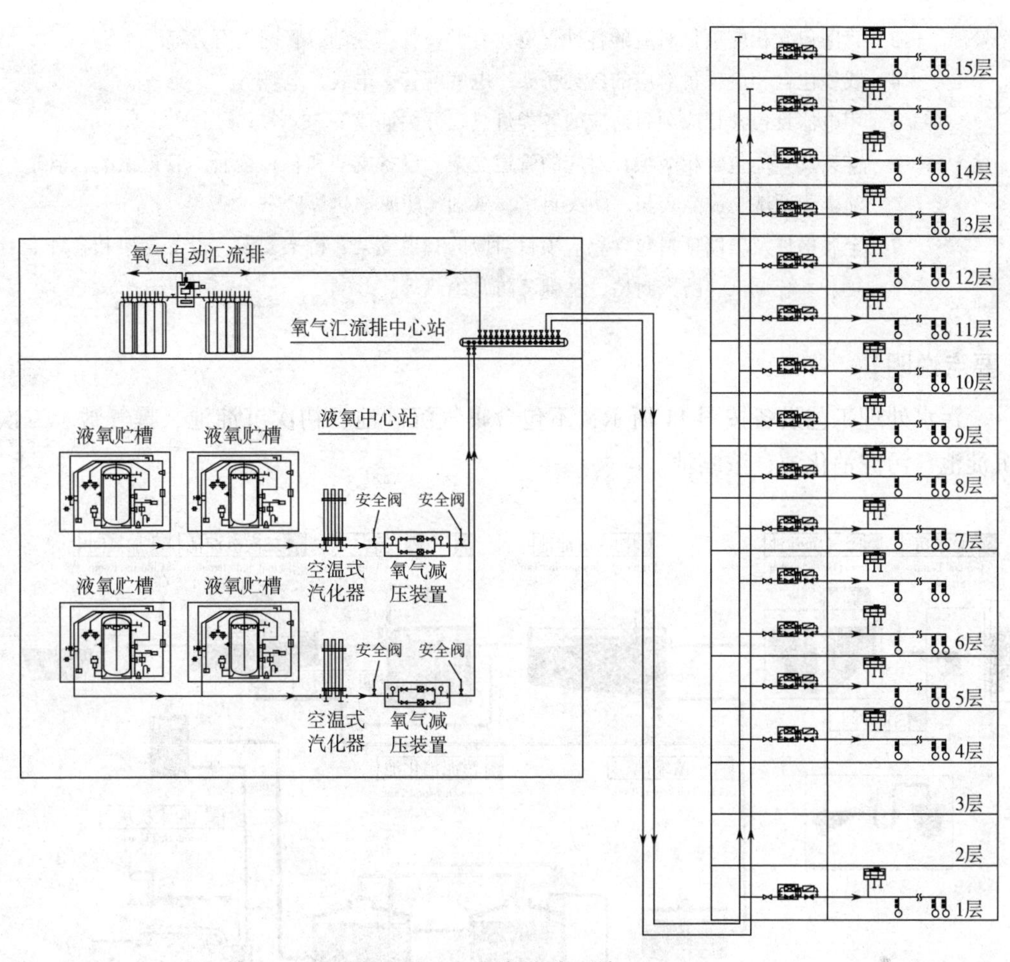

图10　氧气供应系统

B. 0. 29　污水处理应符合表 B. 0. 29 的规定。

表 B. 0. 29　污水处理（A××6×××29）

项目编码	项目名称	计量单位	计量规则	工程内容
A××6×××2901	污水处理工艺设备	1. m^3/d 2. 套	1. 以“m^3/d”计量，按成套设备处理水量计算 2. 以“套”计量，按成套设备数量计算	包括污水处理工艺流程中进水格栅至达标污水排出口之间的设备、管网、支架及其他、管道附件、配电箱柜、线缆、金属构件及辅助项目等全部工程内容

注：1　不含污水处理建筑物、构筑物等建筑结构工程。

2　设备包含相应项目对应的各种设备，含设备配套控制箱以及设备至配套控制箱间线缆。

3 管网包含相应项目对应的各种管道、管件、管道基础、管网土石方等。

4 线缆包含相应项目对应的各类桥架、电气配管、电线、电缆等。

5 用电器具包含相应项目对应的各类灯具、开关插座等。

6 支架及其他包含相应项目对应的管道支架、设备支架和各种套管、管道试验、管道消毒、冲洗、成品表箱、防火封堵、基础、防腐绝热等。

7 金属构件及辅助项目包含相应项目对应的管道支架、桥架支架、设备支架和各种套管、系统调试、防火封堵、基础、防腐绝热等。

【要点说明】

污水处理工艺设备按图 11 所示，不包含曝气沉砂池、初次沉淀池、曝气池、二次沉淀池、污泥消化池、浓缩池。

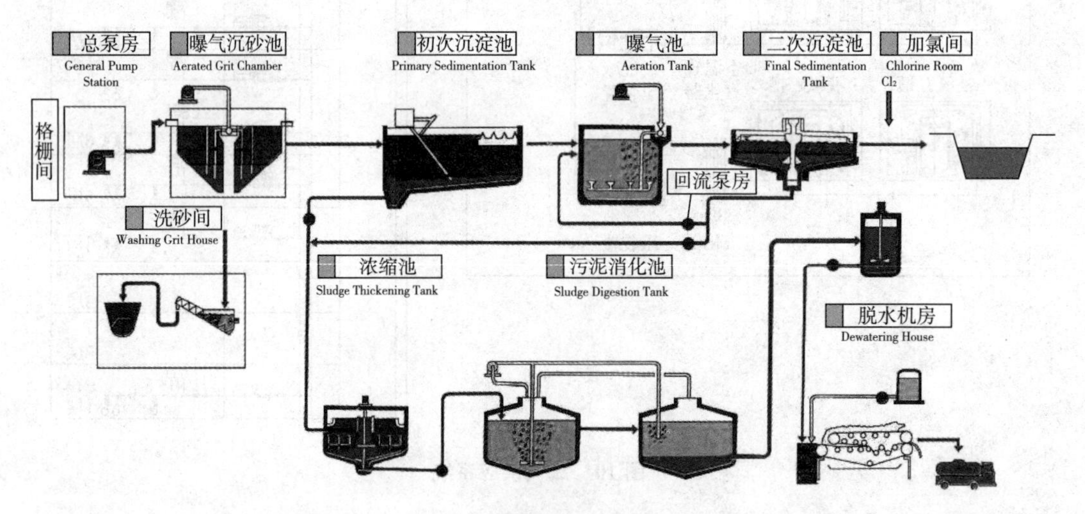

图 11 污水处理工艺设备

B. 0. 30 实验室区域专项工程应符合表 B. 0. 30 的规定。

表 B. 0. 30 实验室区域专项工程（A××6×××30）

项目编码	项目名称	计量单位	计量规则	工程内容
A××6×××3001	楼地（梯）面装饰	m^2	按设计图示尺寸以面积计算	包括面层处理、面层、结合层、基层、防水、保温隔热层、装饰线条等全部工程内容
A××6×××3002	室内墙（柱）面装饰			
A××6×××3003	装饰隔断		按设计图示边框外围尺寸以面积计算	包括面层处理、面层、骨架、边框等全部工程内容

表B.0.30(续)

<table>
<tr><th>项目编码</th><th>项目名称</th><th>计量单位</th><th>计量规则</th><th>工程内容</th></tr>
<tr><td>A××6×××3004</td><td>天棚装饰</td><td>m^2</td><td>按设计图示尺寸以水平投影面积计算</td><td>包括面层处理、面层、结合层、基层、装饰线条、装饰风口、灯槽等全部工程内容</td></tr>
<tr><td>A××6×××3005</td><td>内墙门</td><td rowspan="2">1. 樘
2. m^2</td><td rowspan="2">1. 以“樘”计量，按设计图示数量计算
2. 以“m^2”计量，按设计图示洞口尺寸以面积计算</td><td rowspan="2">包括门窗、门窗边框、门窗套、窗台板、五金件、饰面油漆、感应装置、电机、收边收口等全部工程内容</td></tr>
<tr><td>A××6×××3006</td><td>内墙窗</td></tr>
<tr><td>A××6×××3007</td><td>其他室内装饰</td><td>1. m
2. m^2
3. 个（根）</td><td>1. 以“m”计量，按设计图示尺寸以长度计算
2. 以“m^2”计量，按设计图示尺寸以面积计算
3. 以“个（根）”计量，按设计图示数量计算</td><td>包括面层处理、面层、连接件（连接构造）等全部工程内容</td></tr>
<tr><td>A××6×××3008</td><td>实验室通风空调</td><td rowspan="4">m^2</td><td rowspan="4">按服务面积计算</td><td>包括设备、管道、支架及其他、风管部件等全部工程内容</td></tr>
<tr><td>A××6×××3009</td><td>实验室电气</td><td>包括专用箱柜出线回路至末端设备之间的配电箱柜、线缆、用电器具、金属构件及辅助项目等全部工程内容</td></tr>
<tr><td>A××6×××3010</td><td>实验室给排水</td><td>包括设备、管道、支架及其他、管道附件、卫生器具等全部工程内容</td></tr>
<tr><td>A××6×××3011</td><td>实验室智能化系统</td><td>包括实验室信息系统（LIS）以及其他智能化系统等全部工程内容</td></tr>
</table>

注：1 实验室区域专项工程室内装饰相关内容说明详参本规范表B.0.14。
2 设备包含相应项目对应的各种设备，含设备配套控制箱以及设备至配套控制箱间线缆。
3 管道包含相应项目对应的各种管道、管件等。
4 支架及其他包含相应项目对应的管道支架、设备支架和各种套管、管道试验、系统调试、管道消毒、冲洗、成品表箱、防火封堵、基础、防腐绝热等。

5 管道附件包含相应项目对应的各类阀门、法兰、补偿器、计量表、软接头、倒流防止器等。

6 卫生器具包含相应项目对应的各类实验室卫生器具。

7 风管部件包含相应项目对应的各类阀门、风口、散流器、空气分布器、消声器、消声弯头、风帽、罩类、静压箱等。

8 线缆包含相应项目对应的各类桥架、电气配管、电线、电缆等。

9 用电器具包含相应项目对应的各类灯具、开关插座等。

10 金属构件及辅助项目包含相应项目对应的管道支架、桥架支架、设备支架和各种套管、系统调试、防火封堵、基础、防腐绝热等。

【要点说明】

所有系统调试、试验等均包括在本工程内。

B. 0. 31 电子辐射工程应符合表 B. 0. 31 的规定。

表 B. 0. 31 电子辐射工程（A××6×××31）

<table>
<tr><th>项目编码</th><th>项目名称</th><th>计量单位</th><th>计量规则</th><th>工程内容</th></tr>
<tr><td>A××6×××3101</td><td>楼地（梯）面装饰</td><td rowspan="4">m²</td><td rowspan="2">按设计图示尺寸以面积计算</td><td rowspan="2">包括面层处理、面层、结合层、基层、防水、保温隔热层、装饰线条等全部工程内容</td></tr>
<tr><td>A××6×××3102</td><td>室内墙（柱）面装饰</td></tr>
<tr><td>A××6×××3103</td><td>装饰隔断</td><td>按设计图示边框外围尺寸以面积计算</td><td>包括面层处理、面层、骨架、边框等全部工程内容</td></tr>
<tr><td>A××6×××3104</td><td>天棚装饰</td><td>按设计图示尺寸以水平投影面积计算</td><td>包括面层处理、面层、结合层、基层、装饰线条、装饰风口、灯槽等全部工程内容</td></tr>
<tr><td>A××6×××3105</td><td>内墙门</td><td rowspan="2">1. 樘
2. m²</td><td rowspan="2">1. 以“樘”计量，按设计图示数量计算
2. 以“m²”计量，按设计图示洞口尺寸以面积计算</td><td rowspan="2">包括门窗、门窗边框、门窗套、窗台板、五金件、饰面油漆、感应装置、电机等全部工程内容</td></tr>
<tr><td>A××6×××3106</td><td>内墙窗</td></tr>
</table>

表B. 0. 31(续)

项目编码	项目名称	计量单位	计量规则	工程内容
A××6×××3107	其他室内装饰	1. m 2. m^2 3. 个(根)	1. 以“m”计量，按设计图示尺寸以长度计算 2. 以“m^2”计量，按设计图示尺寸以面积计算 3. 以“个(根)”计量，按设计图示数量计算	包括面层处理、面层、连接件（连接构造）等全部工程内容
A××6×××3108	其他防辐射及磁屏蔽工程	m^2	按设计图示尺寸以面积计算	包括范围内设备及其配套设施的安装及维护等全部工程内容

注：电子辐射工程室内装饰相关内容说明详参本规范表 B. 0. 14。

【要点说明】

其他辐射及磁屏蔽工程按电子辐射工程服务面积计算。

B. 0. 32 纯水系统专项工程应符合表 B. 0. 32 的规定。

表 B. 0. 32 纯水系统专项工程（A××6×××32）

项目编码	项目名称	计量单位	计量规则	工程内容
A××6×××3201	集中纯水供应系统	1. m^3/h 2. 系统	1. 以“m^3/h”计量，按系统生产纯水能力计算 2. 以“系统”计量，按设计图示数量计算	包括纯水发生设备至终端点位的设备、管道、支架及其他、管道附件、配电箱柜、线缆、金属构件及辅助项目等全部工程内容
A××6×××3202	分散式纯水供应系统	1. 台 2. 系统	1. 以“台”计量，按系统设备数量计算 2. 以“系统”计量，按设计图示数量计算	包括成套纯水设备、支架及其他、配电箱柜、线缆、金属构件及辅助项目等全部工程内容

注：1 设备包含相应项目对应的各种设备，含设备配套控制箱以及设备至配套控制箱间线缆。
2 管道包含相应项目对应的各种管道、管件等。
3 支架及其他包含相应项目对应的管道支架、设备支架和各种套管、管道试验、管道消毒、冲洗、成品表箱、防火封堵、基础、防腐绝热等。
4 管道附件包含相应项目对应的各类阀门、法兰、补偿器、计量表、软接头、倒流防止器等。
5 线缆包含相应项目对应的各类桥架、电气配管、电线、电缆等。
6 金属构件及辅助项目包含相应项目对应的管道支架、桥架支架、设备支架和各种套管、系统调试、防火封堵、基础、防腐绝热等。

【要点说明】

集中纯水供应系统按产水能力进行计算，如某项目集中纯水供应系统产水能力为2 000L/h，则其产水能力为2m³/h。

B. 0. 33　冻库工程应符合表B. 0. 33的规定。

表B. 0. 33　冻库工程（A××6×××33）

项目编码	项目名称	计量单位	计量规则	工程内容
A××6×××3301	冻库设备	1. m² 2. m³	1. 以“m²”计量，按服务面积计算 2. 以“m³”计量，按冻库体积计算	包括设备、管道、支架及其他、配电箱柜、线缆、金属构件及辅助项目等全部工程内容

注：1　设备包含相应项目对应的各种设备，含设备配套控制箱以及设备至配套控制箱间线缆。
2　管道包含相应项目对应的各种管道、管件等。
3　支架及其他包含相应项目对应的管道支架、设备支架和各种套管、试验、系统调试、防火封堵、基础、防腐绝热等。
4　线缆包含相应项目对应的各类桥架、电气配管、电线、电缆等。
5　金属构件及辅助项目包含相应项目对应的管道支架、桥架支架、设备支架和各种套管、系统调试、防火封堵、基础、防腐绝热等。

【要点说明】

冻库工程的冻库体积=服务面积×冻库高度。

B. 0. 34　消毒供应工程应符合表B. 0. 34的规定。

表B. 0. 34　消毒供应工程（A××6×××34）

项目编码	项目名称	计量单位	计量规则	工程内容
A××6×××3401	消毒供应设备	1. m² 2. 台	1. 以“m²”计量，按服务面积计算 2. 以“台”计量，按设备数量计算	包括设备、管道、支架及其他、配电箱柜、线缆、金属构件及辅助项目等全部工程内容

注：1　设备包含相应项目对应的各种设备，含设备配套控制箱以及设备至配套控制箱间线缆。
2　管道包含相应项目对应的各种管道、管件等。
3　支架及其他包含相应项目对应的管道支架、设备支架和各种套管、试验、系统调试、防火封堵、基础、防腐绝热等。
4　线缆包含相应项目对应的各类桥架、电气配管、电线、电缆等。
5　金属构件及辅助项目包含相应项目对应的管道支架、桥架支架、设备支架和各种套管、系统调试、防火封堵、基础、防腐绝热等。

B.0.35 洗衣房工程应符合表B.0.35的规定。

表B.0.35 洗衣房工程（A××6×××35）

项目编码	项目名称	计量单位	计量规则	工程内容
A××6×××3501	洗衣房设备	1. m^2 2. 台	1. 以“m^2”计量，按服务面积计算 2. 以“台”计量，按设备数量计算	包括设备、管道、支架及其他、配电箱柜、线缆、金属构件及辅助项目等全部工程内容

注：1 设备包含相应项目对应的各种设备，含设备配套控制箱以及设备至配套控制箱间线缆。
2 管道包含相应项目对应的各种管道、管件等。
3 支架及其他包含相应项目对应的管道支架、设备支架和各种套管、试验、系统调试、防火封堵、基础、防腐绝热等。
4 线缆包含相应项目对应的各类桥架、电气配管、电线、电缆等。
5 金属构件及辅助项目包含相应项目对应的管道支架、桥架支架、设备支架和各种套管、系统调试、防火封堵、基础、防腐绝热等。

【要点说明】

图12所示的洗衣机房设备包含洗衣机组、烘干机组、大烫机、小烫机组、水泵、水箱。

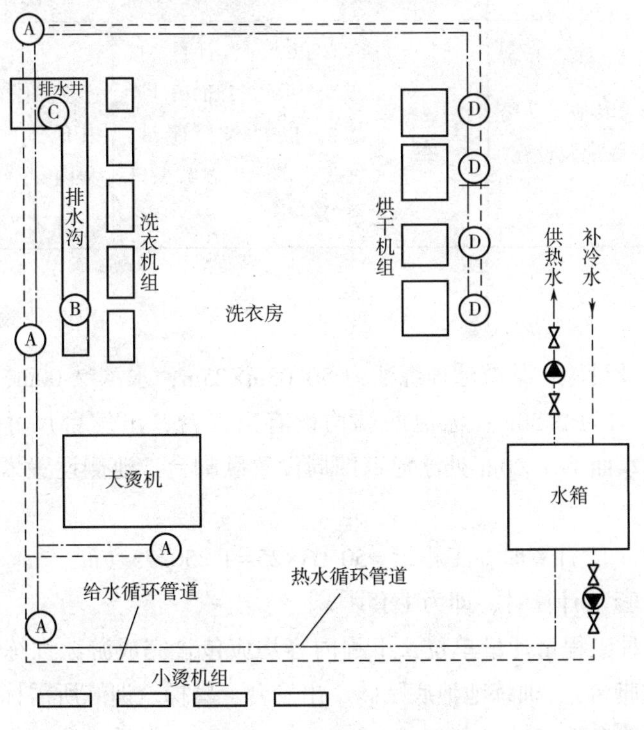

图12 洗衣机房设备

B. 0. 36 体育场地及设施应符合表 B. 0. 36 的规定。

表 B. 0. 36 体育场地及设施（A××6×××36）

<table>
<tr><th>项目编码</th><th>项目名称</th><th>计量单位</th><th>计量规则</th><th>工程内容</th></tr>
<tr><td>A××6×××3601</td><td>球场场地及设施</td><td rowspan="3">1. m^2
2. 套</td><td rowspan="3">1. 以“m^2”计量，按设计图示尺寸以面积计算
2. 以“套”计量，按设计图示设施数量以套计算</td><td>包括球柱、球网、球架、比分牌、运动恢复系统、特殊投光灯、指示器等各类球类运动设施等全部工程内容</td></tr>
<tr><td>A××6×××3602</td><td>田径场场地及设施</td><td>包括边界线、预埋件等各类田径运动设施等全部工程内容</td></tr>
<tr><td>A××6×××3603</td><td>游泳池场地及设施</td><td>包括泳池砖、泳池配件、桑拿房等各类泳池运动设施等全部工程内容</td></tr>
<tr><td>A××6×××3604</td><td>看台座椅</td><td>1. m^2
2. 个</td><td>1. 以“m^2”计量，按设计图示尺寸以面积计算
2. 以“个”计量，按设计图示座椅个数计算</td><td>包括各类看台座椅及配套设备安装等全部工程内容</td></tr>
<tr><td>A××6×××3605</td><td>其他运动场场地及设施</td><td>1. m^2
2. 套</td><td>1. 以“m^2”计量，按设计图示尺寸以面积计算
2. 以“套”计量，按设计图示设施数量以套计算</td><td>包括除上述内容外的其他体育设施等全部工程内容</td></tr>
</table>

【要点说明】

游泳池场地及设施：某游泳训练池为 50. 03m×25m，水深 2. 00m，共设 10 条标准泳道，泳道宽度均为 2. 50m；泳池两端均设有出发台，出发台尺寸不小于 500mm×500mm。在泳池水面下 1. 20m 处泳池壁四周设置歇脚台，池侧设置攀梯，供运动员热身及训练时使用。

工程量按“m^2”计算时，工程量 = 50. 03×25 = 1 250. 75（m^2）。

工程量按“套”计算时，即为 1 套。

无论采用哪种工程量计量单位，工程内容均应包含完成游泳训练池所需的训练池池壁贴砖（含歇脚台）、训练池池底贴砖、出发台、攀梯、训练所需标识线线柱及预埋件等发包人要求的全部交付内容。

B. 0. 37 体育设施安装应符合表 B. 0. 37 的规定。

表 B. 0. 37 体育设施安装（A××6×××37）

项目编码	项目名称	计量单位	计量规则	工程内容
A××6×××3701	游泳池系统	1. m^2 2. 系统	1. 以“m^2”计量，按泳池水平投影面积计算 2. 以“系统”计量，按设计图示数量计算	包括设备、管道、支架及其他等全部工程内容
A××6×××3702	场地排水系统		1. 以“m^2”计量，按场地面积计算 2. 以“系统”计量，按设计图示数量计算	
A××6×××3703	场地喷洒系统			
A××6×××3704	场地真空通风兼强排水系统			包括设备、管道、支架及其他、风管部件等全部工程内容
A××6×××3705	场地补光系统			包括专用箱柜出线回路至末端设备之间的设备、配电箱柜、线缆、用电器具、金属构件及辅助项目等全部工程内容
A××6×××3706	冰场制冰系统	1. m^2 2. kW/h	1. 以“m^2”计量，按场地面积计算 2. 以“kW/h”计量，按制冰量能力计算	包括设备、管道、支架及其他等全部工程内容
A××6×××3707	LED 显示屏系统	1. 系统 2. m^2	1. 以“系统”计量，按设计图示数量计算 2. 以“m^2”计量，按设计图示显示屏面积计算	包括设备、线缆、软件、金属构件及辅助项目等全部工程内容
A××6×××3708	竞赛实时信息发布系统	1. 系统 2. 点位	1. 以“系统”计量，按设计图示数量计算 2. 以“点位”计量，按设计图示发布点位计算	
A××6×××3709	场地扩声系统		1. 以“系统”计量，按设计图示数量计算 2. 以“点位”计量，按设计图示扩声点位计算	

表B. 0. 37(续)

项目编码	项目名称	计量单位	计量规则	工程内容
A××6×××3710	场地照明系统	1. m^2 2. 系统	1. 以“m^2”计量，按场地水平投影面积计算 2. 以“系统”计量，按设计图示数量计算	包括设备、线缆、软件、金属构件及辅助项目等全部工程内容
A××6×××3711	计时计分系统	系统	按设计图示数量计算	
A××6×××3712	现场成绩处理系统			
A××6×××3713	现场影像采集及回放系统			
A××6×××3714	售检票系统			
A××6×××3715	电视转播和现场评论系统			
A××6×××3716	标准时钟系统	1. 系统 2. 点位	1. 以“系统”计量，按设计图示数量计算 2. 以“点位”计量，按设计图示时钟点位计算	
A××6×××3717	升旗控制系统		1. 以“系统”计量，按设计图示数量计算 2. 以“点位”计量，按设计图示升旗点位计算	
A××6×××3718	比赛设备集成管理系统	系统	按设计图示数量计算	
A××6×××3719	信息查询和发布系统			
A××6×××3720	赛事综合管理系统			

表B.0.37(续)

项目编码	项目名称	计量单位	计量规则	工程内容
A××6×××3721	场馆运营服务管理系统	系统	按设计图示数量计算	包括设备、线缆、软件、金属构件及辅助项目等全部工程内容
A××6×××3722	其他系统			

注：1 设备包含相应项目对应的各种设备，含设备配套控制箱以及设备至配套控制箱间线缆。
2 管道包含相应项目对应的各种管道、管件等。
3 支架及其他包含相应项目对应的管道支架、设备支架和各种套管、管道试验、系统调试、管道消毒、冲洗、成品表箱、防火封堵、基础、防腐绝热等。
4 管道附件包含相应项目对应的各类阀门、法兰、补偿器、计量表、软接头、倒流防止器等。
5 线缆包含相应项目对应的各类桥架、电气配管、电线、电缆等。
6 软件包含相应项目对应的软件开发、测试等。
7 用电器具包含相应项目对应的各类灯具、开关插座等。
8 金属构件及辅助项目包含相应项目对应的管道支架、桥架支架、设备支架和各种套管、系统调试、防火封堵、基础、防腐绝热等。

【要点说明】

游泳池系统按图13所示，不包含游泳池。

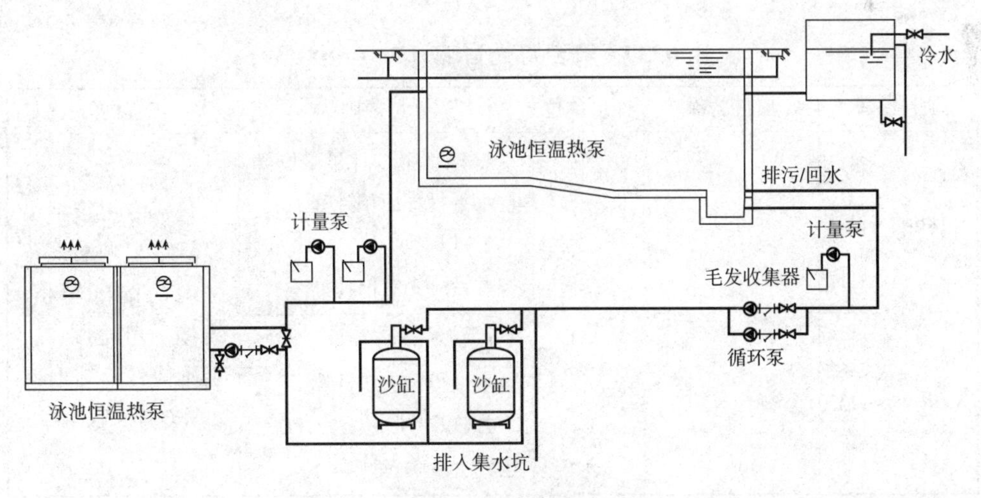

图13 游泳池系统

B.0.38 舞台与舞台机械应符合表B.0.38的规定。

表 B.0.38 舞台与舞台机械（A××6×××38）

项目编码	项目名称	计量单位	计量规则	工程内容
A××6×××3801	舞台	1. m^2 2. 套	1. 以“m^2”计量，按舞台水平投影面积计算 2. 以“套”计量，按设备数量计算	包括舞台区域地板、特殊钢结构等全部工程内容
A××6×××3802	幕布系统	套	按设备数量计算	包括设备、线缆、金属构件及辅助项目等全部工程内容
A××6×××3803	座椅		按座椅数量计算	包括座椅及配套设备安装等全部工程内容
A××6×××3804	舞台机械	1. m^2 2. 套	1. 以“m^2”计量，按舞台水平投影面积计算 2. 以“套”计量，按设备数量计算	包括设备、线缆、金属构件及辅助项目等全部工程内容
A××6×××3805	其他舞台机械			包括除上述设备外的其他舞台机械等全部工程内容

注：1 设备包含相应项目对应的各种设备，含设备配套控制箱以及设备至配套控制箱间线缆。
2 线缆包含相应项目对应的各类桥架、电气配管、电线、电缆等。
3 金属构件及辅助项目包含相应项目对应的管道支架、桥架支架、设备支架和各种套管、系统调试、防火封堵、基础、防腐绝热等。

B.0.39 舞台灯光音响应符合表 B.0.39 的规定。

表 B.0.39 舞台灯光音响（A××6×××39）

项目编码	项目名称	计量单位	计量规则	工程内容
A××6×××3901	舞台灯光	1. m^2 2. 点位	1. 以“m^2”计量，按舞台水平投影面积计算 2. 以“点位”计量，按舞台灯光点位计算	包括专用箱柜出线回路至末端设备之间的配电箱柜、线缆、用电器具、金属构件及辅助项目等全部工程内容
A××6×××3902	舞台音响		1. 以“m^2”计量，按舞台水平投影面积计算 2. 以“点位”计量，按舞台音响点计算	

注：1 线缆包含相应项目对应的各类桥架、电气配管、电线、电缆等。
2 用电器具包含相应项目对应的各类灯具、开关插座等。
3 金属构件及辅助项目包含相应项目对应的管道支架、桥架支架、设备支架和各种套管、系统调试、防火封堵、基础、防腐绝热等。

B.0.40 演艺智能化系统应符合表B.0.40的规定。

表B.0.40 演艺智能化系统（A××6×××40）

项目编码	项目名称	计量单位	计量规则	工程内容
A××6×××4001	视频监视系统	1. 系统 2. 点位	1. 以“系统”计量，按设计图示数量计算 2. 以“点位”计量，按设计图示监视点位计算	包括设备、线缆、软件、金属构件及辅助项目等全部工程内容
A××6×××4002	内部通信系统		1. 以“系统”计量，按设计图示数量计算 2. 以“点位”计量，按设计图示通信点位计算	
A××6×××4003	灯光信号提示系统		1. 以“系统”计量，按设计图示数量计算 2. 以“点位”计量，按设计图示灯光信号点位计算	
A××6×××4004	演出时序控制系统	系统	按设计图示数量计算	
A××6×××4005	字幕系统			
A××6×××4006	演员提词系统	1. 系统 2. 点位	1. 以“系统”计量，按设计图示数量计算 2. 以“点位”计量，按设计图示提词点位计算	
A××6×××4007	音像录制系统	系统	按设计图示数量计算	
A××6×××4008	广播电视转播系统	1. 系统 2. 点位	1. 以“系统”计量，按设计图示数量计算 2. 以“点位”计量，按设计图示转播点位计算	
A××6×××4009	舞台监督系统	系统	按设计图示数量计算	
A××6×××4010	其他系统			

注：1 设备包含相应项目对应的各种设备，含设备配套控制箱以及设备至配套控制箱间线缆。
2 线缆包含相应项目对应的各类桥架、电气配管、电线、电缆等。
3 软件包含相应项目对应的软件开发、测试等。
4 金属构件及辅助项目包含相应的管道支架、桥架支架、设备支架和各种套管、系统调试、防火封堵、基础、防腐绝热等。

B.0.41 交通智能化系统应符合表B.0.41的规定。

表B.0.41 交通智能化系统（A××6×××41）

项目编码	项目名称	计量单位	计量规则	工程内容
A××6×××4101	信息集成系统	系统	按设计图示数量计算	包括设备、线缆、软件、金属构件及辅助项目等全部工程内容
A××6×××4102	协同决策系统			
A××6×××4103	应急救援管理系统			
A××6×××4104	协同运行可视化系统			
A××6×××4105	地理信息系统			
A××6×××4106	旅客运行管理系统			
A××6×××4107	旅客体验系统			
A××6×××4108	安全运行管理系统			
A××6×××4109	巡检维护管理系统			
A××6×××4110	站坪智能调度指挥系统			
A××6×××4111	鸟情管理系统			
A××6×××4112	净空管理系统			
A××6×××4113	机场跑道异物探测系统（FOD）	1. 系统 2. 点位	1. 以“系统”计量，按设计图示数量计算 2. 以“点位”计量，按探测点位计算	
A××6×××4114	员工管理系统	系统	按设计图示数量计算	
A××6×××4115	道口管理系统	1. 系统 2. 套	1. 以“系统”计量，按设计图示数量计算 2. 以“套”计量，按设计图示设备数量计算	
A××6×××4116	综合交通管理平台系统	系统	按设计图示数量计算	
A××6×××4117	能源管理系统	1. 系统 2. m^2 3. 点位	1. 以“系统”计量，按设计图示数量计算 2. 以“m^2”计量，按建筑面积计算 3. 以“点位”计量，按控制点位数量计算	

表B. 0. 41(续)

项目编码	项目名称	计量单位	计量规则	工程内容
A××6×××4118	综合布线系统	1. 系统 2. m^2 3. 点位	1. 以“系统”计量，按设计图示数量计算 2. 以“m^2”计量，按建筑面积计算 3. 以“点位”计量，按末端点位数量计算	包括设备、线缆、软件、金属构件及辅助项目等全部工程内容
A××6×××4119	有线电视-布线(含广告)	1. 系统 2. 点位	1. 以“系统”计量，按设计图示数量计算 2. 以“点位”计量，按末端点位计算	
A××6×××4120	视频监控（报警）系统			
A××6×××4121	门禁（巡更）系统			
A××6×××4122	大屏显示系统	m^2	按屏幕面积计算	
A××6×××4123	坐席管理系统	1. 系统 2. 点位	1. 以“系统”计量，按设计图示数量计算 2. 以“点位”计量，按坐席点位数量计算	
A××6×××4124	音视频会议系统	1. 系统 2. 套	1. 以“系统”计量，按设计图示数量计算 2. 以“套”计量，按设计图示功能设备数量计算	
A××6×××4125	机房设备环境监控	1. 系统 2. 套	1. 以“系统”计量，按设计图示数量计算 2. 以“套”计量，按设计图示功能设备数量计算	
A××6×××4126	云锁系统	1. 系统 2. 点位	1. 以“系统”计量，按设计图示数量计算 2. 以“点位”计量，按设计图示云锁点位计算	
A××6×××4127	安防智能集成系统		1. 以“系统”计量，按设计图示数量计算 2. 以“点位”计量，按设计图示集成点位计算	

表B.0.41(续)

项目编码	项目名称	计量单位	计量规则	工程内容
A××6×××4128	全景增强监视系统	1. 系统 2. 点位	1. 以“系统”计量，按设计图示数量计算 2. 以“点位”计量，按设计图示末端点位计算	包括设备、线缆、软件、金属构件及辅助项目等全部工程内容
A××6×××4129	远机位机坪监控		1. 以“系统”计量，按设计图示数量计算 2. 以“点位”计量，按设计图示监视点位计算	
A××6×××4130	智能灯光控制系统		1. 以“系统”计量，按设计图示数量计算 2. 以“点位”计量，按设计图示模块、感应器点位计算	
A××6×××4131	低压配电智能监控系统	系统	按设计图示数量计算	
A××6×××4132	公共广播系统	1. 系统 2. 点位	1. 以“系统”计量，按设计图示数量计算 2. 以“点位”计量，按设计图示点位计算	
A××6×××4133	内部通信系统		1. 以“系统”计量，按设计图示数量计算 2. 以“点位”计量，按设计图示内部终端点位计算	
A××6×××4134	天网系统		1. 以“系统”计量，按设计图示数量计算 2. 以“点位”计量，按设计图示终端点位计算	
A××6×××4135	停车场管理系统	套	按道闸数计算	
A××6×××4136	车位引导系统	1. 系统 2. 点位	1. 以“系统”计量，按设计图示数量计算 2. 以“点位”计量，按设计图示引导点位计算	
A××6×××4137	反向寻车系统		1. 以“系统”计量，按设计图示数量计算 2. 以“点位”计量，按设计图示末端探测点位计算	

表B. 0. 41（续）

项目编码	项目名称	计量单位	计量规则	工程内容
A××6×××4138	行李全程跟踪系统	1. 系统 2. 套	1. 以“系统”计量，按设计图示数量计算 2. 以“套”计量，按设计图示设备数量计算	包括设备、线缆、软件、金属构件及辅助项目等全部工程内容
A××6×××4139	航班显示系统		1. 以“系统”计量，按设计图示数量计算 2. 以“套”计量，按设计图示显示设备数量计算	
A××6×××4140	商业销售时点信息系统（POS）	系统	按设计图示数量计算	
A××6×××4141	长途客运系统	1. 系统 2. 套	1. 以“系统”计量，按设计图示数量计算 2. 以“套”计量，按设计图示软件数量计算	
A××6×××4142	重要信息显示系统		1. 以“系统”计量，按设计图示数量计算 2. 以“套”计量，按设计图示终端设备数量计算	
A××6×××4143	建筑群通信链路	m^2	按建筑面积计算	
A××6×××4144	呼叫中心系统	1. m^2 2. 系统	1. 以“m^2”计量，按建筑面积计算 2. 以“系统”计量，按设计图示数量计算	
A××6×××4145	网络安全系统	系统	按设计图示数量计算	
A××6×××4146	设备-云计算平台系统			
A××6×××4147	统一通信平台			
A××6×××4148	设备设施管理系统			
A××6×××4149	贵宾生产服务管理系统			
A××6×××4150	机务管理系统			
A××6×××4151	运维管理系统			

表B.0.41(续)

项目编码	项目名称	计量单位	计量规则	工程内容
A××6×××4152	考勤管理系统	1. 系统 2. 套	1. 以“系统”计量，按设计图示数量计算 2. 以“套”计量，按设计图示设备数量计算	包括设备、线缆、软件、金属构件及辅助项目等全部工程内容
A××6×××4153	软件-门户网站系统			
A××6×××4154	商业租赁管理系统			
A××6×××4155	施工管理系统			
A××6×××4156	数据中心应用系统			
A××6×××4157	安保信息管理系统			
A××6×××4158	时钟系统	1. m^2 2. 台	1. 以“m^2”计量，按建筑面积计算 2. 以“台”计量，按子钟数量计算	
A××6×××4159	旅客智慧出行系统	1. m^2 2. 点位	1. 以“m^2”计量，按建筑面积计算 2. 以“点位”计量，按末端点位数量计算	
A××6×××4160	电子地图系统			
A××6×××4161	信息显示系统			
A××6×××4162	安检智慧管理系统	1. 系统 2. 点位	1. 以“系统”计量，按设计图示数量计算 2. 以“点位”计量，按设计图示末端点位数量计算	
A××6×××4163	人脸识别系统			
A××6×××4164	有线电视系统			
A××6×××4165	传输承载网	1. 系统 2. 套	1. 以“系统”计量，按设计图示数量计算 2. 以“套”计量，按设计图示设备数量计算	
A××6×××4166	下一代网络(NGN)交换平台			
A××6×××4167	自助值机系统			
A××6×××4168	智能安检线			
A××6×××4169	自助行李托运系统			
A××6×××4170	离港控制系统			
A××6×××4171	安检信息管理系统			
A××6×××4172	预安检系统			

表B.0.41(续)

项目编码	项目名称	计量单位	计量规则	工程内容
A××6×××4173	其他系统	1. 系统 2. m^2	1. 以“系统”计量，按设计图示数量计算 2. 以“m^2”计量，按建筑面积计算	包括设备、线缆、软件、金属构件及辅助项目等全部工程内容

注：1 设备包含相应项目对应的各种设备，含设备配套控制箱以及设备至配套控制箱间线缆。

2 线缆包含相应项目对应的各类桥架、电气配管、电线、电缆等。

3 软件包含相应项目对应的软件开发、测试等。

4 金属构件及辅助项目包含相应的管道支架、桥架支架、设备支架和各种套管、系统调试、防火封堵、基础、防腐绝热等。

B.0.42 行李传输应符合表B.0.42的规定。

表B.0.42 行李传输（A××6×××42）

项目编码	项目名称	计量单位	计量规则	工程内容
A××6×××4201	传输承载网	1. 系统 2. 套	1. 以“系统”计量，按设计图示数量计算 2. 以“套”计量，按设计图示设备数量计算	包括设备、线缆、软件、金属构件及辅助项目等全部工程内容
A××6×××4202	NGN交换平台			
A××6×××4203	自助值机系统			
A××6×××4204	智能安检线			

注：1 设备包含相应项目对应的各种设备，含设备配套控制箱以及设备至配套控制箱间线缆。

2 线缆包含相应项目对应的各类桥架、电气配管、电线、电缆等。

3 软件包含相应项目对应的软件开发、测试等。

4 金属构件及辅助项目包含相应的管道支架、桥架支架、设备支架和各种套管、系统调试、防火封堵、基础、防腐绝热、施工期间的临时设施和配合、工厂监造、检验和培训、质保期内驻场服务等。

B.0.43 安检工程应符合表B.0.43的规定。

表B.0.43 安检工程（A××6×××43）

项目编码	项目名称	计量单位	计量规则	工程内容
A××6×××4301	货物安检系统	台	按功能设备数量计算	包括设备、线缆、软件、金属构件及辅助项目等全部工程内容
A××6×××4302	随身行李安检系统			
A××6×××4303	大通道安检系统			
A××6×××4304	交运行李安检系统			
A××6×××4305	车道边安检系统			

表B. 0. 43（续）

项目编码	项目名称	计量单位	计量规则	工程内容
A××6×××4306	安检设备管理系统	1. 系统 2. 点位	1. 以“系统”计量，按设计图示数量计算 2. 以“点位”计量，按控制模块数量计算	包括设备、线缆、软件、金属构件及辅助项目等全部工程内容
A××6×××4307	其他系统		1. 以“系统”计量，按设计图示数量计算 2. 以“点位”计量，按设计图示点位计算	

注：1 设备包含相应项目对应的各种设备，含设备配套控制箱以及设备至配套控制箱间线缆。

2 线缆包含相应项目对应的各类桥架、电气配管、电线、电缆等。

3 软件包含相应项目对应的软件开发、测试等。

4 金属构件及辅助项目包含相应的管道支架、桥架支架、设备支架和各种套管、系统调试、防火封堵、基础、防腐绝热、施工期间的临时设施和配合、工厂监造、检验和培训、质保期内驻场服务等。

B. 0. 44 登机桥工程应符合表 B. 0. 44 的规定。

表 B. 0. 44 登机桥工程（A××6×××44）

项目编码	项目名称	计量单位	计量规则	工程内容
A××6×××4401	登机桥固定端	1. m 2. 套	1. 以“m”计量，按长度以米计算 2. 以“套”计量，按设计图示数量计算	包括成品登机桥固定端的土建工程、装饰工程、安装工程等全部工程内容
A××6×××4402	登机桥活动端			包括成品登机桥活动端的土建工程、装饰工程、安装工程等全部工程内容

【要点说明】

（1）成品登机桥固定端按图 14 所示长度计算时，指桥头堡边缘到航站楼外边缘的斜边长度，若为双桥、三桥时，则分别计算每个登机桥的斜边长度。

（2）若为非成品登机桥固定端，应在交通建筑中列项计算，不纳入专项工程。

（3）登机桥活动端通常根据不同型号按“套”计算。

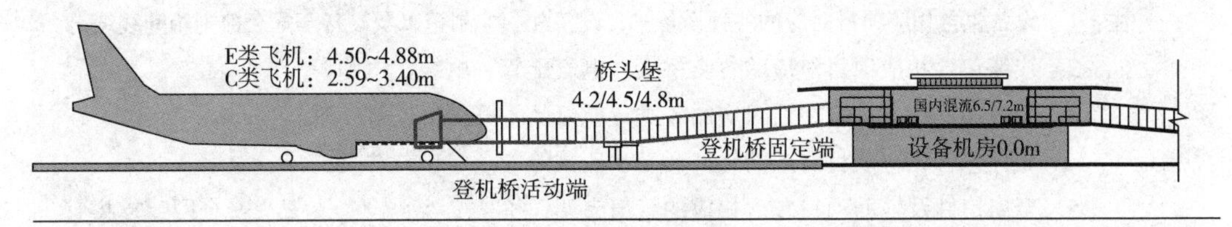

图 14　登机桥工程

B. 0. 45　停机坪工程应符合表 B. 0. 45 的规定。

表 B. 0. 45　停机坪工程（A××6×××45）

<table>
<tr><th>项目编码</th><th>项目名称</th><th>计量单位</th><th>计量规则</th><th>工程内容</th></tr>
<tr><td>A××6×××4501</td><td>停机坪导航系统</td><td rowspan="4">m²</td><td rowspan="4">按停机坪水平投影面积计算</td><td>包括设备、线缆、用电器具、软件、金属构件及辅助项目等全部工程内容</td></tr>
<tr><td>A××6×××4502</td><td>停机坪基础系统</td><td>包括机坪结构层以上标识漆、抗震夹板、锁机栓等全部工程内容</td></tr>
<tr><td>A××6×××4503</td><td>停机坪安全防护系统</td><td>包括设备、线缆、用电器具、软件、金属构件及辅助项目等全部工程内容</td></tr>
<tr><td>A××6×××4504</td><td>停机坪消防系统</td><td>包括设备、管道、支架及其他、管道附件、线缆、消防组件、金属构件及辅助项目等全部工程内容</td></tr>
</table>

表B. 0. 45(续)

项目编码	项目名称	计量单位	计量规则	工程内容
A××6×××4505	停机坪其他设施	项	按设计图示数量计算	包括按要求配备的紧急抢救箱、停机坪飞机加油工程、飞机供电工程及其他附属设施等全部工程内容

注：1 设备包含相应项目对应的各种设备，含设备配套控制箱以及设备至配套控制箱间线缆。
2 线缆包含相应项目对应的各类桥架、电气配管、电线、电缆等。
3 用电器具包含相应项目对应的各类导航灯具、开关插座等。
4 软件包含相应项目对应的软件开发、测试等。
5 金属构件及辅助项目包含相应的管道支架、桥架支架、设备支架、安全网、支撑臂和各种套管、系统调试、防火封堵、基础、防腐绝热等。
6 管道包含相应项目对应的各种管道、管件等。
7 支架及其他包含相应项目对应的管道支架、设备支架和各种套管、管道试验、系统调试、管道消毒、冲洗、防火封堵、基础、防腐绝热等。
8 管道附件包含相应项目对应的各类阀门、法兰、补偿器、计量表、软接头、倒流防止器、塑料排水管消声器、液面计、水位标尺等。
9 消防组件包含相应项目对应的各类消防设施（各类探测器、按钮、警铃、报警器、电话插孔、消防广播、消火栓、喷头、消防水炮等）。

【要点说明】

停机坪投影面积按图15所示的大圆环 $R15\ 000$ 计算。

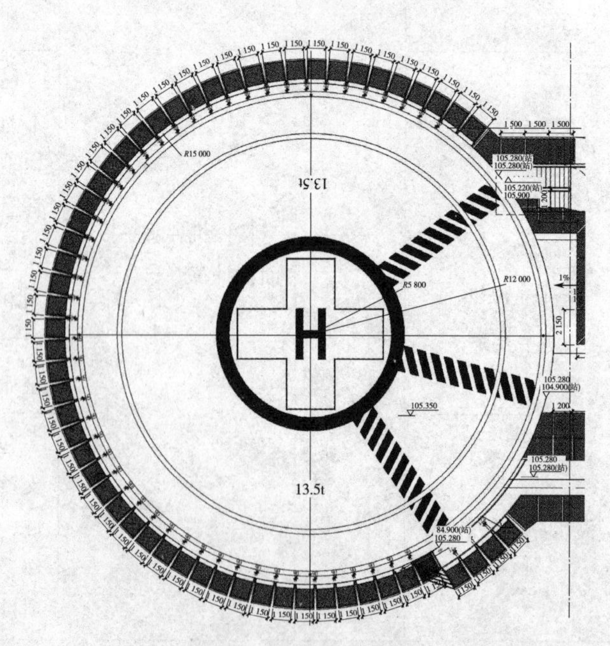

图15 停机坪工程

B. 0. 46 人防工程应符合表 B. 0. 46 的规定。

表 B. 0. 46 人防工程（A××6×××46）

项目编码	项目名称	计量单位	计量规则	工程内容
A××6×××4601	人防门	1. 樘 2. m^2	1. 以“樘”计量，按设计图示数量计算 2. 以“m^2”计量，按设计图示尺寸以面积计算	包括人防门、附件等全部工程内容
A××6×××4602	人防封堵	项	按设计图示数量计算	包括人防封堵、附件等全部工程内容
A××6×××4603	人防机电设备安装	1. 项 2. m^2	1. 以“项”计量，按设计图示数量计算 2. 以“m^2”计量，按设计图示人防面积计算	包括人防电气、给排水、通风系统的设备、配电箱柜、线缆、用电器具、金属构件及辅助项目、管道、卫生器具、支架及其他、管道附件、风管部件等全部工程内容
A××6×××4604	人防标志			包括人防标志、着色、附件等全部工程内容

注：1 属于人防工程的钢筋混凝土部分包含在本规范表 B. 0. 7 钢筋混凝土工程相应内容中。

2 设备包含相应项目对应的各种设备，含设备配套控制箱以及设备至配套控制箱间线缆。

3 线缆包含相应项目对应的各类桥架、电气配管、电线、电缆等。

4 用电器具包含相应项目对应的各类导航灯具、开关插座等。

5 金属构件及辅助项目包含相应的管道支架、桥架支架、设备支架和各种套管、系统调试、防火封堵、基础、防腐绝热等。

6 管道包含相应项目对应的各种管道、管件等。

7 支架及其他包含相应项目对应的管道支架、设备支架和各种套管、管道试验、系统调试、管道消毒、冲洗、防火封堵、基础、防腐绝热等。

8 卫生器具包含相应项目对应的各类人防卫生器具。

9 管道附件包含相应项目对应的各类阀门、法兰、补偿器、计量表、软接头、测压管、液面计、水位标尺等。

10 风管部件包含相应项目对应的各类阀门、风口、散流器、空气分布器、消声器、消声弯头、风帽、罩类、静压箱等。

【要点说明】

人防专项工程包括人防门、人防封堵、人防机电、人防标识，人防钢筋混凝土工程未纳入人防专项工程，在本规范表 B. 0. 7 钢筋混凝土工程中进行计价。

B. 0. 47　康体、厨房及其他专项工程应符合表 B. 0. 47 的规定。

表 B. 0. 47　康体、厨房及其他专项工程（A××6×××47）

<table>
<tr><th>项目编码</th><th>项目名称</th><th>计量单位</th><th>计量规则</th><th>工程内容</th></tr>
<tr><td>A××6×××4701</td><td>康体设施</td><td>套</td><td>按设施数量计算</td><td>包括各类康体设施及配套设备等全部工程内容</td></tr>
<tr><td>A××6×××4702</td><td>康体工程
给排水</td><td rowspan="4">m²</td><td rowspan="4">按服务面积计算</td><td>包括设备、管道、卫生器具、支架及其他、管道附件等全部工程内容</td></tr>
<tr><td>A××6×××4703</td><td>康体工程
通风空调</td><td>包括设备、管道、支架及其他、管道附件、风管部件等全部工程内容</td></tr>
<tr><td>A××6×××4704</td><td>康体工程
电气</td><td>包括专用箱柜出线回路至末端设备之间的配电箱柜、线缆、用电器具、金属构件及辅助项目等全部工程内容</td></tr>
<tr><td>A××6×××4705</td><td>康体工程
智能化系统</td><td>包括设备、线缆、软件、金属构件及辅助项目等全部工程内容</td></tr>
<tr><td>A××6×××4706</td><td>橱柜</td><td>1. 套
2. m</td><td>1. 以“套”计量，按设计图示橱柜数量计算
2. 以“m”计量，按设计图示延长米计算</td><td>包括存放各类餐厨工具、食物等的各类橱柜等全部工程内容</td></tr>
<tr><td>A××6×××4707</td><td>厨房区域
设备</td><td>套</td><td>按设计图示设备数量计算</td><td>包括烹饪、冷藏、送餐、清洗流水线、食材加工设备等厨房专用设备等全部工程内容</td></tr>
</table>

表B.0.47(续)

项目编码	项目名称	计量单位	计量规则	工程内容
A××6×××4708	厨房区域其他设施	1. m^2 2. 套	1. 以“m^2”计量，按服务面积计算 2. 以“套”计量，按设计图示设施数量计算	包括特殊的土建、装饰、消防、智能化等设施等全部工程内容
A××6×××4709	其他专项工程	1. 套 2. m 3. m^2	1. 以“套”计量，按套计算 2. 以“m”计量，按长度计算 3. 以“m^2”计量，按建筑面积计算	包括需要完成该专项工程的全部工程内容

注：1　设备包含相应项目对应的各种设备，含设备配套控制箱以及设备至配套控制箱间线缆。

2　管道包含相应项目对应的各种管道、管件等。

3　支架及其他包含相应项目对应的管道支架、设备支架和各种套管、管道试验、系统调试、管道消毒、冲洗、成品表箱、防火封堵、基础、防腐绝热等。

4　管道附件包含相应项目对应的各类阀门、法兰、补偿器、计量表、软接头、倒流防止器、塑料排水管消声器、液面计、水位标尺等。

5　卫生器具包含相应项目对应的各类卫生器具。

6　风管部件包含相应项目对应的各类阀门、风口、散流器、空气分布器、排烟口、消声器、消声弯头、挡烟垂壁、厨房油烟过滤排气罩、风帽、罩类、静压箱等。

7　线缆包含相应项目对应的各类桥架、电气配管、电线、电缆等。

8　用电器具包含相应项目对应的各类灯具、开关插座等。

9　软件包含相应项目对应的软件开发、测试等。

10　金属构件及辅助项目包含相应的管道支架、桥架支架、设备支架和各种套管、系统调试、防火封堵、基础、防腐绝热等。

B.0.48　拆除工程应符合表B.0.48的规定。

表B.0.48　拆除工程（A××××××48）

项目编码	项目名称	计量单位	计量规则	工程内容
A××××××4801	拆除工程	项	按设计图示数量计算	包括拆除、清理、残值回收、建筑渣土处置等全部工程内容

【要点说明】

初步设计深度招标时，拆除工程大部分无法达到拆分计量的深度，若实际情况可以细分时可通过自编码自行列项，便于使用时灵活应用。

B. 0. 49 外部配套工程应符合表 B. 0. 49 的规定。

表 B. 0. 49 外部配套工程（A××7×××49）

项目编码	项目名称	计量单位	计量规则	工程内容
A××7×××4901	外部道路引入工程	1. m 2. m^2	1. 以“m”计量，按引入道路长度以米计算 2. 以“m^2”计量，按引入道路水平投影面积计算	包括从红线外接口至红线内接口之间的道路施工、竣工前保修维护等全部工程内容
A××7×××4902	市政供水引入工程	1. 点位 2. m^3/h 3. m	1. 以“点位”计量，按引入用水点总水表计算 2. 以“m^3/h”计量，按引入用水需求量计算 3. 以“m”计量，按引入供水管路长度计算	包括从市政接驳口至红线内水表总表之间的设备、管网、支架及其他、管道附件等全部工程内容
A××7×××4903	市政供电引入工程	1. kV · A 2. m	1. 以“kV · A”计量，按引入用电总负荷计算 2. 以“m”计量，按引入供电线缆长度计算	包括从市政环网柜至红线内高压开关柜进线端之间的设备、配电箱柜、线缆、金属构件及辅助项目等全部工程内容
A××7×××4904	市政燃气引入工程	1. 点位 2. m^3/h 3. m	1. 以“点位”计量，按用气末端点位计算 2. 以“m^3/h”计量，按用气规模总量计算 3. 以“m”计量，按引入供气管路长度计算	包括从市政气源管至末端用气点位的设备、管网、支架及其他、管道附件等全部工程内容
A××7×××4905	市政通信网络电视引入工程	1. 点位 2. m	1. 以“点位”计量，按末端点位计算 2. 以“m”计量，按引入网络线缆长度计算	包括从市政接驳点至机房、机房至各单体通信单元设备、配电箱柜、线缆、金属构件及辅助项目等全部工程内容

表B.0.49(续)

项目编码	项目名称	计量单位	计量规则	工程内容
A××7×××4906	市政热力引入工程	1. 点位 2. m^3/h 3. m	1. 以“点位”计量，按引入用水点总热量表计算 2. 以“m^3/h”计量，按引入用水总量计算 3. 以“m”计量，按引入供水管路长度计算	包括从市政接驳口至红线内总热量表之间的设备、管网、支架及其他、管道附件等全部工程内容
A××7×××4907	市政排水引出工程	1. 点位 2. m^3/h 3. m	1. 以“点位”计量，按排水点位计算 2. 以“m^3/h”计量，按排水总量计算 3. 以“m”计量，按引出排水管路长度计算	包括从红线内排水点至市政排水接驳井之间管网、支架及其他、管道附件等全部工程内容

注：1 市政供水引入工程中水表无总表的项目，如：直接从市政供水至住宅户内水表，则该工程起始界面为从市政接驳口至红线内总阀之间套管制作安装、挖、填、运、弃、夯实土石方、管线、阀门、支架制作安装、设备材料安装、设备支架基础制作安装、管路试压、消毒及冲洗。

2 市政供电引入工程中，采取多回路供电引入方式，引入用电总负荷是各回路引入负荷总和。

3 设备包含相应项目对应的各种设备，含设备配套控制箱以及设备至配套控制箱间线缆。

4 管网包含相应项目对应的各种管道、管件、管道基础、各类构筑物（污水井、检查井、化粪池等）、管网土石方等。

5 线缆包含相应项目对应的各类桥架、电气配管、电线、电缆等。

6 支架及其他包含相应项目对应的管道支架、设备支架和各种套管、管道试验、管道消毒、冲洗、成品表箱、防火封堵、基础、防腐绝热等。

7 金属构件及辅助项目包含相应项目对应的管道支架、桥架支架、设备支架和各种套管、系统调试、防火封堵、基础、防腐绝热等。

【要点说明】

管网土石方应包含相应的土石方开挖、运输、回填、余方处置。

B.0.50 措施项目应符合表B.0.50的规定。

表 B.0.50 措施项目（A××××××50）

项目编码	项目名称	计量单位	计量规则	工程内容
A××××××5001	安全文明施工费	项	按设计图示数量计算	包括环境保护费、安全施工费、文明施工费、临时设施费等全部工程内容
A××××××5002	脚手架工程			包括综合脚手架、满堂基础脚手架、外脚手架等全部脚手架工程等全部工程内容
A××××××5003	垂直运输			包括材料、机械、建筑构件的垂直（上下）运输费用等全部工程内容
A××××××5004	降、排水工程			包括施工场地的降水、排水等全部工程内容
A××××××5005	其他措施项目			包括需要完成该措施项目的全部工程内容

注：1 安全文明施工费是指承包人为保证安全施工、文明施工，保护现场内外环境和搭拆临时设施等所采用的措施而发生的费用。

2 其他措施项目是指发承包人认为需要单列的其他措施项目。

【要点说明】

本条仅列出安全文明施工费、脚手架工程、垂直运输及降、排水工程等 4 项措施项目，对于夜间施工、冬雨季施工、二次搬运、大型机械进出场及安拆、已完工程保护及设备保护等常规措施并未单独列项，这与《房屋建筑与装饰工程工程量计算规范》GB 50854—2013 中措施项目的列项方式有所不同。在传统施工发承包模式中，施工图设计已达到一定深度，可以计算出较准确的措施项目工程量，而工程总承包（EPC）模式下，其发承包时点大大提前于施工图设计阶段，在发承包阶段往往无法依据设计图纸准确计量措施项目工程量，同时，基于工程总承包（EPC）特点，对于措施等非实体项目，需要承包人根据其自身管理能力、发包人要求和设计图纸编制措施方案进行报价。

案例A 可行性研究或方案设计后工程总承包（EPC）案例

一、发包人要求

（一）项目概况、方案设计说明及方案设计图纸

项目概况、方案设计说明及方案设计图纸详见方案设计文件（附件1），如在可行性研究报告批复后发包，详见可行性研究报告，并作为附件1。

方案设计从附件1中节选如下。

1. 项目概况

项目名称：×××。

建设地点：×××。

建设单位：×××。

建设规模：本项目按照三级甲等医院标准进行建设，床位900张。项目总用地面积为62 586.63m²，基底面积为15 701m²。总建筑面积为136 886m²，其中新建地上建筑面积为87 470m²，地下建筑面积为49 416m²，其中住院楼建筑面积（不含裙楼）为39 427m²，地下室建筑面积为49 416m²，其他略。

建设性质：新建。

抗震设防烈度：7度。

结构类型：住院楼、地下室为框架-剪力墙结构，其余为框架结构。

装修概况：精装。

绿建星级：二星。

资金来源：自筹。

2. 总体规划设计

（1）设计指导思想和设计特点（略）。

（2）设计原则（略）。

（3）总平面规划设计。

1）总平面规划。

本项目第一住院楼秉承立足人文关怀，重视绿色可持续以及科学布局的设计理念，总图布局以第一住院楼医疗科研教学区为设计主轴，位于场地核心位置，集中布置，行政后勤楼作为其依托，偏居场地西侧。总体布局上充分考虑可持续发展战略，在用

地内预留绿地，适应医院和城市区域不断发展的需求。

对于人流量较大的医院建筑，合理、高效、安全的交通设计是极其重要的，无论是城市道路与场地衔接的人流、车流出入口，还是由室外场地进入建筑的各门厅、室内各通道，均充分考虑了人车分流、便捷直达、洁污分流等原则，尽可能避免各种瓶颈拥堵。

各种优美巧妙、层次丰富的绿化景观镶嵌于场地建筑之间，加上舒缓的背景音乐，使院区完全达到园林式医院的高标准要求。

2）功能分区。

××院区项目主要以医疗科研教学区为主。医疗科研教学区以住院为设计主轴核心，充分考虑医疗动线，将医技部分分层置于儿科、妇产科两条医疗街之间，两个诊疗单元互不交叉。

3）车行流线。

基地周边主要路网均已形成，交通较为便利。基地三面临路，北临城市主干道，西侧为小学，东北两侧具有良好的城市景观绿化带，北侧为主要社会人流来向，而居住地较远的就诊人流则依托南北两条路以及三环路与绕城高速前来。所以结合城市绿地打造人行景观入口广场，作为院区文化的形象展示，有效接纳人流。考虑到急救车在紧急情况下进入院区的便捷性，在基地西北角设有专供急救车使用的应急出入口。在车流量较小的东侧道路，整合城市绿地设有门诊机动车出入口。在基地南侧道路，设有住院出入口和急诊出入口，两个出入口分别和住院广场、急诊广场对接。

4）人行流线。

门诊流线分为健康人群流线和非健康人群流线的同时，也分儿童患者入口和妇产科患者入口。不同的人流在宽阔的步行景观广场和门诊广场分流，非健康人群中的妇产科患者从门急诊大楼东侧正面门诊入口进入，儿童患者从大楼西侧位于儿童游乐广场的入口进入，健康人群从大楼西北侧体检或产妇检查入口、儿童保健入口、VIP 入口再次分流进入。

5）污物流线。

污物流线则设置在城市主导风向的下风向隔离区域，避免了对院区和小学的影响。

6）绿化景观。

整个综合楼，结合医院流程，设置高大门厅、共享空间和内天井，使阳光引入建筑内部，减少暗房间，使大多数空间能实现自然采光和通风。

设计以医疗街为树干，诊疗单元似树枝由树干伸出，诊疗单元之间直通室外的中庭空间就是绿叶，充分地进行着光合作用，带给医疗街空气和光亮，极大地提升了室内环境，也使得整个环境犹处于园林中，在一定程度上减少了病患的心理负担。

在总体设计中，亦巧妙地利用各式绿化，如灌木丛、树阵、花圃，将各功能区区分开来，并根据各自不同的属性设计符合其特质的景观，例如：在门诊入口广场，利用广场铺地变化、标志性叠水等突出个性化、大气的医院门户特质；住院部广场略小，以步入式景观广场为主，旨在为病患提供更适宜康复的活动空间；氧气站等辅助用房“隐藏”在绿树丛中，避免了对整个院区环境的影响。

7）医院应急疏散。

医院在规划之初就应慎重考虑应急疏散预案。比如，医院是重大火灾隐患单位，人群聚集密集，安全疏散任务繁重，在建筑设计中严格执行相关规范要求，设置合理的疏散宽度和距离，并有明显的导向标识，通过合理的人流动线、两条宽敞的医疗街、疏散楼梯直通室外广场。若遇自然灾害，如地震灾害，院区南北两侧宽阔的入口广场都可作为人员临时安放点。

（4）配套设施建设。

1）水源：拟由不同方向的市政给水管引入2根给水管，以保证本工程生活及消防用水的可靠性。

2）电源：配置一处10kV配电站，配电站要求市电两路10kV进线（共四路）。每两路电源分别由两个市政区域配电站以电缆埋地引入。两个电源同时工作，互为备用。变压器装机容量约为24 400kV·A。在地下一层设置高压配电房、低压变配电房、柴油发电机房。

3）天然气：拟采用城市天然气，设置调压箱（柜），调压至所需压力后供给，并分别计量。

（5）人防设计。

地下室人防工程按照《人民防空地下室设计规范》GB 50038—2005和《人民防空工程设计防火规范》GB 50098—2009确定其功能、等级和面积。

3. 建筑设计说明

（1）单体建筑平面功能布局。

第一住院楼与门诊楼、医技楼共用两层地下室，地上共计20层，建筑总高度为82.85m，床位数为900床。

其中：

负二层：主要分为车辆停放、设备用房、污物存放及临时停尸房。

负一层（利用场地高差，住院大楼在负一层仍然与场地平接，并自然通风和采光）：住院门厅及收费大厅。

一至五层：门诊楼、医技楼用房。

六至七层：小儿外科（136床）。

八层：计划生育科（59床）。

九层：PICU\CCU（35床）。

十层：ICU（32床）。

十一层：产科产房、手术室。

十二至十四层：产科（153床）。

十五至十六层：新生儿科及NICU（221床）。

十七至二十层：妇科（264 床）。

（2）立面设计。

建筑外形体现了属于妇女儿童的现代医疗中心的风貌。以稳重大气的群体形态突显深厚的历史文化和重要社会地位，以严谨简洁的形体处理表现当代医疗的科学理念，以温馨的色彩、精致的细节处理体现对妇女儿童的人文关怀。并且在被称为建筑第五立面的屋顶，设计了色彩更为活泼，风格更为突出的屋顶花园，从更高的视点角度体现了作为妇女儿童医疗中心的特点。

（3）无障碍设计。

根据《无障碍设计规范》GB 50763—2012，该项目做以下设计：

1）停车场及地下停车库设有无障碍停车位，按车位数的 2% 设置，室外人行道按规范设置缘石坡道和触感块材，建筑主入口有室内外高差处均设置坡度≤1 : 20 的坡道。

2）除污物电梯外的其他电梯及走道设无障碍设施，使残疾人能到达建筑内所有房间。

3）公共卫生间设置无障碍卫生间。

4）每个护理单元病房均有一间双人间按无障碍规范要求设计。

5）残疾人专用卫生间设求助呼叫按钮，厕所门外及值班室设呼叫信号装置。

（4）标识设计。

室内设计充分考虑室内标示导向系统的设置，并做到在 CI（企业形象设计）设计颜色的基础上与室内标示导向系统的色彩、形式协调和统一。

（5）装饰装修。

1）设计定位。

院区的患者以妇女儿童为主。结合妇女儿童的特点，注重人性化的理念，以患者为中心。设计要具有现代、温馨，有人文气息。

2）色彩。

普通医院的主色调以白、蓝绿为主。此次设计的主色调和匹配颜色要配合医院的 CI 设计颜色，倾向于温暖的色调，如粉红、粉蓝等。

3）材质。

a. 在设计中考虑实用性，维护成本的控制。主材的选择要符合经久耐用、卫生和绿色环保（包括照明灯具）的要求。

b. 地面材质需考虑今后的维护成本。

c. 通道吊顶材料需考虑易于拆卸和检修的特点。

4）专项设计。

a. 安全设计。在医院的室内设计中，出于对患者安全隐患的考虑，首先必须在发生安全隐患的危险区域进行安全性的设计，例如：柱子阳角防撞条和接待台面的圆角处理，病房层橡胶地面的防滑和走廊的防撞扶手，墙面材料的抗撞击能力强和很强的耐火性能。

b. 卫生设计。为了确保患者的治疗和休养，必须提供一个整洁、舒适的医院环境卫生，例如：墙面医疗板具有抗菌防霉的功能，病房层的无缝橡胶地板和卷边的阴角处理，墙面医疗板和地面材料具有防水、防潮、防尘、易于清洁的特点。

c. 声环境（降噪）设计。由于医院空间的特殊性，在室内声环境设计中主要是降低噪声值，保证患者安静就医和休息。普通病房层的护士站和走廊选用的是吸声矿棉板，具有吸音性和降噪性。

d. 光环境设计。在医院空间中，光环境设计既要保证有足够的照度，又要有合理的光分布，例如：在功能空间中大量采用漫射的面光，柔和而避免眩光。医院各种不同的功能区域对于照度标准和功率密度值有着不同的要求。

e. 人性化空间设计。在医院空间中，针对妇女儿童的特点设置专有空间，例如：在无性别卫生间里应设置一定数量的放婴台，便于对婴幼儿的卫生清理；在哺乳室里设置便于哺乳的座椅和保障私密性的柔性隔断。

f. 触觉设计。从心理学的角度出发，医院的触觉设计是指一种主观的感受，它所呈现出的是综合性的主观印象。材料和光的形式运用简洁、清新，会给人一种温馨、舒适的感觉。

4. 结构设计说明

（1）设计依据。

1）自然条件。

a. 基本风压值 $W_0=0.30\text{kN/m}^2$。

b. 基本雪压值 $S_0=0.10\text{kN/m}^2$。

c. 拟建场地的抗震设防烈度为7度。

d. 工程地质及水文地质（略）。

2）本工程设计所采用的设计规范、规程。

《工程结构可靠性设计统一标准》GB 50153—2008

《建筑工程抗震设防分类标准》GB 50223—2008

《建筑结构荷载规范》GB 50009—2012

《混凝土结构设计规范》GB 50010—2010

《建筑抗震设计规范》GB 50011—2010

《建筑地基基础设计规范》GB 50007—2011

《建筑地基处理技术规范》JGJ 79—2012

《高层建筑混凝土结构技术规程》JGJ 3-2010

《钢结构设计标准》GB 50017—2017

《高层建筑筏形与箱形基础技术规范》JGJ 6—2011

《建筑桩基技术规范》JGJ 94—2008

《成都地区建筑地基基础设计规范》DB51/T 5026—2001

《空间网格结构技术规程》JGJ 7—2010

《砌体结构设计规范》GB 50003—2011

《地下工程防水技术规范》GB 50108—2008

《建筑边坡工程技术规范》GB 50330—2013

《混凝土外加剂应用技术规范》GB 50119—2013

《混凝土结构耐久性设计标准》GB/T 50476—2019

《钢筋焊接及验收规程》JGJ 18—2012

《钢筋机械连接技术规程》JGJ 107—2016

《钢结构焊接规范》GB 50661—2011

《纤维混凝土结构技术规程》CECS 38：2004

《建筑消能减震技术规程》JGJ 297—2013

其他现行的有关规范、规程。

3）建筑分类等级。

根据《建筑结构可靠性设计统一标准》GB 50068—2018，本工程的建筑结构安全等级为二级。

根据《建筑地基基础设计规范》GB 50007—2011，本工程的地基基础设计等级为甲级。

根据《建筑工程抗震设防分类标准》GB 50223—2008，本工程住院楼为重点设防类（简称乙类）。

混凝土结构的环境类别：基础，地下室底板、侧壁，水池底板、侧壁，室内潮湿环境及上部结构露天部分为二 a 类；其余部分为一类。

地下室防水混凝土设计抗渗等级为 P6～P10。

本工程的耐火等级为一级。

本工程建筑结构的设计使用年限为 50 年。

4）主要荷载取值。

a. 使用荷载标准值：①消防车按 400kN 级考虑，消防车道处的地下室顶板活荷载取 20kN/m^2；②首层施工堆载：10kN/m^2；③病房：2.0kN/m^2；④办公室：2.0kN/m^2；⑤药品库、被服库、器皿库：5.0kN/m^2；⑥手术室：4.0kN/m^2；⑦资料室：5.0kN/m^2；⑧CT 控制室：4.0kN/m^2；⑨住院大厅：3.5kN/m^2；⑩走廊、门厅、楼梯：3.5kN/m^2；⑪卫生间（填料荷载另计）：2.5kN/m^2；⑫屋顶花园（覆土重另计）：3.0kN/m^2；⑬小汽车库：4.0kN/m^2；⑭钢瓶间：5.0kN/m^2；⑮通风机房、电梯机房：7.0kN/m^2；⑯制冷机房、水泵房：10kN/m^2；⑰柴油机、高低压配电室：10kN/m^2；⑱一般上人屋面：2.0kN/m^2；⑲不上人屋面：0.5kN/m^2；⑳其他未明确部分按《建筑结构荷载规范》GB 50009—2012 取用。

b. 风荷载取值：①根据《建筑结构荷载规范》GB 50009—2012 及《高层建筑混凝土结构技术规程》JGJ 3—2010 的有关规定取值。②基本风压值：W_0=0.30kN/m^2，地面粗糙度：B 类。③风载体型系数、风压高度变化系数及风振系数均按《建筑结构荷载规范》GB 50009—2012 选用。

c. 地震荷载取值：根据《中国地震动峰值加速度区划图》和《建筑抗震设计规范》GB 50011—2010 确定拟建场地的地震基本烈度为 7 度，设计基本地震加速度为

0.10g，设计地震分组为第三组，设计特征周期为0.45s，结构阻尼比取0.05，最大水平地震影响系数取0.08。

（2）上部结构方案设计。

1）第一住院楼。

拟建的第一住院楼（乙类）塔楼平面为长方形，结构平面及竖向均较为规则，结构型式采用全现浇钢筋混凝土框架-剪力墙结构，框架及剪力墙抗震等级均为一级。各幢楼的楼、屋盖均采用现浇钢筋混凝土梁、板体系。

2）结构布置及主要构件尺寸。①柱网尺寸：8.1m×8.1m；②柱：600mm×600mm～1 000mm×1 000mm；③主梁：300mm×650mm～300mm×750mm；④墙厚：200～400mm；⑤次梁：200mm×500mm～200mm×600mm，采用梁板式楼盖。

5. 给排水设计说明

本工程给水水源以城市自来水为水源，该区域城市自来水管网可靠供水压力为0.30MPa。综合考虑生活用水和消防用水，从本工程周边××街分别接入一根*DN*150和一根*DN*200给水引入管，经生活水表和消防总表后分别形成室外给水管网和消防环网。本工程采用生活污水与雨水分流制排水的管道系统。

（1）给水系统（略）。

（2）其他系统（略）。

6. 电气设计说明（略）

7. 建筑智能化设计说明（略）

8. 暖通设计说明（略）

9. 图纸（略）

（二）设计技术要求

1. 总体要求

（1）竖向土石方要求。

院区选址位置海拔高度520m左右，地势平坦，坡降小于3%。根据可行性研究勘察报告，地层由砂泥岩层、致密的黄色粉土组成，构造稳定。院区建成后总平面标高应在××左右，且与周围道路接驳顺畅。

（2）其余要求略。

2. 建筑技术要求

（1）地上装饰装修工程。

1）设计原则。

①交通流线设计：各出入流线应独立设置，尽量避免相互干扰。货流、人流、车流应区分有序，符合运营的要求。

②竖向设计：各出入口应结合景观合理进行竖向设计，适当调整室内标高，以适应地形。需要解决好场地排水、排污问题、坡道、消防通道及无障碍设计。

③各入口人流与车流的管理：门卫室与匝道设置要考虑人流、车流的进出位置、

转弯半径并便于管理。

2）设计依据。

截至招标文件发布当天最新的设计规范、规程，包括已公示但未正式执行的。若本册所述内容高于规范时，以本册所述内容为准。

3）装饰做法表见表 A-1。

表 A-1　装饰做法表

序号	位置		顶棚	楼地面	墙柱面	踢脚	备注
1	公共区域	门诊楼大厅	轻钢龙骨纸面石膏板面罩乳胶漆+微孔铝板顶棚	石材地面	干挂石材墙面	无	1. 医技楼大厅中庭柱面1F~5F均使用石材； 2. 乳胶漆均带抗菌功能，可擦洗产品； 3. 具体详见二次装修设计
2		住院楼公共电梯厅	轻钢龙骨纸面石膏板面罩乳胶漆+微孔铝板顶棚	2mm厚橡胶地板	干挂石材墙面	150mm高橡胶卷边踢脚	乳胶漆均带抗菌功能，可擦洗产品
3		医生/病人通道	矿棉板顶棚	2mm厚橡胶地板	乳胶漆墙面	150mm高橡胶卷边踢脚	乳胶漆均带抗菌功能，可擦洗产品
4		污物通道	轻钢龙骨纸面石膏板面罩乳胶漆顶棚	2mm厚PVC地板	乳胶漆墙面/轻钢龙骨纸面石膏板墙面	150mm高PVC卷边踢脚	1. 乳胶漆均带抗菌功能，可擦洗产品； 2. 两侧设扶手
5		护士站、医护工作站	轻钢龙骨纸面石膏板面罩乳胶漆+微孔铝板顶棚	2mm厚橡胶地板	乳胶漆墙面	150mm高橡胶卷边踢脚	乳胶漆均带抗菌功能，可擦洗产品

表A-1(续)

序号	位置		顶棚	楼地面	墙柱面	踢脚	备注
6	公共区域	楼梯间、楼梯前室、楼梯、与电梯合用的楼梯间前室	无机涂料顶棚	无缝防滑地砖	无机涂料墙面	地砖踢脚	无机涂料燃烧等级为A级
7		地下车库、非机动车库	无机涂料顶棚	彩色耐磨固化地坪	无机涂料墙面	无	地坪颜色分区
8	房间	病房、待产室、治疗室、办公室、辅助用房、库房	矿棉板顶棚	2mm厚PVC地板	乳胶漆墙面	150mm高PVC卷边踢脚	乳胶漆均带抗菌功能，可擦洗产品
9		卫生间、辅助有水用房	成品轻钢龙骨铝合金板顶棚	无缝防滑地砖	有防水要求的瓷砖墙面	无	墙柱无缝墙砖至吊顶下口
10		机房（消防控制室）	穿孔吸声矿棉板顶棚	防静电活动架空地板	无机涂料墙面	塑料防静电踢脚	—
11		机房（有隔声要求）	穿孔吸声矿棉板顶棚	耐磨地坪	穿孔吸声矿棉板墙面	无	—
12		机房（其他）	无机涂料顶棚	耐磨地坪	无机涂料墙面	无	—

（2）其他（略）。

3. 结构技术要求

（1）地下室土建工程。

1）设计原则。

①安全性原则。结构设计应以安全为基本原则，设计文件的编制必须符合国家、地区有关法律法规和现行工程建设标准的规定，其中工程建设强制性标准必须严格执行。

②协调性原则。应满足建筑效果和建筑功能的需求，并与设备专业、精装专业以及园林景观专业紧密协调，避免后期在结构构件上的“打砸”。梁的截面高度尽可能减小，为室内净高预留空间。预埋件、预埋套管、洞口等应准确预留，图纸应准确表示，禁止后期在结构构件上开凿。

③实用性原则。应满足深化设计、设备材料采购运输、非标准设备制作和施工的需要（包含装配式构件厂家的相关要求）。

④易实施原则。在满足安全、合理和经济的情况下需充分考虑施工难度和施工质量控制难度。

2）设计依据。截至招标文件发布当天的最新的设计规范、规程，包括已公示但未正式执行的。若本册所述内容高于规范时，以本册所述内容为准。

3）设计技术标准和要求。

①地下室层高。门急诊医技楼范围内地下室负二层层高为3.9m，负一层层高为5.4m，××路一入口层层高为5.5m；第一住院楼范围内地下室负二层层高为3.9m，负一层层高为5.4m，主楼范围外地下室部分层高3.9m。

②主体结构选型。地下室2层，塔楼范围内地下室采用与上部结构相同的结构形式，地下部分抗震等级亦同上部结构；纯地下车库部分（即无上部结构部分）采用全现浇钢筋混凝土框架结构，框架抗震等级为三级。

③结构布置及主要构件尺寸。主要柱网尺寸：8.1m×8.1m；柱：600mm×600mm~700mm×700mm；室内部分主梁：300mm×650mm~300mm~750mm；覆土部分主梁：400mm×900mm~400mm×1 000mm（1.0~1.2m厚覆土范围）；次梁：300mm×700mm（1.0~1.2m厚覆土范围）。

④结构材料。

混凝土强度等级：基础、地下室底板及侧墙为C35（P8~P10防水混凝土）；地下室顶层梁、板为C35（P6防水混凝土），柱为C30~C60，梁、板为C30~C40，剪力墙为C30~C50，构造柱、过梁为C20。

钢筋及钢材等级：普通钢筋为HPB300、HRB335.HRB400，钢材为Q235B、Q345B。

焊条：E43型、E50型、E55型。

填充墙：楼梯间、电梯井道、设备用房、有辐射防护要求的房间、卫生间和埋入土中的砌体部分采用页岩实心砖（砌体容重不大于23kN/m^3）；其余采用页岩空心砖（砌体容重不大于10kN/m^3），空心砖强度等级MU3.5，多孔砖强度等级MU10；实心砖强度等级MU10；埋入土中的砌体采用M5.0水泥砂浆砌筑，其他填充墙采用M5.0混合砂浆砌筑，砌体施工质量控制等级B级。

⑤荷载取值。活荷载标准值（kN/m^2）按照《工程结构通用规范》GB 55001—2021和《建筑结构荷载规范》GB 50009—2012使用要求，楼、屋面活荷载标准值取值如表A-2所示。覆土重根据景观方案考虑，屋面大型设备运行重量按照活荷载考虑。屋面活荷载不应与屋面设备荷载同时考虑。消防车道：对1.2m的覆土厚，考虑40t消防车轮压扩散，参照《全国民用建筑工程设计技术措施》（2009）“结构（结构体系）”分册，楼板计算时取21.4kN/m^2，梁、柱计算时取17.12kN/m^2。其他未明确部分按《建筑结构荷载规范》GB 50009—2012取用。地震作用：结构的阻尼比为0.05，水平地震影响系数最大值为0.08（多遇地震）。

表 A-2　楼、屋面活荷载标准值取值

类别	标准值（kN/m^2）
病房、门诊科室、办公室、会议室	2.0
产房、非机动车库	2.5
仓库、药房、资料室、卫材库、小超市	5.0
手术室、检验室	3.0
X 光室、水中分娩间、物管用房	4.0
CT 检查室、中心供应室	6.0
胚胎冷冻室	15.0
档案库	12.0
住院大厅、病房走廊门厅、门诊部走廊门厅	3.5
走廊门厅（除病房门诊外）、楼梯	3.5
卫生间	2.5 （填料荷载另计按照恒载考虑）
车库	4.0（单层停车） 6.0（双层机械停车）
通风机房、电梯机房、消防控制室	7.0
制冷机房	10.0
数据信息机房	12.0
数据信息机房 UPS 电源间	20.0
柴油机房、高低压配电房、发电机房、水泵房	10
一般上人屋面	2.0
不上人屋面	0.5
屋顶花园、景观中庭	3.0
液氮罐存储房间	5.0
MRI、DSA、CT、DR 房间	10.0

⑥基础选型。纯地下室范围部分采用柱下独立基础加防水底板，塔楼范围部分根据上部结构荷载及地基承载力情况，采用独立基础或筏板基础。投标人可结合地勘报告，根据场地地质条件和上部结构特点向业主建议更为经济合理的地基处理方式。

⑦抗浮要求。对于纯地下车库部分（即无上部结构部分），拟采用岩石锚杆基础等措施来抵抗地下水浮力的不利影响。投标人可结合地勘报告，根据场地地质条件和地

下水位向业主建议更为经济合理的抗浮措施。

（2）其他（略）。

4. 给排水技术要求

（1）设计依据（略）。

（2）设计技术标准与要求。

1）给水系统。

①供水方式：市政直供、变频供水。

②给水分区方式：院区内所有建筑的一至二层为低区，由市政给水管网直接供给。医技楼三层及三层以上为高区，高区采用一套恒压变频供水设备加压供水。住院楼三至五层为2区，采用一套恒压变频供水设备加压供水；六至十三层为3区，采用一套恒压变频供水设备加压供水；十四至二十层为4区，采用一套恒压变频供水设备加压供水。

③饮用水供应：办公、门诊及病房楼分区域设置直饮水机。

④生活用水量：最高日用水量753.48m^3/d，最大时用水量106.77m^3/d。

⑤计量方式：给水引入管上设计量总水表。

⑥设备、管材、阀门及附件等的材料要求：

室内给水管采用不锈钢管，暗装采用覆塑不锈钢或者不锈钢，管径DN<40mm，波纹卡粘式，DN≥40mm，承插氩弧焊。室外给水管采用钢丝网骨架PE管，热熔连接。

卫生洁具及五金配件均须选择节水型，符合《节水型生活用水器具》CJ/T 164—2014的规定。卫生洁具的色泽应与建筑的内装饰协调一致。

生活水箱采用组合式食品级不锈钢水箱。

阀门选用：水箱水池放空管及有可能双向流动的管段上采用闸阀或蝶阀；其余单向流动管段上的阀门，口径≤50mm的采用截止阀，口径>50mm的采用闸阀；水箱及水池进水阀采用DN100X型遥控浮球阀；减压阀采用Y110型可调式减压阀；倒流防止器采用HS41X-16-A型倒流防止器；生活用各种阀门的公称压力均选用1.6MPa；可曲挠橡胶接头采用KXT-（3）型，耐压2.0MPa；水表采用螺翼式水表或旋翼式水表。

2）热水系统。

①系统类型：集中热水供应系统、局部热水供应系统。

②热源形式：燃气、电能。

③供水及热水循环方式、分区方式、供应范围：

本工程热水的供应范围主要是办公区域公共卫生间洗手盆、门诊洗手盆、值班室淋浴以及住院楼病房卫生间淋浴、洗手等；

病房综合楼热水系统在竖向分区供水，分区方式与给水系统相同，均由各区加压给水管经过板壳式半容积式换热器换热后获得热水，再供给各分区热水；

病房楼生活热水系统为全日制集中热水供应系统，为保证生活热水的供应温度，采用同程机械循环管道系统。

④热水量、耗热量及热水计量方式：平均时热水量为4.89m³/h，小时热水量 q_{rh} 为13.82m³/h，最高日热水量为115m³/d，耗热量 Q_h 为3 526 434.62kJ/h。

⑤加（贮）热设备、管材、阀门、附件及保温等的材料要求：

室内给水管采用不锈钢管，暗装采用覆塑不锈钢或者不锈钢，管径DN<40mm，波纹卡粘式，DN≥40mm，承插氩弧焊。室外给水管采用钢丝网骨架PE管，热熔连接。

所有热水管道（暗设于墙体内除外）均作保温处理，保温材料选用泡沫橡塑保温材料，DN<50mm，保温厚度采用25mm；DN≥50mm，保温厚度采用30mm。所有明装（外露）的保温管道外加铝皮包裹，手术室外和病房的热水管道均缠绕伴热电缆以保证末端热水水温。设于吊顶内的给水管道、地下室的给水、消防管及给水、消防阀门均做防冻及防结露处理，材料选用泡沫橡塑保温材料，厚度均为20mm。

3）排水系统。

①系统类型、排水类型、排水量：本工程采用生活污水与雨水分流制排水的管道系统，室内生活污水采用伸顶通气单立管（门诊楼）、专用通气管（住院楼）及底层单独排放重力流排水系统；最高日生活污水排水量为508.23m³/d；本工程妇幼部分污水处理站的设计水量为500m³/d，平均小时设计水量为20.83m³/h；疾控部分污水处理站的设计水量为8.4m³/d，平均小时设计水量为1m³/h。

②设备及构筑物选型：本院区内设2座13号钢筋混凝土化粪池（容积为100m³，妇幼使用），1座9号钢筋混凝土化粪池（容积为30m³，疾控使用），1座消毒池（有效容积为1m³，妇幼发热门诊使用），1座中和池（有效容积为1m³，妇幼检验废水使用）。

③检查井、管材、阀门及附件等的材料要求：

污水检查井采用HDPE塑料检查井及铸铁井盖。

压力排水管采用涂塑钢管（环氧树脂），管径DN<100mm，丝接；DN≥100mm，标准沟槽式卡箍接头连接。室内雨、污水管采用HDPE塑料排水管，埋地及回填层内采用热熔连接，明装部分卡箍式连接。室外雨、污水管均采用环刚度为8kN/m² 的HDPE双壁波纹管，橡胶圈接口。

4）雨水系统。

①系统类型：重力流、外排水。

②检查井、管材、阀门及附件等的材料要求：雨水口采用砖砌平箅式单箅雨水口（混凝土井圈），雨水检查井均采用HDPE塑料检查井及铸铁井盖。

5）雨水利用系统（略）。

6）循环冷却水系统（略）。

7）中水系统（略）。

8）消防系统（略）。

5. 电气技术要求（略）

6. 其他技术要求（略）

（三）施工技术要求（略）

（四）竣工验收（略）

（五）主要材料、设备、构配件技术要求

1. 地下室土建工程

地下室土建工程主要材料技术要求见表 A-3。

表 A-3 地下室土建工程主要材料技术要求

序号	材料名称	品质要求	技术参数
1	水泥		1. 普通硅酸盐水泥； 2. 符合《通用硅酸盐水泥》GB 175—2007 要求
2	水泥基渗透结晶型防水涂料		符合《水泥基渗透结晶型防水涂料》GB 18445—2012 要求
3	自粘高分子防水卷材（Ⅱ型、湿铺）		1. 符合《预铺防水卷材》GB/T 23457—2017 要求，并满足设计及相关规范要求； 2. 西南 09J/T-303《BAC 双面自粘卷材和 SPU 涂料防水系统构造图集》； 3. 能防植物根穿刺

注：投标人应在投标文件中列出拟采用的品牌及供应商。

2. 地上装饰装修工程

地上装饰装修工程主要材料技术要求见表 A-4。

表 A-4 地上装饰装修工程主要材料技术要求

序号	材料名称	品质要求	技术参数
1	无机涂料		1. 防火标准：A 级、不燃，水性无毒； 2. 主要用于除地下车库、非机动车库、设备用房外使用无机涂料的部位； 3. 地下车库、非机动车库、设备用房采用不低于×××档次品牌的涂料，品牌需经发包方审核确定
2	矿棉板		1. 满足设计、国家和地区相关规范及标准的要求； 2. 龙骨需使用板材品牌配套产品； 3. 厚度不低于 15mm
3	纸面石膏板/防水纸面石膏板		1. 符合《纸面石膏板》GB/T 9775—2008 要求； 2. 龙骨需使用同一板材品牌配套产品
4	穿孔吸音矿棉板		1. 满足设计、国家和地区相关规范及标准的要求； 2. 龙骨需使用板材品牌配套产品

表A-4（续）

序号	材料名称	品质要求	技术参数
5	花岗石		1. 满足设计、国家和地区相关规范及标准的要求； 2. 板材质量应保证坚固耐用，无损害强度和明显外观缺陷，板材的色调、花纹应保证调和统一，正面外观不允许出现坑窝缺棱、缺角、裂纹、色斑、色线等缺陷； 3. 为防止石材年久风化变色，以及石材的吸水和吸潮对建筑物的美观带来影响，必须对石材进行六面保护处理，保护剂采用进口产品； 4. 厚度：20mm，长×宽：600mm×600mm

注：投标人应在投标文件中列出拟采用的品牌及供应商。

3. 设备购置表

设备购置表如表 A-5 所示。

表 A-5　设备购置表

序号	项目名称	技术参数规格型号	计量单位	数量
1	全自动生化分析仪（300 测试/h）	1. 试速度≥300 测试/h（不含电解质）； 2. 分析主机：全自动任选分立式； 3. 试剂位：≥40 个独立试剂位（可 24h 不间断冷藏）； 4. 样本位：≥40 个位置，可放置多种规格的原始采血管、离心管及样本杯	台	4
2	彩色超声	1. ≥15 寸 LCD 高清背光显示屏，带防眩光功能，分辨率≥1 024×768； 2. 重量：≤7kg； 3. 内置电池支持连续工作：≥1h； 4. 冷启动时间：≤40s； 5. 系统平台：Windows 7	台	8
3	程控 500mA 遥控诊断 X 射线机	1. 双床双管，一体化电视遥控； 2. 整机采用计算机程序控制，具备故障自诊断功能及人体器官摄影程序选择功能（APR）； 3. 透视：0.5~5mA，最高透视 kV≥110kVp，5min 透视限时功能； 4. 摄影：32~500mA，最高摄影 kV≥125kVp，曝光时间 0.02~5s	台	6

表A-5(续)

序号	项目名称	技术参数规格型号	计量单位	数量
4	高频 50kW 摄影系统（配立式架）	1. 功能：单床单管、微机控制高频 X 射线机组，适用于各级医院和科研单位作 X 射线、滤线器摄影、胸片摄影； 2. 电源： 2.1 电压：380V±10%； 2.2 频率：50Hz； 2.3HF550-50 高频高压发生装置，功率 50kW； 3. 摄影： 3.1 管电流：10~630mA 分挡可调； 3.2 管电压：40~150kV 步进 1kV； 3.3 曝光时间：0.001~6.3s； 3.4 电流时间积：0.5~630mAs	台	12
5	APS-B 眼底彩色照相	1. 眼底照相机主机光学系统： 1.1 视场角度：≥45°； 1.2 工作距离：≥42mm； 2. 图像采集系统： 2.1 数码采集形式：外置单反相机； 2.2 采集像素：≥2 400 万像素； 2.3 图像传输连接方式：USB 连接传输	台	8
6	普通型骨密度仪	1. 测量方式：全干式、双向超声波发射与接收； 2. 测量部位：脚部跟骨； 3. 安全分类：Ⅰ类 BF 型； 4. 超声波参数：UBA（多频率超声衰减），SOS（超声速率），OI（骨质疏松指数）； 5. 测量参数：BUA（超声衰减），SOS（超声速率），BQI（骨质指数），*T* 值，*Z* 值，*T* 值变化率，*Z* 值变化率； 6. 测量精度：BUA（超声衰减）：1.5%，BQI（骨质指数）：1.5%	台	10
7	钼钯机（乳腺 X 线机）	高频高压发生器： 1. 工作方式：高频高压； 2. 工作频率：≤40kHz； 3. 装配方式：一体式高压发生器； 4. 管电压：22~35kV； 5. 最大管电流：80mA（大焦点），320mAs，20mA（小焦点），120mAs	台	8
	合计			

（六）发包范围

1. 勘察设计内容及范围界面

（1）勘察内容包括初步勘察、详细勘察和施工勘察，提交符合勘察规范的勘察文件。

（2）设计内容包括初步设计、施工图设计及专项设计等全部内容，提交符合设计规范和设计深度规定的设计文件并取得相关部门的审批。

2. 施工内容及范围界面

（1）承包人通过踏勘现场自行决定临时工程的修建，负责施工现场通水、通电、通信及排水等工作。

（2）施工内容包括竖向土石方、土建工程、装饰工程、机电安装工程、总图工程、专项工程，范围界面与设计范围一致。

（3）外部配套：市政供水——从就近市政给水管网引入；市政供电——分别从配电站 A（2km）、配电站 B（3km）新建通道引入；供气——从就近市政气源管引入，设置一座调压站。

3. 技术服务内容及范围界面

（1）采用新材料、新技术、新工艺、新设备等的研究试验由承包人负责。

（2）除建安工程费用的检测费之外的检验检测费由发包人负责。若经检验检测的项目未达到本项目合同约定的标准、国家强制性标准的，检验检测费由承包人承担。

4. 代办服务内容及范围界面

在项目建设期内代办工程报建报批以及与建设、供电、规划、消防、水务、城管等部门相关的技术与审批工作等由承包人负责。

5. 采购内容及范围界面

（1）本项目范围内需要的原材料、构配件、设备等由承包人负责采购。

（2）需要定制的材料、构配件、非标准设备的设计、加工由承包人负责。

（七）合同价款结算与支付

1. 预付款

（1）预付款支付比例：按签约合同价的 30%。

（2）预付款支付时间：发包人在收到支付申请的 7 天内进行核实，并在核实后的 7 天内向承包人支付预付款。

（3）预付款支付担保：承包人在发包人支付预付款 7 天前提供银行保函。

（4）预付款的扣回：工程预付款从应支付给承包人的进度款中扣回（按每次应支付给承包人的进度款的 60% 进行扣回），直到扣回的金额达到发包人支付的预付款金额为止。

2. 进度款

（1）进度款支付方式：按“合同价款支付分解表”完成的里程碑节点支付，支付分解表见表 A-6～表 A-9。

（2）进度款支付比例：按签约合同价的 85%。

表 A-6 建筑工程费支付分解表

工程名称：某医院建设工程项目

序号	项目名称	支付					
		里程碑节点	金额占比（%）	里程碑节点	金额占比（%）	里程碑节点	金额占比（%）
	竖向土石方工程						
A0010	竖向土石方工程	竖向土石方完成	8.51				
	地下室工程						
A6121	地下部分土建工程	基坑完成	3.48	地下室主体结构至正负零	21.92%		
A6132	地下部分室内装饰工程	室内装饰工程完成	3.79				
A6140	地下部分机电安装工程	主体结构完成	1.30	管道、桥架安装完成	9.77	设备安装完成	5.21
A6160	地下部分专项工程	专项工程完成	0.84				
	住院楼工程						
A6023	地上部分土建（不带基础）	地上主体结构完成7F	4.96	地上主体结构封顶	4.96		
A6033	地上部分室内装饰工程	地上部分室内装饰完成1F~7F	3.13	地上部分室内装饰完成8F~14F	3.13	地上部分室内装饰完成	1.79
A6031	建筑外立面装饰工程	外立面完成50%	2.46	外立面完成	2.46		
A6040	地上部分机电安装工程	主体结构完成	1.03	管道、桥架安装完成	7.81	设备安装完成	4.17

表A-6(续)

序号	项目名称	支付					
		里程碑节点	金额占比（%）	里程碑节点	金额占比（%）	里程碑节点	金额占比（%）
A6060	地上部分专项工程	专项工程完成	0.97				
A0050	总图工程	总图完成	5.63				
A0070	外部配套工程	完成	2.68				
	合计						

注：金额占比（%）指里程碑节点应支付金额占建筑工程费合同金额的比例。

表 A-7　设备购置费及安装工程费支付分解表

工程名称：某医院建设工程项目

序号	项目名称	支付					
		里程碑节点	金额占比（%）	里程碑节点	金额占比（%）	里程碑节点	金额占比（%）
1	全自动生化分析仪（300 测试/h）	排产	2.80	到货	4.70	安装调试	0.47
2	彩色超声	排产	4.60	到货	7.80	安装调试	0.65
	（其他略）						
	合计						

注：金额占比（%）指里程碑节点应支付金额占安装工程费、设备购置费合同金额的比例。

表 A-8　工程总承包其他费支付分解表

工程名称：某医院建设工程项目

序号	项目名称	支付					
		里程碑节点	金额占比（%）	里程碑节点	金额占比（%）	里程碑节点	金额占比（%）
1	勘察费	提交初勘报告	2.38	提交详勘报告	5.50	提交施工勘察报告	0.25

表A-8(续)

序号	项目名称	支付					
		里程碑节点	金额占比(%)	里程碑节点	金额占比(%)	里程碑节点	金额占比(%)
2	设计费	通过初设审查	18.04	通过施工图审查	43.30	提交专项设计成果	3.61
3	工程总承包管理费	施工许可证取得后	3.71	总产值完成50%	3.50	总产值完成100%	3.50
4	研究试验费	完成所有试验并提交试验成果	0.53				
5	场地准备及临时设施费	场地准备及临时设施搭建完毕	8.66				
6	工程保险费	提供相应发票	5.49				
7	代办服务费	代办工作完成后	1.53				
	合计						

注：金额占比（%）指里程碑节点应支付金额占工程总承包其他费对应合同金额的比例。

表 A-9 预备费支付分解表

工程名称：某医院建设工程项目

序号	项目名称	支付					
		里程碑节点	金额占比(%)	里程碑节点	金额占比(%)	里程碑节点	金额占比(%)
1	预备费	地下工程完工	10	主体工程完工	30	地上装饰装修工程完工	20
		设备安装完工	20	竣工验收	20		
	合计						

3. 竣工结算

（1）竣工验收合格后办理竣工结算。

（2）质量缺陷期满后办理最终结清。

（八）工期要求

（1）本项目计划总工期为600个日历天。

（2）计划的开工、竣工时间见本项目合同条件。

（3）承包人在投标文件中应列出本项目总进度计划，并附横道图/网络图。对“合同价款支付分解表”（表A-6~表A-9）中的里程碑节点作出确认或修改。

（九）风险提示

（1）本项目采用固定总价合同。承包人各项目的报价均包括成本和利润，成本中的税金不因国家税率的变化而调整。

承包人应确信固定总价合同约定金额的正确性和充分性，应被认为已取得对承包工程可能产生影响或作用的有关风险、意外事件和其他情况的全部必要资料，接受为完成工程预见到的所有困难和费用的全部职责。除提示由发包人承担的风险并在专用合同条件中约定外，合同价款不予调整。

（2）勘察中除发现古墓、化石、溶洞、暗河外，风险由承包人承担。

（3）项目清单中土石方的土石类别、土与石方的比例、土石方的数量、土石方开挖及回填方法、运输方式、运输距离等均由承包人通过现场勘察自行确定，自主报价，合同价款不予调整。

（4）发包人要求或方案设计变更引起的费用变化在签约合同价款5%以内时，合同价款不予调整。

（5）人工、材料、设备、机械在工期内受市场范围波动不予调整合同价款。但若由于发包人原因或承包人原因导致工期延误半年以上的，其工期是否顺延，合同价款是否调整按《建设项目工程总承包计价规范》T/CCEAS 001—2022第6.2.2条执行。

（6）除上述风险提示外，未尽内容参考《建设项目工程总承包计价规范》T/CCEAS 001—2022关于EPC的规定。

二、项目清单

总说明、总费用汇总表、工程费用汇总表、建筑工程费项目清单、设备购置费及安装工程费项目清单、工程总承包其他费项目清单、预备费见表A-10~表A-16。

表A-10 总说明

一、工程概况 详见发包人要求。 二、工程发包范围 详见发包人要求。 三、项目清单编制依据 （1）方案设计图纸。

表 A-10(续)

(2)《房屋工程总承包工程量计算规范》T/CCEAS 002—2022。
(3)《建设项目工程总承包计价规范》T/CCEAS 001—2022。
(4) 发包人要求及相关技术标准。
(5) 现场踏勘情况。
(6) 经批复的可行性研究报告及相关批复文件。
(略)
四、投标报价要求
(1) 中标人应按照合同约定的品牌、规格提供材料和设备，并应满足合同约定的质量标准。若需更换时，应报招标人核准；若中标人擅自更换时，中标人应进行改正，并应承担由此造成的返工损失，延误的工期应不予顺延。招标人发现后予以核准时，因更换而导致的费用增加，招标人不应另行支付。因更换而导致的费用减少，招标人应核减相应费用。
(2) 价格清单列出的建筑安装工程量仅为估算的数量，不得将其视为要求承包人实施工程的实际或准确的数量。
(3) 投标人应依据招标文件、发包人要求、项目清单、补充通知、招标答疑、可行性研究、方案设计文件、本企业积累的同类或类似工程的价格自主确定工程费用和工程总承包其他费用投标报价，但不得低于成本。
(略)
五、其他需要说明的问题
(1) 本项目为设计、采购、施工工程总承包（EPC），采用固定总价合同。
(略)

表 A-11 总费用汇总表

工程名称：某医院建设工程项目　　　　单位：元

序号	项目名称	金额
1	工程费用	
2	工程总承包其他费	
3	预备费	98 203 807.87
	合计	

表 A-12 工程费用汇总表

工程名称：某医院建设工程项目　　　　单位：元

序号	项目名称	建筑工程费	设备购置费	安装工程费	合计
1	竖向土石方工程				
2	地下室工程				
3	住院楼工程				
4	总图工程				

表A-12（续）

序号	项目名称	建筑工程费	设备购置费	安装工程费	合计
5	外部配套工程				
合计					

表 A-13　建筑工程费项目清单

工程名称：某医院建设工程项目　　　　单位：元

序号	项目编码	项目名称	工程内容	计量单位	数量	单价	合价
1		竖向土石方工程					
1.1	A001000	竖向土石方工程	包括竖向土石方（含障碍物）开挖、竖向土石方回填、余方处置等全部工程内容	m^3	559 947.00		
	小计						
2		地下室工程					
2.1	A612100	地下部分土建	包括基础土石方工程、地基处理、基坑支护及降排水工程、地下室防护工程、桩基工程、砌筑工程、钢筋混凝土工程、装配式混凝土工程、钢结构工程、木结构工程、屋面工程和建筑附属构件等全部工程内容	m^2	49 416.00		
2.2	A613201	地下部分室内装饰工程-车库区域（地下车库、非机动车库）	包括此区域范围内的室内装饰工程等全部工程内容	m^2	38 490.00		
2.3	A613202	地下部分室内装饰工程-公共及办公区域（其他）	包括此区域范围内的室内装饰工程等全部工程内容	m^2	10 926.00		
2.4	A614100	给排水工程	包括给水系统、污水系统、废水系统、雨水系统、中水系统、供热系统、抗震支架等全部工程内容	m^2	49 416.00		

表A-13(续)

序号	项目编码	项目名称	工程内容	计量单位	数量	单价	合价
2.5	A614200	消防工程	包括各类灭火系统、火灾自动报警系统、消防应急广播系统、消防监控系统、智能疏散及应急照明系统、抗震支架等全部工程内容	m^2	49 416.00		
2.6	A614300	通风与空调工程	包括各类空调系统、通风系统、防排烟系统、采暖系统、冷却循环水系统、抗震支架等全部工程内容	m^2	49 416.00		
2.7	A614400	电气工程	包括各类配电系统、电气监控系统、防雷接地系统、光彩照明系统、抗震支架等全部工程内容	m^2	49 416.00		
2.8	A614500	建筑智能化工程	包括智能化集成系统、信息设施系统、综合布线系统、各类通信系统、各类电视广播系统、会议系统、信息引导系统、信息发布系统、大屏幕显示系统、时钟系统、工作业务应用系统、物业运营管理系统、公共服务管理系统、公众信息服务系统、智能卡应用系统、信息网络安全管理系统、设备管理系统-热力管理系统、设备管理系统、入侵报警系统、视频安防监控系统、出入口控制系统、电子巡查管理系统、访客对讲系统、停车库（场）管理系统、机房环境监控系统、抗震支架等全部工程内容	m^2	49 416.00		

表A-13(续)

序号	项目编码	项目名称	工程内容	计量单位	数量	单价	合价
2.9	A616600	其他专项工程	包括机械停车位	项	1		
	小计						
3		住院楼工程					
3.1	A602300	地上部分土建(不带基础)	包括基础土石方工程、地基处理、基坑支护及降排水工程、地下室防护工程、桩基工程、砌筑工程、钢筋混凝土工程、装配式混凝土工程、钢结构工程、木结构工程、屋面工程和建筑附属构件等全部工程内容	m^2	39 427.00		
3.2	A603100	建筑外立面装饰工程	包括建筑外立面装饰工程及其附属的遮阳板、线条等全部工程内容	m^2	24 632.00		
3.3	A603301	地上部分室内装饰工程-公共区域（大厅、电梯厅、公共走廊、等待区、楼梯间、卫生间）	包括此区域范围内的室内装饰工程等全部工程内容	m^2	15 210.91		
3.4	A603302	地上部分室内装饰工程-病房区域（病房、卫生间等）	包括此区域范围内的室内装饰工程等全部工程内容	m^2	15 477.01		
3.5	A603303	地上部分室内装饰工程-医护通道及办公区域（治疗、办公、辅助用房、机房、卫生间等）	包括此区域范围内的室内装饰工程等全部工程内容	m^2	5 630.68		
3.6	A604100	给排水工程	包括给水系统、污水系统、废水系统、雨水系统、中水系统、供热系统、抗震支架等全部工程内容	m^2	39 427.00		

表A-13(续)

序号	项目编码	项目名称	工程内容	计量单位	数量	单价	合价
3.7	A604200	消防工程	包括各类灭火系统、火灾自动报警系统、消防应急广播系统、消防监控系统、智能疏散及应急照明系统、抗震支架等全部工程内容	m^2	39 427.00		
3.8	A604300	通风与空调工程	包括各类空调系统、通风系统、防排烟系统、采暖系统、冷却循环水系统、抗震支架等全部工程内容	m^2	39 427.00		
3.9	A604400	电气工程	包括各类配电系统、电气监控系统、防雷接地系统、光彩照明系统、抗震支架等全部工程内容	m^2	39 427.00		
3.10	A604500	建筑智能化工程	包括智能化集成系统、信息设施系统、综合布线系统、各类通信系统、各类电视广播系统、会议系统、信息引导系统、信息发布系统、大屏幕显示系统、时钟系统、工作业务应用系统、物业运营管理系统、公共服务管理系统、公众信息服务系统、智能卡应用系统、信息网络安全管理系统、设备管理系统-热力管理系统、设备管理系统、入侵报警系统、视频安防监控系统、出入口控制系统、电子巡查管理系统、访客对讲系统、停车库（场）管理系统、机房环境监控系统、抗震支架等全部工程内容	m^2	39 427.00		

表A-13(续)

序号	项目编码	项目名称	工程内容	计量单位	数量	单价	合价
3.11	A604600	电梯工程	包括直梯、自动扶梯、自动步行道、轮椅升降台等全部工程内容	m^2	39 427.00		
3.12	A606100	医疗专项工程	包括洁净室净化工程、智能化集成系统、物流传输、医疗气体、污水处理、实验室、电子辐射工程等全部工程内容	项	3		
	小计						
4		总图工程					
4.1	A005100	绿化工程	包括绿地整理、种植土回填、栽植花木植被、绿地维护等全部工程内容	m^2	31 278.00		
4.2	A005200	园路园桥	包括室外园路、广场、园桥等全部工程内容	m^2	15 607.00		
4.3	A005400	景观及小品	包括水池、驳岸、护岸、喷泉、堆塑假山、亭廊、花架、园林桌椅等全部工程内容	m^2	46 885.00		
4.4	A005500	总图安装工程	包括总图给排水工程、总图电气工程、总图消防工程等全部工程内容	m^2	46 885.00		
4.5	A005600	总图其他工程	包括大门、围墙、标志标牌等其他总图工程内容	m^2	46 885.00		
	小计						
5		外部配套工程					
5.1	A007200	市政供水引入工程	包括从市政接驳口至红线内水表总表之间管线、阀门、水表、套管、支架及附件，挖、填、运、弃、夯实土石方，管线通道、检查井、阀门井等构筑物，基础，刷油、防腐、绝热，管路试压、消毒及冲洗等全部工程内容	项	1		

表A-13(续)

序号	项目编码	项目名称	工程内容	计量单位	数量	单价	合价
5.2	A007300	市政供电引入工程	包括从市政环网柜至红线内高压开关柜进线端之间的柜箱、线缆、桥架、管道、套管及附件，挖、填、运、弃、夯实土石方，线缆通道、检查井、手孔井等构筑物，基础，刷油、防腐、绝热，系统调试、接地等全部工程内容	项	1		
5.3	A007400	市政燃气引入工程	包括从市政气源管至末端用气点位的管线、阀门、调压站、套管、支架及附件，挖、填、运、弃、夯实土石方，管线通道、检查井、阀门井等构筑物，基础，刷油、防腐、绝热，试压、吹扫等全部工程内容	项	1		
	小计						
	合计						

表 A-14　设备购置费及安装工程费项目清单

工程名称：某医院建设工程项目　　　　　　　　单位：元

序号	编码	项目名称	技术参数规格型号	计量单位	数量	设备购置费		安装工程费	
						单价	合价	单价	合价
1		全自动生化分析仪（300测试/h）	1. 试速度≥300 测试/h（不含电解质）； 2. 分析主机：全自动任选分立式； 3. 试剂位：≥40 个独立试剂位（可 24h 不间断冷藏）； 4. 样本位：≥40 个位置，可放置多种规格的原始采血管、离心管及样本杯	台	4				

表A-14(续)

序号	编码	项目名称	技术参数规格型号	计量单位	数量	设备购置费		安装工程费	
						单价	合价	单价	合价
2		彩色超声	1. ≥15 寸 LCD 高清背光显示屏，带防眩光功能，分辨率≥1 024×768； 2. 重量≤7kg； 3. 内置电池支持连续工作≥1h； 4. 冷启动时间：≤40s； 5. 系统平台：Windows 7	台	8				
3		程控 500mA 遥控诊断 X 射线机	1. 双床双管，一体化电视遥控； 2. 整机采用计算机程序控制，具备故障自诊断功能及人体器官摄影程序选择功能（APR）； 3. 透视：0.5～5mA，最高透视 kV≥110kVp，5min 透视限时功能； 4. 摄影：32～500mA，最高摄影 kV ≥ 125kVp，曝光时间 0.02～5s	台	6				
4		高频 50kW 摄影系统（配立式架）	1. 功能：单床单管、微机控制高频 X 射线机组，适用于各级医院和科研单位作 X 射线、滤线器摄影、胸片摄影； 2. 电源： 2.1 电压：380V±10%； 2.2 频率：50Hz； 2.3HF550-50 高频高压发生装置，功率 50kW； 3. 摄影： 3.1 管电流：10～630mA 分挡可调； 3.2 管电压：40～150kV 步进 1kV； 3.3 曝光时间：0.001～6.3s； 3.4 电流时间积：0.5～630mAs	台	12				

表A-14(续)

序号	编码	项目名称	技术参数规格型号	计量单位	数量	设备购置费		安装工程费	
						单价	合价	单价	合价
5		APS-B 眼底彩色照相	1. 眼底照相机主机光学系统： 1.1 视场角度：≥45°； 1.2 工作距离：≥42mm； 2. 图像采集系统： 2.1 数码采集形式：外置单反相机； 2.2 采集像素：≥2 400 万像素； 2.3 图像传输连接方式：USB 连接传输	台	8				
6		普通型骨密度仪	1. 测量方式：全干式、双向超声波发射与接收； 2. 测量部位：脚部跟骨； 3. 安全分类：Ⅰ类 BF 型； 4. 超声波参数：UBA（多频率超声衰减），SOS（超声速率），OI（骨质疏松指数）； 5. 测量参数：BUA（超声衰减），SOS（超声速率），BQI（骨质指数），T 值，Z 值，T 值变化率，Z 值变化率； 6. 测量精度：BUA（超声衰减）：1.5%，BQI（骨质指数）：1.5%	台	10				
7		钼钯机（乳腺 X 线机）	高频高压发生器： 1. 工作方式：高频高压； 2. 工作频率：≤40kHz； 3. 装配方式：一体式高压发生器； 4. 管电压：22~35kV； 5. 最大管电流：80mA（大焦点），320mAs，20mA（小焦点），120mAs	台	8				
		合计							

表 A-15 工程总承包其他费项目清单

工程名称：某医院建设工程项目 单位：元

序号	项目名称	金额	备注
1	勘察费		
1.1	初步勘察费		
1.2	详细勘察费		
1.3	施工勘察费		
2	设计费		
2.1	初步设计费		
2.2	施工图设计费		
2.3	专项设计费		
3	工程总承包管理费		
4	研究试验费		
5	场地准备及临时设施费		
6	工程保险费		
7	其他专项费		
8	代办服务费		
	合计		

注：承包人认为需要增加的有关项目，在“其他专项费”下面列明该项目的名称及金额。

表 A-16 预备费

工程名称：某医院建设工程项目 单位：元

序号	项目名称	金额	备注
1	基本预备费	34 865 719.20	
2	涨价预备费	63 338 088.67	
合计		98 203 807.87	

注：发包人应将预备费列入项目清单中，投标人应将上述预备费计入投标总价中。

三、标底/最高投标限价

总说明、标底/最高投标限价汇总表、工程费用汇总表、建筑工程费、设备购置费及安装工程费、工程总承包其他费、预备费见表 A-17~表 A-23。

表 A-17 总说明

一、工程概况

详见发包人要求。

二、工程发包范围

详见发包人要求。

三、标底/最高投标限价编制依据

表 A-17(续)

<table>
<tr><td>
(1) 发包人要求及相关技术标准、方案设计图纸。
(2)《房屋工程总承包工程量计算规范》T/CCEAS 002—2022。
(3)《建设项目工程总承包计价规范》T/CCEAS 001—2022。
(4) 现场踏勘情况。
(5) 投资估算。
(6) 经批复的可行性研究报告及相关批复文件。
(略)
四、标底/最高投标限价编制
(1) 建筑工程费按本项目方案设计投资估算建筑工程费计列。
(2) 勘察费按本项目方案设计投资估算勘察费扣除可行性勘察费计列。
(3) 设计费按本项目方案设计投资估算设计费中扣除方案设计费计列。
(4) 工程保险费根据方案设计投资估算中工程保险费计入。
(5) 场地准备及临时设施费根据方案设计投资估算中场地准备及临时设施费计入。
(6) 工程总承包管理费根据方案设计投资估算建设单位管理费的 70% 计入。
(7) 代办服务费根据方案设计投资估算建设单位管理费的 10% 计入。
(8) 研究试验费根据方案设计投资估算中研究试验费计入。
(9) 预备费按本项目方案设计投资估算预备费中的基本预备费、涨价预备费计列。
五、其他需要说明的问题
(1) 本项目为设计、采购、施工工程总承包(EPC),采用固定总价合同。
(略)
</td></tr>
</table>

表 A-18 标底/最高投标限价汇总表

工程名称:某医院建设工程项目 单位:元

序号	项目名称	金额
1	工程费用	543 445 524. 34
2	工程总承包其他费	37 649 795. 73
3	预备费	98 203 807. 87
	合计	679 299 127. 94

表 A-19 工程费用汇总表

工程名称:某医院建设工程项目 单位:元

序号	项目名称	建筑工程费	设备购置费	安装工程费	合计
1	竖向土石方工程	44 857 354. 17			44 857 354. 17
2	地下室工程	243 983 777. 82			243 983 777. 82
3	住院楼工程	194 212 457. 93	14 200 000. 00	2 840 000. 00	211 252 457. 93

表A-19（续）

序号	项目名称	建筑工程费	设备购置费	安装工程费	合计
4	总图工程	29 651 934. 42			29 651 934. 42
5	外部配套工程	14 111 000. 00			13 700 000. 00
合计		526 816 524. 34	14 200 000. 00	2 840 000. 00	543 445 524. 34

表 A-20　建筑工程费

工程名称：某医院建设工程项目　　　　单位：元

序号	项目编码	项目名称	计量单位	数量	单价	合价
1		竖向土石方工程				
1. 1	A001000	竖向土石方工程	m^3	559 947. 00	80. 11	44 857 354. 17
	小计					44 857 354. 17
2		地下室工程				
2. 1	A612100	地下部分土建	m^2	49 416. 00	2 707. 98	133 817 539. 68
2. 2	A613201	地下部分室内装饰工程-车库区域（地下车库、非机动车库）	m^2	38 490. 00	292. 91	11 274 105. 90
2. 3	A613202	地下部分室内装饰工程-公共及办公区域（其他）	m^2	10 926. 00	797. 37	8 712 064. 62
2. 4	A614100	给排水工程	m^2	49 416. 00	173. 66	8 581 582. 56
2. 5	A614200	消防工程	m^2	49 416. 00	116. 81	5 772 282. 96
2. 6	A614300	通风与空调工程	m^2	49 416. 00	640. 30	31 641 064. 80
2. 7	A614400	电气工程	m^2	49 416. 00	759. 47	37 529 969. 52
2. 8	A614500	建筑智能化工程	m^2	49 416. 00	45. 58	2 252 381. 28
2. 9	A616600	其他专项工程	项	1	4 402 786. 50	4 402 786. 50
	小计					243 983 777. 82
3		住院楼工程				
3. 1	A602300	地上部分土建（不带基础）	m^2	39 427. 00	1 325. 43	52 257 728. 61

表A-20(续)

序号	项目编码	项目名称	计量单位	数量	单价	合价
3.2	A603100	建筑外立面装饰工程	m^2	24 632.00	1 049.44	25 849 806.08
3.3	A603301	地上部分室内装饰工程-公共区域（大厅、电梯厅、公共走廊、等待区、楼梯间、卫生间）	m^2	15 210.91	1 347.04	20 489 704.21
3.4	A603302	地上部分室内装饰工程-病房区域（病房、卫生间等）	m^2	15 477.01	1 022.77	15 829 421.52
3.5	A603303	地上部分室内装饰工程-医护通道及办公区域（治疗、办公、辅助用房、机房、卫生间等）	m^2	5 630.68	1 076.99	6 064 186.05
3.6	A604100	给排水工程	m^2	39 427.00	219.08	8 637 667.16
3.7	A604200	消防工程	m^2	39 427.00	102.47	4 040 084.69
3.8	A604300	通风与空调工程	m^2	39 427.00	371.74	14 656 592.98
3.9	A604400	电气工程	m^2	39 427.00	384.59	15 163 229.93
3.10	A604500	建筑智能化工程	m^2	39 427.00	498.17	19 641 348.59
3.11	A604600	电梯工程	m^2	39 427.00	163.73	6 455 382.71
3.12	A606100	医疗专项工程	项	3	1 709 101.80	5 127 305.40
	小计					194 212 457.93
4		总图工程				
4.1	A005100	绿化工程	m^2	31 278.00	182.87	5 719 807.86
4.2	A005200	园路园桥	m^2	15 607.00	256.83	4 008 345.81
4.3	A005400	景观及小品	m^2	46 885.00	0.18	8 439.30
4.4	A005500	总图安装工程	m^2	46 885.00	91.31	4 281 069.35
4.5	A005600	总图其他工程	m^2	46 885.00	333.46	15 634 272.10
	小计					29 651 934.42

表A-20(续)

序号	项目编码	项目名称	计量单位	数量	单价	合价
5		外部配套工程				
5.1	A007200	市政供水引入工程	项	1	206 000.00	206 000.00
5.2	A007300	市政供电引入工程	项	1	12 875 000.00	12 875 000.00
5.3	A007400	市政燃气引入工程	项	1	1 030 000.00	1 030 000.00
	小计					14 111 000.00
	合计					526 816 524.34

表 A-21　设备购置费及安装工程费

工程名称：某医院建设工程项目　　单位：元

序号	项目名称	技术参数规格型号	计量单位	数量	设备购置费		安装工程费	
					单价	合价	单价	合价
1	全自动生化分析仪（300测试/h）	见发包人要求	台	4	280 000.00	1 120 000.00	56 000.00	224 000.00
2	彩色超声	见发包人要求	台	8	230 000.00	1 840 000.00	46 000.00	368 000.00
3	程控500mA遥控诊断X射线机	见发包人要求	台	6	320 000.00	1 920 000.00	64 000.00	384 000.00
4	高频50kW摄影系统（配立式架）	见发包人要求	台	12	240 000.00	2 880 000.00	48 000.00	576 000.00
5	APS-B眼底彩色照相	见发包人要求	台	8	110 000.00	880 000.00	22 000.00	176 000.00
6	普通型骨密度仪	见发包人要求	台	10	220 000.00	2 200 000.00	44 000.00	440 000.00
7	钼钯机（乳腺X线机）	见发包人要求	台	8	420 000.00	3 360 000.00	84 000.00	672 000.00
	合计					14 200 000.00		2 840 000.00

表 A-22 工程总承包其他费

工程名称：某医院建设工程项目 单位：元

序号	项目名称	金额	备注
1	勘察费	3 060 981.00	
1.1	初步勘察费	896 651.00	按投资估算勘察费的 29% 计入
1.2	详细勘察费	2 071 573.00	按投资估算勘察费的 67% 计入
1.3	施工勘察费	92 757.00	按投资估算勘察费的 3% 计入
2	设计费	24 455 048.59	
2.1	初步设计费	6 793 069.05	按投资估算设计费的 25% 计入
2.2	施工图设计费	16 303 365.73	按投资估算设计费的 60% 计入
2.3	专项设计费	1 358 613.81	按投资估算设计费的 5% 计入
3	工程总承包管理费	4 032 000.00	按投资估算中建设单位管理费的 70% 计入
4	研究试验费	200 000.00	按投资估算中研究试验费计入
5	场地准备及临时设施费	3 260 673.15	按投资估算中场地准备及临时设施费计入
6	工程保险费	2 065 092.99	按投资估算中工程保险费计入
7	其他专项费	—	
8	代办服务费	576 000.00	按投资估算中建设单位管理费的 10% 计入
	合计	37 649 795.73	

注：承包人认为需要增加的有关项目，在“其他专项费”下面列明该项目的名称及金额。

表 A-23 预备费

工程名称：某医院建设工程项目 单位：元

序号	项目名称	金额	备注
1	基本预备费	34 865 719.20	扣除投资估算中非工程总承包范围对应的基本预备费后计入
2	涨价预备费	63 338 088.67	按投资估算中涨价预备费计入
合计		98 203 807.87	

注：发包人应将预备费列入项目清单中，投标人应将上述预备费计入投标总价中。

四、价格清单

总说明、投标报价汇总表、工程费用汇总表、建筑工程费价格清单、设备购置费及安装工程费价格清单、工程总承包其他费价格清单、预备费见表 A-24～表 A-30。

表 A-24 总说明

一、工程概况 详见发包人要求。 二、工程发包范围 详见发包人要求。 三、投标报价编制依据 （1）发包人要求及相关技术标准、方案设计图纸。 （2）《房屋工程总承包工程量计算规范》T/CCEAS 002—2022。 （3）《建设项目工程总承包计价规范》T/CCEAS 001—2022。 （4）项目清单。 （5）现场踏勘情况。 （6）承包人建议书。 （略） 四、其他说明 本项目投标报价根据发包人要求、方案设计文件、承包人建议书、企业成本及自身管理水平进行报价。

表 A-25 投标报价汇总表

工程名称：某医院建设工程项目　　　　单位：元

序号	项目名称	金额
1	工程费用	511 890 192. 70
2	工程总承包其他费	35 527 114. 51
3	预备费	93 293 617. 48
	合计	640 710 924. 69

表 A-26 工程费用汇总表

工程名称：某医院建设工程项目　　　　单位：元

序号	项目名称	建筑工程费	设备购置费	安装工程费	合计
1	竖向土石方工程	40 652 152. 20			40 652 152. 20
2	地下室工程	233 441 082. 36			233 441 082. 36
3	住院楼工程	179 458 750. 47	13 490 000. 00	2 698 000. 00	195 646 750. 47
4	总图工程	28 744 757. 67			28 744 757. 67

表A-26(续)

序号	项目名称	建筑工程费	设备购置费	安装工程费	合计
5	外部配套工程	13 405 450.00			13 405 450.00
合计		495 702 192.70	13 490 000.00	2 698 000.00	511 890 192.70

表 A-27　建筑工程费价格清单

工程名称：某医院建设工程项目　　　　单位：元

序号	项目编码	项目名称	工程内容	计量单位	数量	单价	合价
1		竖向土石方工程					
1.1	A001000	竖向土石方工程	包括竖向土石方（含障碍物）开挖、竖向土石方回填、余方处置等全部工程内容	m^3	559 947.00	72.60	40 652 152.20
	小计						40 652 152.20
2		地下室工程					
2.1	A612100	地下部分土建	包括基础土石方工程、地基处理、基坑支护及降排水工程、地下室防护工程、桩基工程、砌筑工程、钢筋混凝土工程、装配式混凝土工程、钢结构工程、木结构工程、屋面工程和建筑附属构件等全部工程内容	m^2	49 416.00	2 628.07	129 868 707.12
2.2	A613201	地下部分室内装饰工程-车库区域（地下车库、非机动车库）	包括此区域范围内的室内装饰工程等全部工程内容	m^2	38 490.00	278.21	10 708 302.90

表A-27(续)

序号	项目编码	项目名称	工程内容	计量单位	数量	单价	合价
2.3	A613202	地下部分室内装饰工程-公共及办公区域(其他)	包括此区域范围内的室内装饰工程等全部工程内容	m^2	10 926.00	755.26	8 251 970.76
2.4	A614100	给排水工程	包括给水系统、污水系统、废水系统、雨水系统、中水系统、供热系统、抗震支架等全部工程内容	m^2	49 416.00	159.50	7 881 852.00
2.5	A614200	消防工程	包括各类灭火系统、火灾自动报警系统、消防应急广播系统、消防监控系统、智能疏散及应急照明系统、抗震支架等全部工程内容	m^2	49 416.00	109.89	5 430 324.24
2.6	A614300	通风与空调工程	包括各类空调系统、通风系统、防排烟系统、采暖系统、冷却循环水系统、抗震支架等全部工程内容	m^2	49 416.00	589.53	29 132 214.48
2.7	A614400	电气工程	包括各类配电系统、电气监控系统、防雷接地系统、光彩照明系统、抗震支架等全部工程内容	m^2	49 416.00	728.03	35 976 330.48
2.8	A614500	建筑智能化工程	包括智能化集成系统、信息设施系统、综合布线系统、各类通信系统、各类电视广播系统、会议系统、信息引导系统、信息发布系统、大屏幕显示系统、时钟系统、工作业务应	m^2	49 416.00	44.68	2 207 906.88

表A-27(续)

序号	项目编码	项目名称	工程内容	计量单位	数量	单价	合价
2.8	A614500	建筑智能化工程	用系统、物业运营管理系统、公共服务管理系统、公众信息服务系统、智能卡应用系统、信息网络安全管理系统、设备管理系统-热力管理系统、设备管理系统、入侵报警系统、视频安防监控系统、出入口控制系统、电子巡查管理系统、访客对讲系统、停车库（场）管理系统、机房环境监控系统、抗震支架等全部工程内容	m^2	49 416.00	44.68	2 207 906.88
2.9	A616600	其他专项工程	包括机械停车位	项	1	3 983 473.50	3 983 473.50
	小计						233 441 082.36
3		住院楼工程					
3.1	A602300	地上部分土建（不带基础）	包括基础土石方工程、地基处理、基坑支护及降排水工程、地下室防护工程、桩基工程、砌筑工程、钢筋混凝土工程、装配式混凝土工程、钢结构工程、木结构工程、屋面工程和建筑附属构件等全部工程内容	m^2	39 427.00	1 144.51	45 124 595.77
3.2	A603100	建筑外立面装饰工程	包括建筑外立面装饰工程及其附属的遮阳板、线条等全部工程内容	m^2	24 632.00	984.55	24 251 435.60

表A-27(续)

序号	项目编码	项目名称	工程内容	计量单位	数量	单价	合价
3.3	A603301	地上部分室内装饰工程-公共区域（大厅、电梯厅、公共走廊、等待区、楼梯间、卫生间）	包括此区域范围内的室内装饰工程等全部工程内容	m^2	15 210.91	1 258.85	19 148 254.05
3.4	A603302	地上部分室内装饰工程-病房区域（病房、卫生间等）	包括此区域范围内的室内装饰工程等全部工程内容	m^2	15 477.01	954.78	14 777 139.61
3.5	A603303	地上部分室内装饰工程-医护通道及办公区域（治疗、办公、辅助用房、机房、卫生间等）	包括此区域范围内的室内装饰工程等全部工程内容	m^2	5 630.68	1 004.89	5 658 214.03
3.6	A604100	给排水工程	包括给水系统、污水系统、废水系统、雨水系统、中水系统、供热系统、抗震支架等全部工程内容	m^2	39 427.00	209.51	8 260 350.77
3.7	A604200	消防工程	包括各类灭火系统、火灾自动报警系统、消防应急广播系统、消防监控系统、智能疏散及应急照明系统、抗震支架等全部工程内容	m^2	39 427.00	99.59	3 926 534.93

表A-27(续)

序号	项目编码	项目名称	工程内容	计量单位	数量	单价	合价
3.8	A604300	通风与空调工程	包括各类空调系统、通风系统、防排烟系统、采暖系统、冷却循环水系统、抗震支架等全部工程内容	m^2	39 427.00	352.86	13 912 211.22
3.9	A604400	电气工程	包括各类配电系统、电气监控系统、防雷接地系统、光彩照明系统、抗震支架等全部工程内容	m^2	39 427.00	369.75	14 578 133.25
3.10	A604500	建筑智能化工程	包括智能化集成系统、信息设施系统、综合布线系统、各类通信系统、各类电视广播系统、会议系统、信息引导系统、信息发布系统、大屏幕显示系统、时钟系统、工作业务应用系统、物业运营管理系统、公共服务管理系统、公众信息服务系统、智能卡应用系统、信息网络安全管理系统、设备管理系统-热力管理系统、设备管理系统、入侵报警系统、视频安防监控系统、出入口控制系统、电子巡查管理系统、访客对讲系统、停车库（场）管理系统、机房环境监控系统、抗震支架等全部工程内容	m^2	39 427.00	476.45	18 784 994.15
3.11	A604600	电梯工程	包括直梯、自动扶梯、自动步行道、轮椅升降台等全部工程内容	m^2	39 427.00	160.36	6 322 513.72

表A-27(续)

序号	项目编码	项目名称	工程内容	计量单位	数量	单价	合价
3.12	A606100	医疗专项工程	包括洁净室净化工程、智能化集成系统、物流传输、医疗气体、污水处理、实验室、电子辐射工程等全部工程内容	项	3	1 571 457.79	4 714 373.37
	小计						179 458 750.47
4		总图工程					
4.1	A005100	绿化工程	包括绿地整理、种植土回填、栽植花木植被、绿地维护等全部工程内容	m^2	31 278.00	177.26	5 544 338.28
4.2	A005200	园路园桥	包括室外园路、广场、园桥等全部工程内容	m^2	15 607.00	248.97	3 885 674.79
4.3	A005400	景观及小品	包括水池、驳岸、护岸、喷泉、堆塑假山、亭廊、花架、园林桌椅等全部工程内容	m^2	46 885.00	0.18	8 439.30
4.4	A005500	总图安装工程	包括总图给排水工程、总图电气工程、总图消防工程等全部工程内容	m^2	46 885.00	88.52	4 150 260.20
4.5	A005600	总图其他工程	包括大门、围墙、标志标牌等其他总图工程内容	m^2	46 885.00	323.26	15 156 045.10
	小计						28 744 757.67
5		外部配套工程					

表A-27(续)

序号	项目编码	项目名称	工程内容	计量单位	数量	单价	合价
5.1	A007200	市政供水引入工程	包括从市政接驳口至红线内水表总表之间管线、阀门、水表、套管、支架及附件，挖、填、运、弃、夯实土石方，管线通道、检查井、阀门井等构筑物，基础，刷油、防腐、绝热，管路试压、消毒及冲洗等全部工程内容	项	1	195 700.00	195 700.00
5.2	A007300	市政供电引入工程	包括从市政环网柜至红线内高压开关柜进线端之间的柜箱、线缆、桥架、管道、套管及附件，挖、填、运、弃、夯实土石方，线缆通道、检查井、手孔井等构筑物，基础，刷油、防腐、绝热，系统调试、接地等全部工程内容	项	1	12 231 250.00	12 231 250.00
5.3	A007400	市政燃气引入工程	包括从市政气源管至末端用气点位的管线、阀门、调压站、套管、支架及附件，挖、填、运、弃、夯实土石方，管线通道、检查井、阀门井等构筑物，基础，刷油、防腐、绝热，试压、吹扫等全部工程内容	项	1	978 500.00	978 500.00
	小计						13 405 450.00
	合计						495 702 192.70

表 A-28　设备购置费及安装工程费价格清单

工程名称：某医院建设工程项目　　单位：元

序号	编码	项目名称	技术参数规格型号	计量单位	数量	设备购置费		安装工程费	
						单价	合价	单价	合价
1		全自动生化分析仪（300测试/h）	1. 试速度≥300测试/h（不含电解质）； 2. 分析主机：全自动任选分立式； 3. 试剂位：≥40个独立试剂位（可24h不间断冷藏）； 4. 样本位：≥40个位置，可放置多种规格的原始采血管、离心管及样本杯	台	4	266 000.00	1 064 000.00	53 200.00	212 800.00
2		彩色超声	1. ≥15寸LCD高清背光显示屏，带防眩光功能，分辨率≥1 024×768； 2. 重量≤7kg； 3. 内置电池支持连续工作≥1h； 4. 冷启动时间：≤40s； 5. 系统平台：Windows 7	台	8	218 500.00	1 748 000.00	43 700.00	349 600.00
3		程控500mA遥控诊断X射线机	1. 双床双管，一体化电视遥控； 2. 整机采用计算机程序控制，具备故障自诊断功能及人体器官摄影程序选择功能（APR）； 3. 透视：0.5～5mA，最高透视kV≥110kVp，5min透视限时功能； 4. 摄影：32～500mA，最高摄影kV≥125kVp，曝光时间0.02～5s	台	6	304 000.00	1 824 000.00	60 800.00	364 800.00

表A-28(续)

序号	编码	项目名称	技术参数规格型号	计量单位	数量	设备购置费		安装工程费	
						单价	合价	单价	合价
4		高频50kW摄影系统(配立式架)	1. 功能：单床单管、微机控制高频X射线机组，适用于各级医院和科研单位作X射线、滤线器摄影、胸片摄影； 2. 电源： 2.1 电压：380V±10%； 2.2 频率：50Hz； 2.3 HF550-50高频高压发生装置，功率50kW； 3. 摄影： 3.1 管电流：10~630mA分挡可调； 3.2 管电压：40~150kV步进1kV； 3.3 曝光时间：0.001~6.3s； 3.4 电流时间积：0.5~630mAs	台	12	228 000.00	2 736 000.00	45 600.00	547 200.00
5		APS-B眼底彩色照相	1. 眼底照相机主机光学系统： 1.1 视场角度：≥45°； 1.2 工作距离：≥42mm； 2. 图像采集系统： 2.1 数码采集形式：外置单反相机； 2.2 采集像素：≥2 400万像素； 2.3 图像传输连接方式：USB连接传输	台	8	104 500.00	836 000.00	20 900.00	167 200.00

表A-28(续)

序号	编码	项目名称	技术参数规格型号	计量单位	数量	设备购置费		安装工程费	
						单价	合价	单价	合价
6		普通型骨密度仪	1. 测量方式：全干式、双向超声波发射与接收； 2. 测量部位：脚部跟骨； 3. 安全分类：Ⅰ类 BF 型； 4. 超声波参数：UBA（多频率超声衰减），SOS（声速），OI（骨质疏松指数）； 5. 测量参数：BUA（超声衰减），SOS（超声速率），BQI（骨质指数），*T* 值，*Z* 值，*T* 值变化率，*Z* 值变化率； 6. 测量精度：BUA（超声衰减）：1.5%；BQI（骨质指数）：1.5%	台	10	209 000.00	2 090 000.00	41 800.00	418 000.00
7		钼钯机（乳腺X线机）	高频高压发生器： 1. 工作方式：高频高压； 2. 工作频率：≤40kHz 3. 装配方式：一体式高压发生器； 4. 管电压：22~35kV； 5. 最大管电流：80mA（大焦点），320mAs，20mA（小焦点），120mAs	台	8	399 000.00	3 192 000.00	79 800.00	638 400.00
		合计					13 490 000.00		2 698 000.00

表 A-29　工程总承包其他费价格清单

工程名称：某医院建设工程项目　　单位：元

序号	项目名称	金额	备注
1	勘察费	2 907 931.95	
1.1	初步勘察费	851 818.45	
1.2	详细勘察费	1 967 994.35	
1.3	施工勘察费	88 119.15	
2	设计费	23 035 058.67	
2.1	初步设计费	6 398 627.41	
2.2	施工图设计费	15 356 705.78	
2.3	专项设计费	1 279 725.48	
3	工程总承包管理费	3 830 400.00	
4	研究试验费	190 000.00	
5	场地准备及临时设施费	3 071 341.16	
6	工程保险费	1 945 182.73	
7	其他专项费	—	
8	代办服务费	547 200.00	
	合计	35 527 114.51	

注：承包人认为需要增加的有关项目，在“其他专项费”下面列明该项目的名称及金额。

表 A-30　预备费

工程名称：某医院建设工程项目　　单位：元

序号	项目名称	金额	备注
1	基本预备费	33 122 433.24	
2	涨价预备费	60 171 184.24	
合计		93 293 617.48	

注：发包人应将预备费列入项目清单中，投标人应将上述预备费计入投标总价中。

五、工程结算与支付

预付款支付申请/核准表，建筑工程费支付分解表，工程总承包其他费支付分解表，进度款支付申请/核准表（第1次），进度款支付申请/核准表（第2次），竣工结算、支付申请/核准表，最终结清支付申请/核准表见表 A-31～表 A-37。原表 A-7“设备购置费及安装工程费支付分解表”和原表 A-9“预备费支付分解表”未调整。

表 A-31　预付款支付申请/核准表

工程名称：某医院建设工程项目

致：　×××　（发包人全称）

根据合同　×××　条约定，现申请支付预付款金额为（小写）　192 213 277.41　（大写）壹亿玖仟贰佰贰拾壹万叁仟贰佰柒拾柒元肆角壹分，请予核准。

序号	名称	申请金额（元）	核准金额（元）	备注
1	签约合同价款金额	640 710 924.69	640 710 924.69	
2	合同应支付的预付款	192 213 277.41	192 213 277.41	根据合同约定按签约合同价 30% 计算

造价人员签名：　　承包人代表签名：

承包人签章：

日期：

咨询人审核意见：

一级造价工程师签名：　　咨询人签章：

日期：

发包人审批意见：

发包人代表签名：

发包人签章：

日期：

注：咨询人指发包人委托参与其授权范围内的工程总承包计价活动的造价咨询、监理等中介机构（下同）。

表 A-32　建筑工程费支付分解表

工程名称：某医院建设工程项目

序号	项目名称	支付					
		里程碑节点	金额占比（%）	里程碑节点	金额占比（%）	里程碑节点	金额占比（%）
	竖向土石方工程						
A0010	竖向土石方工程	竖向土石方完成	8.20				

表A-32(续)

序号	项目名称	支付					
		里程碑节点	金额占比(%)	里程碑节点	金额占比(%)	里程碑节点	金额占比(%)
	地下室工程						
A6121	地下部分土建	基坑完成	3.59	地下室主体结构至正负零	22.61		
A6132	地下部分室内装饰工程	内装完成	3.82				
A6140	地下部分机电安装工程	主体结构完成	1.30	管道、桥架安装完成	9.76	设备安装完成	5.21
A6160	地下部分专项工程	专项工程完成	0.80				
	住院楼工程						
A6023	地上部分土建(不带基础)	地上主体结构完成7F	4.55	地上主体结构封顶	4.55		
A6033	地上部分室内装饰工程	地上部分室内装饰完成1~7F	3.11	地上部分室内装饰完成8~14F	3.11	地上部分室内装饰完成	1.78
A6031	建筑外立面装饰工程	外立面完成50%	2.45	外立面完成	2.45		
A6040	地上部分机电安装工程	主体结构完成	1.05	管道、桥架安装完成	7.96	设备安装完成	4.25
A6060	地上部分专项工程	专项工程完成	0.95				
A0050	总图工程	总图完成	5.80				

表A-32（续）

序号	项目名称	支付					
		里程碑节点	金额占比（%）	里程碑节点	金额占比（%）	里程碑节点	金额占比（%）
A0070	外部配套工程	完成	2.70				
合计							

注：金额占比（%）指里程碑节点应支付金额占建筑工程费合同金额的比例。

表A-33 工程总承包其他费支付分解表

工程名称：某医院建设工程项目

序号	项目名称	支付					
		里程碑节点	金额占比（%）	里程碑节点	金额占比（%）	里程碑节点	金额占比（%）
1	勘察费	提交初勘报告	2.40	提交详勘报告	5.54	提交施工勘察报告	0.25
2	设计费	通过初设审查	18.01	通过施工图审查	43.23	提交专项设计成果	3.60
3	工程总承包管理费	施工许可证取得后	3.77	总产值完成50%	3.50	总产值完成100%	3.50
4	研究试验费	完成所有试验并提交试验成果	0.53				
5	场地准备及临时设施费	场地准备及临时设施搭建完毕	8.65				
6	工程保险费	提供相应发票	5.48				
7	代办服务费	代办工作完成后	1.54				
合计							

注：金额占比（%）指里程碑节点应支付金额占工程总承包其他费对应合同金额的比例。

表 A-34　进度款支付申请/核准表（第 1 次）

工程名称：某医院建设工程项目

致：　××× （发包人全称）

本期完成了　基坑完成　等里程碑工作，根据合同　×××　条的约定，现申请支付本周期的进度款金额为（小写）　34 150 395. 31

（大写）　叁仟肆佰壹拾伍万零叁佰玖拾伍元叁角壹分　，请予核准。结算文件附后。

单位：元

序号	名称	合同金额	里程碑节点	金额占比（%）	本期支付金额	上期累计支付金额	本期累计支付金额	备注
1	工程费用	605 183 810. 18	基坑完成	11. 79	60 658 886. 54	0	60 658 886. 54	
2	工程总承包其他费	35 527 114. 51	提交施工勘察报告；通过施工图审查；施工许可证取得；场地准备及临时设施搭建完毕	81. 85	24 717 101. 74	0	24 717 101. 74	
3	应扣减的预付款	—	—	—	-51 225 592. 97	192 213 277. 41	140 987 684. 44	
4	按合同约定扣减的费用	—	—	—	—	—	—	
5	合计	640 710 924. 69	—	—	34 150 395. 31	192 213 277. 41	226 363 672. 72	

表 A-34(续)

造价人员签名：	承包人代表签名： 承包人签章： 日期：
咨询人审核意见： 一级造价工程师签名：	咨询人签章： 日期：
发包人审批意见： 发包人代表签名：	发包人签章： 日期：

注：工程量清单计价的项目进度款支付计入“按合同约定调整的费用”。

表 A-35 进度款支付申请/核准表（第 2 次）

工程名称：某医院建设工程项目

致：×××（发包人全称）

本期完成了 地下主体结构至正负零 等里程碑工作，根据合同 ××× 条的约定，现申请支付本周期的进度款金额为（小写）46 518 743. 82（大写）肆仟陆佰伍拾壹万捌仟柒佰肆拾叁元捌角贰分，请予核准。结算文件附后。

单位：元

序号	名称	合同金额	里程碑节点	金额占比（%）	本期支付金额	上期累计支付金额	本期累计支付金额	备注
1	工程费用	605 183 810. 18	地下室主体结构至正负零	22. 61	116 296 859. 55	60 658 886. 54	176 955 746. 09	
2	工程总承包其他费	35 527 114. 51	—	0. 00	0. 00	24 717 101. 74	24 717 101. 74	
3	应扣减的预付款	—	—	—	-69 778 115. 73	140 987 684. 44	71 209 568. 71	
4	按合同约定扣减的费用	—	—	—	—	—	—	
5	合计	640 710 924. 69	—	—	46 518 743. 82	226 363 672. 72	272 882 416. 54	

表 A-35(续)

造价人员签名：	承包人代表签名： 承包人签章： 日期：
咨询人审核意见： 一级造价工程师签名：	咨询人签章： 日期：
发包人审批意见： 发包人代表签名：	发包人签章： 日期：

注：工程量清单计价的项目进度款支付计入“按合同约定调整的费用”。

表 A-36 竣工结算、支付申请/核准表

工程名称：某医院建设工程项目

致：　　　　×××　　　　（发包人全称）

我方已完成了　×××　项目工作，根据合同　×××　条约定，现申请支付竣工结算款金额（小写）　32 035 546. 23　（大写）　叁仟贰佰零叁万伍仟伍佰肆拾陆元贰角叁分　，请予核准。

序号	名称	申请金额（元）	核准金额（元）	备注
1	竣工结算总金额	640 710 924. 69	640 710 924. 69	
1. 1	签约合同价	640 710 924. 69	640 710 924. 69	
1. 2	减去预备费	0. 00	0. 00	
1. 3	按合同约定调增的金额	0. 00	0. 00	
1. 4	按合同约定扣减的金额	0. 00	0. 00	
2	已支付的合同价款	589 454 050. 72	589 454 050. 72	
2. 1	已支付的工程费用	556 769 105. 37	556 769 105. 37	
2. 2	已支付的工程总承包其他费	32 684 945. 35	32 684 945. 35	
3	应扣留的质量保证金	19 221 327. 74	19 221 327. 74	
4	应支付的竣工付款金额	32 035 546. 23	32 035 546. 23	

造价人员签名：

承包人代表签名：

承包人签章：

日期：

咨询人审核意见：

一级造价工程师签名：

咨询人签章：

日期：

发包人审批意见：

发包人代表签名：

发包人签章：

日期：

表 A-37　最终结清支付申请/核准表

工程名称：某医院建设工程项目

致：××× （发包人全称）

根据合同 ××× 条约定，现申请支付最终结清金额（小写） 19 221 327.74

（大写） 壹仟玖佰贰拾贰万壹仟叁佰贰拾柒元柒角肆分 ，请予核准。

序号	名称	申请金额（元）	复核金额（元）	备注
1	已预留的质保金	19 221 327.74	19 221 327.74	
2	应增加的发包人原因造成的缺陷修复金额	0	0	
3	应扣减承包人未修复缺陷，发包人组织修复的金额	0	0	
4	最终应支付的合同价款	19 221 327.74	19 221 327.74	

造价人员签名：　　　　承包人代表签名：

承包人签章：

日期：

发包人审批意见：

发包人代表签名：　　　　发包人签章：

日期：

案例B　初步设计后工程总承包（DB）案例

一、发包人要求

（一）项目概况、初步设计说明及初步设计图纸

项目概况、初步设计说明及初步设计图纸详见初步设计文件（附件1），本指南方案设计从附件1节选如下所示。

1. 总平面设计说明

（1）总体规划（略）。

（2）总平面布局（略）。

（3）停车库（略）。

（4）景观环境系统（略）。

（5）竖向设计（略）。

（6）管线综合（略）。

2. 项目概况

项目名称：×××。

建设地点：×××。

建设单位：×××。

建设规模：本项目按照三级甲等医院标准进行建设，床位900张。项目总用地面积为62 586.63m²，基底面积为15 701m²。总建筑面积为136 886m²，其中新建地上建筑面积为87 470m²，新建地下建筑面积为49 416m²，其中住院楼建筑面积（不含裙楼）为39 427m²，地下室建筑面积为49 416m²，其他略。

建设性质：新建。

抗震设防烈度：7度。

结构类型：住院楼、地下室为框架-剪力墙结构，其余为框架结构。

装修概况：精装。

绿建星级：二星。

资金来源：自筹。

3. 建筑设计说明

（1）设计主要采用的设计规范、规程、标准。

《房屋建筑制图统一标准》GB/T 50001—2017

《建筑制图标准》GB/T 50104—2010
《总图制图标准》GB/T 50103—2010
《建筑设计防火规范》GB 50016—2014（2018 年版）
《建筑内部装修设计防火规范》GB 50222—2017
《建筑地面设计规范》GB 50037—2013
《民用建筑设计统一标准》GB 50352—2019
《综合医院建筑设计规范》GB 51039—2014
《无障碍设计规范》GB 50763—2012
《医院洁净手术部建筑技术规范》GB 50333—2013
《地下工程防水技术规范》GB 50108—2008
《屋面工程技术规范》GB 50345—2012
《种植屋面工程技术规程》JGJ 155—2013
《外墙外保温工程技术标准》JGJ 144—2004
《公共建筑节能设计标准》GB 50189—2015
《民用建筑热工设计规范》GB 50176—2016
《四川省居住建筑节能设计标准》DB51/5027—2012
《玻璃幕墙工程技术规范》JGJ 102—2003
《建筑玻璃应用技术规程》JGJ 113—2015
《铝合金门窗工程技术规范》JGJ 214—2010
《车库建筑设计规范》JGJ 100—2015
《汽车库、修车库、停车场设计防火规范》GB 50067—2014
《建筑外墙防水工程技术规程》JGJ/T 235—2011
《建筑室内防水工程技术规程》CECS 196：2006
《绿色建筑评价标准》GB/T 50378—2019
《绿色医院建筑评价标准》GB/T 51153—2015
《建筑工程施工质量验收统一标准》GB 50300—2013
《屋面工程质量验收规范》GB 50207—2012
《地下防水工程质量验收规范》GB 50208—2011
《建筑地面工程施工质量验收规范》GB 50209—2010
《建筑装饰装修工程质量验收标准》GB 50210—2018
《建筑内部装修防火施工及验收规范》GB 50354—2005
《工程建设标准强制性条文：房屋建筑部分（2013 年版）》
《建筑安全玻璃管理规定》发改运行〔2003〕2116 号
《关于民用建筑外保温材料消防监督管理有关事项的通知》公消〔2012〕350 号
《防火门》GB 12955—2008
《建筑用安全玻璃　第 1 部分：防火玻璃》GB 15763.1—2009

其他相关的国家建筑设计规范。

（2）设计概述。

1）民用建筑分类：医疗建筑。

2）设计耐久年限：50 年。

3）设计规模：大型（第一住院楼）。

4）建筑设计等级：特级（第一住院楼）。

5）设计标准。

a. 建筑防火设计分类：一类高层（第一住院楼）。

b. 耐火等级：一级。

c. 结构类型及抗震设防烈度：第一住院楼采用全现浇钢筋混凝土框架-剪力墙结构，地下室采用全现浇钢筋混凝土框架结构。抗震设防烈度为 7 度。

d. 屋面防水等级：Ⅰ级。

e. 地下室防水等级：一级，抗渗等级：P8。

（3）设计理念（略）。

（4）功能布局及流线设计原则（略）。

（5）平面布局及功能分区。

第一住院楼与门诊楼医技楼共用两层地下室，地上共计 20 层，其中一至五层为门诊医技楼用房，六至二十层为住院楼用房，建筑总高度为 82.85m，床位数为 900 床。各楼层主要房间功能如下：（略）。

（6）立面造型与建筑材料。

1）立面造型（略）。

2）建筑材料。

建筑外立面主要采用了不同规格的陶板、石材、玻璃幕墙、铝单板、少量面砖及涂料，立面设计简洁清爽，主色调明度在 N6~N8.5 之间，彩度≤5。

（7）建筑层高。

地下室：负二层层高为 3.9m，负一层层高为 5.4m，主楼范围外地下室部分层高为 3.9m。

第一住院楼：裙楼一至五层为门诊楼用房，六至二十层为第一住院楼用房，总建筑高度为 82.85m，其中六层层高为 4.50m，七至二十层层高均为 3.90m。

（8）竖向交通。

住院部分共设有 4 座防烟楼梯，所有防烟楼梯均上至屋顶，下至地下室。楼梯的宽度和踏步高度均符合医疗建筑设计规范，满足疏散要求。住院部分设置 12 台电梯：7 台为病患电梯，其中 1 台兼无障碍电梯，满足无障碍设计要求；3 台工作电梯；1 台污物电梯，1 台洁净电梯，污物电梯与洁净电梯兼消防电梯，满足消防要求。

（9）电梯、扶梯统计一览表见表 B-1。

表 B-1　电梯、扶梯统计一览表

<table>
<tr><td colspan="9">电梯技术参数统计</td></tr>
<tr><td></td><td>电梯类型</td><td>载重（kg）</td><td>速度（m/s）</td><td>停靠层站数</td><td>井道净尺寸（mm）</td><td>轿厢尺寸（mm）</td><td>台数（台）</td><td>电梯型号</td></tr>
<tr><td rowspan="4">第一住院楼</td><td>病患电梯（1台兼无障碍电梯）</td><td>1 600</td><td>1.75</td><td>地下2层、××路入口层至20层，22层/22站</td><td>3 200×2 400</td><td>2 400×1 400</td><td>7</td><td>有机房病床梯</td></tr>
<tr><td>工作电梯（手术专用梯）</td><td>1 600</td><td>2</td><td>地下2层、××路入口层至20层，22层/22站</td><td>3 200×2 400</td><td>2 400×1 400</td><td>3</td><td>有机房病床梯</td></tr>
<tr><td>污物电梯（兼消防电梯）</td><td>1 600</td><td>1.75</td><td>地下2层、××路入口层至20层，22层/22站</td><td>3 200×2 400</td><td>2 400×1 400</td><td>1</td><td>有机房病床梯</td></tr>
<tr><td>洁净电梯（兼消防电梯）</td><td>1 000</td><td>1.75</td><td>地下2层、××路入口层至20层，22层/22站</td><td>2 400×2 200</td><td>1 600×1 400</td><td>1</td><td>有机房客梯</td></tr>
</table>

（10）建筑技术措施表见表 B-2。

表 B-2　建筑技术措施表

<table>
<tr><td>类别</td><td>编号</td><td>名称</td><td>材料及做法</td><td>使用部位</td><td>备注</td></tr>
<tr><td rowspan="5">楼地面</td><td rowspan="5">楼1</td><td rowspan="5">橡胶地板楼面</td><td>1. 钢筋混凝土楼板</td><td rowspan="5">使用部位详见装饰做法表</td><td rowspan="5">规格与花色应满足设计要求</td></tr>
<tr><td>2. 40mm 厚 C20 细石混凝土找平层</td></tr>
<tr><td>3. 专用自流平水泥整平</td></tr>
<tr><td>4. 涂抹黏合剂</td></tr>
<tr><td>5. 2mm/3.5mm 厚橡胶地板</td></tr>
</table>

表B-2(续)

类别	编号	名称	材料及做法	使用部位	备注
楼地面	楼 2	PVC地板楼面	1. 钢筋混凝土楼板	使用部位详见装饰做法表	规格与花色满足设计要求
			2. 40mm 厚 C20 细石混凝土找平层		
			3. 专用自流平水泥整平		
			4. 涂抹黏合剂		
			5. 2mm 厚同质透心 PVC 地板		
	楼 3	石材地面	1. 钢筋混凝土结构层	用于各首层入口大厅与大厅，详见装饰做法表	
			2. 50mm 厚 C25 纤维细石混凝土找平层		
			3. 刷素水泥浆一道		
			4. 20mm 厚 1∶2.5 干硬性水泥砂浆结合层上洒水泥粉并洒适量清水		
			5. 20mm 厚花岗石面层，专用勾缝剂勾逢（6 面刷防护剂，石材做晶面处理）		
	楼 4	地砖面层	1. 钢筋混凝土结构层	见装饰做法表	1. 均采用有防滑要求瓷质砖加工，满足《陶瓷砖》GB/T 4100—2015“附录 G 干压陶瓷砖（$E \leq 0.5\%$ BⅠa 类）”瓷质砖的要求； 2. 楼梯间踏步需开防滑槽； 3. 表面处理、规格与花色应满足设计要求
			2. 刷素水泥浆一道		
			3. 30mm 厚 1∶2.5 干硬性水泥砂浆结合层上洒水泥粉并洒清水适量		
			4. 地砖面层无缝铺贴，专用同色勾缝剂擦缝		
	楼 5	防水防滑地砖楼面	1. 钢筋混凝土结构层收平	1. 用于有同层排水要求的卫生间； 2. 无同层排水要求的卫生间不做第 3/4/5/6 项；	1. 用有防滑功能的瓷质砖加工，满足《陶瓷砖》GB/T 4100—2015“附录 G 干压陶瓷砖（$E \leq 0.5\%$ BⅠa 类）”瓷质砖的要求；
			2. 1.5mm 厚聚合物水泥防水涂料（Ⅱ型）		
			3. 1∶3 水泥砂浆保护层，最薄处 20mm 厚，表面拉毛（结构不降板卫生间）		

表B-2（续）

类别	编号	名称	材料及做法	使用部位	备注
楼地面	楼5	防水防滑地砖楼面	4. 1∶6水泥炉渣回填	3. 淋浴间、盥洗间、开水间等有用水、排水要求的房间，污洗、污存等房间，详见装饰做法表	2. 处理、规格与花色应满足设计要求； 3. 高度详见构造做法； 4. 无回填层时需兼作找坡层
			5. 30mm厚1∶2.5砂浆找平层兼找坡		
			6. 1.5mm厚聚合物水泥防水涂料		
			7. 1∶2.5干硬性水泥砂浆结合层，上洒1mm厚干水泥并洒适量清水		
			8. 地砖面层无缝铺贴，专用同色勾缝剂擦缝		
	楼6	防静电架空地板	1. 结构层	有防静电要求的技术用房，详见装饰做法表	架空高度300mm
			2. 刷水灰比0.4~0.5的水泥浆结合层一道		
			3. 20mm厚1∶3水泥砂浆找平层		
			4. 成品抗静电架空地板（至设计标高）		
	楼7	水泥砂浆楼地面	1. 现浇钢筋混凝土楼板	大型医疗设备间，清水交房区详见装饰做法表	表面收平，不扫毛
			2. 刷素水泥浆一道（内掺建筑胶）		
			3. 20mm厚1∶2.5水泥砂浆保护层扫毛		
	地1	彩色耐磨固化地坪	1. 钢筋混凝土结构层	1. 地下汽车库； 2. 地下非机动车库（做30mm厚1∶2水泥豆石压实赶光，其余同地下汽车库做法）	集水坑2 000mm×2 000mm范围内起坡，坡向集水坑，分隔缝6 000mm×6 000mm，缝宽10mm，油膏嵌缝
			2. 刷素水泥浆一道		
			3. 50mm厚1∶2水泥豆石压实赶光找坡		
			4. 表面3mm厚的非金属骨料耐磨面层		
			5. 混凝土密封固化剂地坪（精打磨不小于3次）		
	地2/楼8	有防水要求的耐磨地面/耐磨地面	1. 钢筋混凝土结构层	1. 地下室设备用房；	1. 如有需回填的房间做法：天然砂卵石回填夯实，C20混凝土100mm
			2. 刷素水泥浆一道（不回填的房间）		
			3. 1.5mm厚聚合物水泥防水涂料（Ⅱ型）		

表B-2(续)

类别	编号	名称	材料及做法	使用部位	备注
楼地面	地2/楼8	有防水要求的耐磨地面/耐磨地面	4. 1∶3水泥砂浆找平坡向地漏，最薄处15mm厚	2. 其他设备用房，详见装饰做法表	厚（内配 Φ6.5@300钢筋）； 2. 无水房间不做第3、4项
			5. 30mm厚1∶2.5水泥豆石压实赶光		
			6. 表面3mm厚非金属骨料耐磨面层		
内墙面	内1	水泥砂浆墙面（一）	1. 墙基层处理	清水交房详见装饰做法表	
			2. 7mm厚1∶3水泥砂浆打底扫毛		
			3. 6mm厚1∶3水泥砂浆垫层找平		
			4. 5mm厚1∶2.5水泥砂浆罩面压光		
			5. 1.5mm厚聚合物水泥防水涂料（Ⅱ型）		
			6. 水∶水泥∶粗砂∶805胶水=0.6∶1∶0.5∶0.08，刷一道(用于防水涂料面)		
	内2	水泥砂浆墙面（二）	1. 砖墙或钢筋混凝土柱、梁	清水交房详见装饰做法表	
			2. 7mm厚1∶3水泥砂浆打底找平		
	内3	无机涂料墙面	1. 墙基层处理	1. 地下设备用房； 2. 楼梯间； 3. 地下汽车库、非机动车库； 4. 其他使用部位详见装饰做法表	1. 涂料为无机涂料，燃烧性能等级为A级； 2. 地下室外墙采用清水模板，不做第2~4项
			2. 7mm厚1∶3水泥砂浆打底扫毛		
			3. 6mm厚1∶3水泥砂浆垫层		
			4. 5mm厚1∶2.5水泥砂浆罩面		
			5. 刮腻子两遍		
			6. 无机涂料		
	内4	有防水要求的瓷砖墙面（一）	1. 墙基层处理	1. 卫生间；	1. 瓷砖表面处理、规格和花色满足设计要求；
			2. 7mm厚1∶3水泥砂浆打底找平		

表B-2（续）

类别	编号	名称	材料及做法	使用部位	备注
内墙面	内4	有防水要求的瓷砖墙面（一）	3. 6mm厚1：3水泥砂浆垫层	2. 淋浴间、盥洗间、开水间等有用水、排水要求的房间，污洗、污存等房间，详见装饰做法表	2. 防水高度详构造做法； 3. 满足《陶瓷砖》GB/T 4100—2015“附录G干压陶瓷砖（$E \leqslant 0.5\%$ BⅠa类）”瓷质砖的要求
			4. 5mm厚1：2.5水泥砂浆罩面		
			5. 1.5mm厚聚合物水泥防水涂料（Ⅱ型）		
			6. 水：水泥：粗砂：805胶水=0.6：1：0.5：0.08，刷一道（防水涂料面）		
			7. 15mm厚1：2水泥砂浆贴接层		
			8. 瓷砖面层（瓷质胚体），专用勾缝剂勾缝		
	内5	瓷砖墙面（二）	1. 墙基层处理	使用部位详见装饰做法表	1. 瓷砖表面处理、规格和花色满足设计要求； 2. 满足《陶瓷砖》GB/T 4100—2015“附录G干压陶瓷砖（$E \leqslant 0.5\%$ BⅠa类）”瓷质砖的要求
			2. 7mm厚1：3水泥砂浆打底找平		
			3. 20mm厚1：2水泥砂浆贴接层		
			4. 瓷砖面层（瓷质胚体），专用勾缝剂勾缝		
	内6	穿孔吸音板墙	1. 墙基层处理	柴油发电机房、通风机房等有隔声要求的机房，使用部位详见装饰做法表	
			2. 装配式U型轻钢龙骨		
			3. 穿孔吸音板		
	内7	干挂石材墙面	1. 砖墙或钢筋混凝土柱、梁	使用部位详见装饰做法表	
			2. 干挂石材（龙骨及金属挂件由设计计算确定）		
	内8	乳胶漆墙面	1. 墙基层处理	1. 门卫室、物管用房；	1. 采用可擦洗的环保产品；
			2. 9mm厚1：1：6水泥石灰砂浆打底扫光		
			3. 7mm厚1：1：6水泥石灰砂浆垫层		

表B-2(续)

<table>
<tr><th>类别</th><th>编号</th><th>名称</th><th>材料及做法</th><th>使用部位</th><th>备注</th></tr>
<tr><td rowspan="15">内墙面</td><td rowspan="3">内8</td><td rowspan="3">乳胶漆墙面</td><td>4. 5mm厚1：0.3：2.5水泥石灰砂浆罩面压光</td><td rowspan="3">2. 用于大部分墙面，包括净化区内的污物走廊、功能辅助用房及办公生活区，使用部位详见装饰做法表</td><td rowspan="3">2. 乳胶漆均带抗菌功能</td></tr>
<tr><td>5. 刮耐水腻子三遍</td></tr>
<tr><td>6. 乳胶漆面层（要求一底两面，高档施工装修标准）</td></tr>
<tr><td rowspan="3">内9</td><td rowspan="3">型钢骨架电解钢板墙面</td><td>1. 型钢龙骨（由净化专业确定型号、间距等）</td><td rowspan="3">使用部位详见装饰做法表</td><td rowspan="3">1. 燃烧性能等级为A级；
2. 净化手术室取消第2项，采用轻钢龙骨内外两面衬不锈钢板，龙骨间隙布置风管</td></tr>
<tr><td>2. 1.5mm静电喷塑电解钢板背衬12mm厚防水石膏板螺栓固定于竖龙骨</td></tr>
<tr><td>3. 静电喷塑电解钢板拼装，进口抗菌涂料面层</td></tr>
<tr><td rowspan="3">内10</td><td rowspan="3">型钢骨架无机涂装板墙面</td><td>1. 型钢龙骨（由净化专业设计确定型号、间距等）</td><td rowspan="3">1. 手术部、产前诊断中心和生殖中心的洁净走廊、洁净辅助用房墙体；
2. CCU、PICU、ICU、新生儿科、NICU中心使用部位详见装饰做法表</td><td rowspan="3">燃烧性能等级A级</td></tr>
<tr><td>2. 无机涂装板背衬12mm厚防水石膏板</td></tr>
<tr><td>3. 8mm无机涂装板（抗菌涂料面层）</td></tr>
<tr><td>内11</td><td>370mm厚页岩实心砖墙</td><td></td><td>DR、CT机房、放射影像科等</td><td>设备确定后，承包人根据各房间的辐射量按要求增设不同的防辐射措施以满足发包人需求</td></tr>
<tr><td>内12</td><td>钢筋混凝土防护墙</td><td></td><td>直线加速器及后装机治疗区等</td><td>厚度需满足放射防护预评价报告书要求</td></tr>
<tr><td rowspan="4">内13</td><td rowspan="4">无机涂装板墙面</td><td>1. 砖墙或钢筋混凝土柱、梁</td><td rowspan="4">部位详见装饰做法表</td><td rowspan="4"></td></tr>
<tr><td>2. 配套龙骨（由二装确定型号、间距等）</td></tr>
<tr><td>3. 无机涂装板背衬12mm厚的防水石膏板</td></tr>
<tr><td>4. 8mm无机涂装板（抗菌涂料面层）</td></tr>
</table>

表B-2(续)

类别	编号	名称	材料及做法	使用部位	备注
内墙面	内14	轻钢龙骨纸面石膏板墙	1. 砖墙或钢筋混凝土柱、梁 2. 镀锌轻钢龙骨（由净化专业确定型号、间距等） 3. 12mm厚纸面石膏板 4. 腻子找平 5. 乳胶漆饰面	部位详见装饰做法表	乳胶漆均带抗菌功能，可擦洗产品
顶棚	顶1	乳胶漆顶棚	1. 结构层 2. 刮腻子两遍 3. 乳胶漆（一底两面）	使用部位详见装饰做法表	1. 采用清水模板； 2. 燃烧性能等级为A级； 3. 乳胶漆均带抗菌功能、可擦洗的产品
顶棚	顶2	无机涂料顶棚（一）	1. 结构层 2. 刮腻子两遍 3. 喷涂无机涂料	楼梯间、汽车库、非机动车库、地下室设备用房（除顶5外）	1. 采用清水模板； 2. 燃烧性能等级为A级
顶棚	顶3	矿棉板顶棚	1. 结构层 2. 装配式T型轻钢龙骨（带凹槽）不上人型 3. 矿棉板面层	使用部位详见装饰做法表	1. 要求选用同品牌配套龙骨，热镀锌处理，特殊边龙骨符合设计要求； 2. 燃烧性能等级为A级； 3. 板面尺寸、花色由二装确定
顶棚	顶4	穿孔吸音板顶棚	1. 结构层 2. 装配式U型轻钢龙骨 3. 穿孔吸音板	柴油发电房、通风机房等有隔声要求的机房，使用部位详见装饰做法表	1. 冲孔吸音矿棉板，穿孔率不低于15%； 2. 燃烧性能等级为A级，无石棉； 3. 要求选用同品牌配套龙骨，热镀锌处理，特殊边龙骨符合设计要求

表B-2(续)

类别	编号	名称	材料及做法	使用部位	备注
顶棚	顶5	无机涂料顶棚（二）	1. 结构层 2. 刷素水泥浆一道 3. 10mm厚1：2.5水泥砂浆抹面 4. 4mm厚1：2.5水泥砂浆 5. 刮腻子两遍 6. 辊涂无机涂料（一底两面）	楼梯间梯板下面	燃烧性能等级为A级
	顶6	轻钢龙骨纸面石膏板乳胶漆顶棚	1. 结构层 2. 配套轻钢龙骨 3. 纸面石膏板，面饰乳胶漆	公共区域局部天花造型，使用部位详见装饰做法表	1. 乳胶漆均带抗菌功能、可擦洗的产品； 2. 燃烧性能等级为A级
	顶7	方形/条形铝合金扣板顶棚	1. 钢筋混凝土板 2. 配套成品轻钢龙骨 3. 铝合金扣板	卫生间等有水房间使用部位详见装饰做法表	1. 要求选用同品牌配套龙骨，热镀锌处理，特殊边龙骨符合设计要求； 2. 规格及样式详二装； 3. 燃烧性能等级为A级
	顶8	型钢龙骨电解钢板顶棚	1. 钢筋混凝土板 2. 配套型钢龙骨 3. 背板12mm厚防水石膏板 4. 1.2mm厚静电喷塑电解钢 5. 进口抗菌涂料面层	使用部位详见装饰做法表	1. 燃烧性能等级为A级； 2. 龙骨的型号以及选择由二装及净化专业确定
	顶9	轻钢龙骨纸面石膏板面罩乳胶漆+微孔铝板顶棚	1. 钢筋混凝土板 2. 配套镀锌轻钢龙骨 3. 石膏板面罩乳胶漆+微孔铝板	部分大厅、走道吊顶等使用部位详见装饰做法表	1. 天棚具体设计由二装及净化专业完成； 2. 燃烧性能等级为A级
	顶10	轻钢龙骨无机涂装板顶棚	1. 钢筋混凝土板 2. 配套镀锌轻钢龙骨 3. 背板12mm厚防水石膏板 4. 6mm无机涂装板（抗菌涂料面层）	使用部位详见装饰做法表	燃烧性能等级为A级

表B-2（续）

类别	编号	名称	材料及做法	使用部位	备注
踢脚	踢1	水泥砂浆踢脚	1. 砖基层或混凝土基层 2. 刷素水泥浆一道（仅混凝土基层） 3. 8mm厚1：3水泥砂浆打底 4. 8mm厚1：2.5水泥砂浆找平 5. 5mm厚1：2水泥砂浆压实赶光	用于水泥砂浆楼地面	高120mm
	踢2	地砖踢脚	1. 砖基层或混凝土基层 2. 20mm厚1：2.5水泥砂浆粘结层 3. 地砖踢脚，专用勾缝剂勾缝	用于地砖楼面，地砖品种同地面	高150mm，地砖与地面配套，外露面需倒角磨边
	踢3	塑料防静电踢脚	1. 砖基层或混凝土基层 2. 18mm厚1：2.5水泥砂浆 3. 地板胶粘结层 4. 3mm厚塑料防静电地板面层	与防静电地板配套使用	高120mm
	踢4	花岗石踢脚	1. 砖基层或混凝土基层 2. 20mm厚1：2.5水泥砂浆粘结层 3. 花岗石踢脚，专用勾缝剂勾缝	与花岗石地面配套使用	
	踢5	橡胶圆弧踢脚	1. 25mm厚1：25水泥砂浆基层 2. 2mm厚自流平处理，橡胶卷材铺贴，与墙交接处150mm上墙	与橡胶地板配套	
	踢6	PVC踢脚	1. 25mm厚1：25水泥砂浆基层 2. 2mm厚自流平处理，PVC卷材铺贴，与墙交接处150mm上墙	与PVC地面配套	

（11）装饰做法表见表B-3。

表 B-3 装饰做法表

序号	位置		顶棚	楼地面	墙柱面	踢脚	备注
1	公共区域	门诊楼大厅	轻钢龙骨纸面石膏板面罩乳胶漆+微孔铝板顶棚	石材地面	干挂石材墙面	无	1. 医技楼大厅中庭柱面1~5F均使用石材； 2. 乳胶漆均带抗菌功能，可擦洗产品； 3. 具体详二次装修设计
2		住院楼公共电梯厅	轻钢龙骨纸面石膏板面罩乳胶漆+微孔铝板顶棚	2mm厚橡胶地板	干挂石材墙面	150mm高橡胶卷边踢脚	乳胶漆均带抗菌功能，可擦洗产品
3		医生/病人通道	矿棉板顶棚	2mm厚橡胶地板	乳胶漆墙面	150mm高橡胶卷边踢脚	乳胶漆均带抗菌功能，可擦洗产品
4		污物通道	轻钢龙骨纸面石膏板面罩乳胶漆顶棚	2mm厚PVC地板	乳胶漆墙面/轻钢龙骨纸面石膏板墙面	150mm高PVC卷边踢脚	1. 乳胶漆均带抗菌功能，可擦洗产品； 2. 两侧设扶手
5		护士站、医护工作站	轻钢龙骨纸面石膏板面罩乳胶漆+微孔铝板顶棚	2mm厚橡胶地板	乳胶漆墙面	150mm高橡胶卷边踢脚	乳胶漆均带抗菌功能，可擦洗产品
6		楼梯间、楼梯前室、楼梯、与电梯合用的楼梯间前室	无机涂料顶棚	无缝防滑地砖	无机涂料墙面	地砖踢脚	无机涂料燃烧等级为A级
7		地下车库、非机动车库	无机涂料顶棚	彩色耐磨固化地坪	无机涂料墙面	无	地坪颜色分区

表B-3(续)

序号	位置		顶棚	楼地面	墙柱面	踢脚	备注
8	房间	病房、待产室、治疗室、办公室、辅助用房、库房	矿棉板顶棚	2mm 厚 PVC 地板	乳胶漆墙面	150mm 高 PVC 卷边踢脚	乳胶漆均带抗菌功能，可擦洗产品
9		卫生间、辅助有水用房	成品轻钢龙骨铝合金板顶棚	无缝防滑地砖	有防水要求的瓷砖墙面	无	墙柱无缝墙砖至吊顶下口
10		机房（消防控制室）	穿孔吸声矿棉板顶棚	防静电活动架空地板	无机涂料墙面	塑料防静电踢脚	
11		机房（有隔声要求）	穿孔吸声矿棉板顶棚	耐磨地坪	穿孔吸声矿棉板墙面	无	
12		机房（其他）	无机涂料顶棚	耐磨地坪	无机涂料墙面	无	
……		……	……	……	……	……	……

4. 结构设计说明

（1）工程概述。

地上共计20层，其中裙楼一至五层为门诊楼用房，六至二十层为第一住院楼用房，总建筑高度为82.85m，第六层层高为4.50m，七至二十层层高均为3.90m，采用现浇钢筋混凝土框架-剪力墙结构体系。

（2）设计依据。

《工程结构可靠性设计统一标准》GB 50153—2008

《建筑工程抗震设防分类标准》GB 50223—2008

《建筑结构荷载规范》GB 50009—2012

《混凝土结构设计规范》GB 50010—2010（2015年版）

《建筑抗震设计规范》GB 50011—2010（2016年版）

《建筑地基基础设计规范》GB 50007—2011

《建筑地基处理技术规范》JGJ 79—2012

《高层建筑混凝土结构技术规程》JGJ 3—2010

《钢结构设计标准》GB 50017—2017

《高层建筑筏形与箱形基础技术规范》JGJ 6—2011

《建筑桩基技术规范》JGJ 94—2008

《成都地区建筑地基基础设计规范》DB51/T 5026—2001

《空间网格结构技术规程》JGJ 7—2010

《砌体结构设计规范》GB 50003—2011

《地下工程防水技术规范》GB 50108—2008

《建筑边坡工程技术规范》GB 50330—2013

《混凝土外加剂应用技术规范》GB 50119—2013

《混凝土结构耐久性设计标准》GB/T 50476—2019

《钢筋焊接及验收规程》JGJ 18—2012

《钢筋机械连接技术规程》JGJ 107—2016

《纤维混凝土结构技术规程》CECS 38：2004

《建筑消能减震技术规程》JGJ 297—2013

其他现行各有关规范、规程。

（3）建筑的分类等级。

1）根据建筑结构破坏的后果严重程度，拟建建筑结构的安全等级为一级。

2）按《建筑工程抗震设防分类标准》GB 50223 的规定，本工程中的第一住院楼部分均为重点设防（简称乙类）。

3）按《建筑抗震设计规范》GB 50011—2010 及《高层建筑混凝土结构技术规程》JGJ 3—2010 的规定，第一住院楼部分框架抗震等级为一级，剪力墙抗震等级为一级。

4）地基基础设计等级：甲级。

5）地下室防水等级为一级，设计抗渗等级满足国家标准且不低于 P8。

6）建筑的防火分类等级和耐火极限：依据《建筑设计防火规范》GB 50016—2014，本项目上部建筑及地下室的耐火等级为一级。防火墙以及承重墙的耐火时间为 3.0h，柱耐火时间为 3.0h，梁耐火时间为 2.0h，板耐火时间为 1.5h，疏散楼梯耐火时间为 1.5h。

（4）主要荷载标准值（略）。

（5）主体结构选型。

1）主体结构选型。第一住院楼地上 15 层，大屋面高度 82.85m，柱网尺寸 8.1m，采用现浇钢筋混凝土框架-剪力墙结构附加金属剪切阻尼器的消能减震结构体系，楼盖为普通现浇钢筋混凝土楼盖。地下室为 2 层，负二层层高为 3.9m，负一层层高为 5.4m，主楼范围外地下室部分层高 3.9m，柱网尺寸 8.1m，采用现浇混凝土框架结构体系，楼盖为普通现浇钢筋混凝土楼盖。主要楼层结构杆件截面布置图详见初步设计图纸部分。

2）结构缝设置概况。第一住院楼部分平面呈矩形，其长度约为 72.9m，宽度为 32.4m；门急诊医技楼 B 区与第一住院楼之间有连廊通道连接，连廊通道采用从门急诊医技楼 B 区和第一住院楼两个结构单元分别用 H 型钢梁悬挑构成的形式，两边的悬挑结构在中间对接部分设缝 150mm。

（6）主要结构材料选用。

1）混凝土。独立基础、抗水板、地下室外墙、地下室顶板、消防水池池壁、污水处理池、水池顶板：C30防水混凝土，抗渗等级P8；纯地下室框架柱：C30；框架柱：C30~C60；剪力墙：C30~C60；框架梁、板：C30；楼梯：C30；素混凝土垫层：C15；圈梁、构造柱：C20。

2）钢材。Q235B、Q345B焊条：E43、E50系列。

3）钢筋：HPB300级热轧钢筋、HRB400级热轧钢筋、HRB500级热轧钢筋。本工程的所有钢材，钢筋应有出厂合格证明或有合格试验报告单，且应按国家有关标准进行验收抽查。钢筋强度标准值应具有不低于95%的保证率。

4）墙体材料。外墙采用页岩多孔砖（砌体容重不大于16kN/m^3）；楼梯间、电梯井道、设备用房、有辐射防护要求的房间、卫生间和埋入土中的砌体部分采用页岩实心砖（砌体容重不大于23kN/m^3）；其余采用页岩空心砖（砌体容重不大于10kN/m^3），空心砖强度等级为MU3.5，多孔砖的强度等级为MU10；实心砖强度等级为MU10；埋入土中的砌体采用M5.0水泥砂浆砌筑，其他填充墙采用M5.0混合砂浆砌筑，砌体施工质量控制等级为B级。

5）材料性能指标。所有的材料的性能指标应符合《建筑抗震设计规范》GB 50011—2010第3.9.2条规定的要求。

（7）主体结构整体计算（略）。

（8）地基基础设计。

1）场地地质条件。根据岩土工程初步勘察报告：场地内地层由第四系全新统人工填土层（Q4ml）、第四系中下更新统冰水沉积层（Q1+2fgl）及白垩系灌口组（K2g）泥岩组成。地貌单元属岷江水系冲积平原Ⅲ级阶地。场地高程为515.53~526.24m，最大高差10.71m，场地中间和北侧较低，其余地方相对较平坦。本次勘察中，未发现滑坡、泥石流、崩塌、地面沉降、地裂缝等地质灾害及不良地质作用，场地内无断裂通过，也未发现埋藏的暗河、沟浜、墓穴、地下构筑物等对工程不利的埋藏物存在，属稳定场地，适宜本工程的建设。

2）地下水文情况。根据岩土工程初步勘察报告：场地地下水类型为上层滞水和裂隙水。勘察期间处于平水期。此次测的水位主要为上部的上层滞水和地表水渗透到钻孔内的水位，测得钻孔内水位埋深为地表下（孔口）1.1~11.3m，即标高506.72~522.47m。该场地地下水对混凝土结构具微腐蚀性，对钢筋混凝土结构中钢筋具微腐蚀性。本工程基坑肥槽回填设计隔水封闭措施采取得当：基坑肥槽回填材料选用隔水材料回填，合理的表面封闭形式等。基坑肥槽回填施工时封闭施工质量满足设计要求，能完全封闭地表水的在基坑内下渗富集，并阻止水浸入建（构）筑物的基底，可不考虑地表水下渗对建（构）筑物产生浮托作用。

3）基础设计选型。第一住院楼部分基础形式采用筏板基础，选择全风化泥岩作为持力层（承载力特征值不小于230kPa），并采用机械旋挖桩的地基处理方式，加固后的地基承载力特征值达到400kPa，地基基床系数 K 达到70MN/m³。主楼范围外的地下室部分基础形式采用柱下独立基础+抗水板的形式，抗水板厚度400mm。选择黏土或全风化泥岩层作为基础持力层（承载力特征值230kPa）。

4）地下室抗浮措施。本工程地下室全部位于弱透水性土层中（黏土或全风化泥岩），场地的地下水主要为上部的上层滞水和地表水通过基坑周围的肥槽回填土和地下室侧墙与土体之间的缝隙渗透到地下。针对工程的具体情况，设计上决定采用以下抗浮措施：

a. 地下室周边基坑肥槽回填时设置1m厚3∶7灰土或黏土隔水层夯实（具体做法详见基础初设图纸），尽量减少通过渗透到达基础底部的地表水；

b. 在地下室外墙底部每隔30m左右设置虹吸导流管，当有少量地表水通过渗透到达基础底部时可以通过设置在地下室外墙的虹吸导流管流入地下室外墙内侧的积水坑内，并用泵抽走。

通过以上抗浮措施，地表水下渗不会对建筑物产生浮托作用，保证地下室的安全。

（9）主体结构抗震性能分析。

1）设计依据文件（略）。

2）主体结构消能减震设计。根据抗震设防性能目标要求，采用SPD（金属剪切型阻尼器）作为消能减震元件。其优点如下：（略）。

3）采用消能减震设计在设防地震作用下的结构分析（略）。

4）对整体结构进行静力弹塑性分析（略）。

5）满足抗震性能目标要求的主要控制性计算结果（略）。

（10）绿色建筑结构相关部分。

1）根据岩土工程初步勘察报告，本工程拟建场地属于稳定场地，适宜工程建设。

2）第一住院楼采用现浇钢筋混凝土框架-剪力墙结构附加金属剪切阻尼器的消能减震结构体系，地下室采用现浇混凝土框架结构体系，屋顶大跨钢结构屋盖采用钢结构网壳体系。结构体系合理。

3）墙柱混凝土强度等级为C30~C60，梁板混凝土强度等级为C30，合理采用高强混凝土。

4）地下室侧墙、基础、框架梁、框架柱纵筋均采用HRB400、HRB500级钢筋，满足绿色建筑关于采用HRB400级以上高强度钢筋的要求。

5）本工程采用预拌商品混凝土、预拌砂浆，减少现场施工对环境的影响。

6）本工程采用金属剪切型阻尼器，提高结构的抗震性能，将结构在设防地震作用下的位移角限值要求由1/200提高到1/550，减轻或消除非结构构件在遭遇设防地震作用时的破坏程度，使得结构可以少修或不修即可继续使用。

（11）超长部分的结构设计采取以下措施和方法：

1）在合理的位置设置后浇带，后浇带的位置详各层结构平面图。

2）在混凝土中适量掺加高性能膨胀剂、聚丙烯抗裂纤维等外加剂，混凝土水中养护14天的限制膨胀率应大于或等于2.0×10^{-4}，添加剂掺量应以试验为准。

3）在混凝土温度及收缩变化较大的部位适当增加配筋。

（12）其他（略）。

5. 消防设计说明

（1）设计主要采用的设计规范、规程、标准（略）。

（2）综述。

1）第一住院楼为高层民用建筑，按照《建筑设计防火规范》GB 50016—2014进行防火设计，本建筑为一类高层，耐火等级为一级。

2）汽车库按《汽车库、修车库、停车场设计防火规范》GB 50067—2014进行防火设计，耐火等级为一级。

3）本项目设置消防控制室，和现有院区的消防控制中心联网，有直通室外的出口。消防分控中心设有火灾报警，发出信号及安全疏散指令，设有控制消防水泵、固定灭火装置、通风空调系统及电动防火卷帘、防排烟设施等，设有显示电源运引情况的设施。

（3）总平面（略）。

（4）防火防烟分区。

1）地面部分。地面部分设自动喷淋灭火系统。第一住院楼塔楼平面分为两个防火分区，按不超过2 000m^{2}的面积划分防火分区；每个防烟分区面积不超过500m^2。××路入口层，分为17个防火分区，在靠近××路标高系统的部分，按不超过2 000m^{2}的面积划分防火分区，在靠近××路标高系统的部分，医疗功能用房、集中设备用房、非机动车库按不超过1 000m^{2}的面积划分防火分区，机动车车库按不超过4 000m^{2}的面积划分防火分区。每个防烟分区面积不超过500m^2。

2）地下室。地下室设自动喷淋灭火系统。地下室分为16个防火分区，医疗功能用房、集中设备用房按不超过1 000m^{2}的面积划分防火分区，机动车车库按不超过4 000m^{2}的面积划分防火分区。每个防烟分区面积不超过500m^2。

（5）安全疏散。

1）地面部分（略）。

2）地下室（略）。

（6）建筑配件及构造。

1）防火墙采用不小于200mm厚的钢筋混凝土墙，200mm厚的页岩多孔砖、页岩空心砖、页岩实心砖，耐火极限均大于3.0h。防火分区隔墙直接砌筑在钢筋混凝土楼板或梁上，并砌筑至结构板底。穿防火分区隔墙的管道应用非燃烧材料将缝隙紧密填塞。相邻两个防火分区之间的门窗洞口，其最近边缘的水平距离小于2m，设固定乙级防火窗，在阴角4m范围设固定乙级防火窗。

2）管道井的隔墙采用200mm厚的页岩实心砖，耐火极限不低于3.0h，所有管井待安装就位后，在每层楼面位置，用短钢筋为骨架，上铺钢筋网片。用C20细石混凝土封堵平整，电缆桥架垂直井道等按防火规范用耐火极限要求的防火材料封堵，达到楼板的耐火极限。管井检修门采用丙级防火门。

3）消防水泵房、空调机房、地下室通风机房、变配电房、柴油发电机房、消防控制中心等设备用房及防火分区隔墙上的门均设甲级防火门。

4）楼梯间隔墙及前室隔墙均为200mm厚的页岩实心砖，其门采用乙级防火门。

5）本工程采用钢化玻璃固定挡烟垂壁，从吊顶面下垂500mm。

6）门急诊医技楼与第一住院楼所有吊顶材料燃烧性能等级为A级，其他部位采用不低于B级的装修材料。

7）洁净手术部与非洁净手术部相连通的部位采用甲级防火门分隔。

8）中庭、自动扶梯等上下贯通的开口部位周边开口采用耐火极限大于3.0h的特级双轨双帘无机防火卷帘。

9）地下室的楼梯间在首层与地下室的出入口处，设置耐火极限不低于2.0h的隔墙和乙级防火门隔开，并有明显标志。

10）库房按丙类设计，设置耐火极限不低于2.0h的隔墙和2.5h的楼板，与其他空间采用甲级防火门隔开。

11）防火门及卷帘的技术要求见表B-4。

表B-4 防火门及卷帘的技术要求

<table>
<tr><th>种类</th><th colspan="2">使用区域</th><th>等级</th><th>材质</th></tr>
<tr><td rowspan="7">防火门</td><td rowspan="3">地下</td><td>管井门</td><td>丙级</td><td>钢质防火门</td></tr>
<tr><td>机房门</td><td>甲级</td><td>钢质隔音防火门</td></tr>
<tr><td>楼梯间及前室</td><td>乙级</td><td>钢质带亮防火门</td></tr>
<tr><td rowspan="4">地上</td><td>管井门</td><td>丙级</td><td>木质防火门</td></tr>
<tr><td>机房门</td><td>甲级</td><td>钢质隔音防火门</td></tr>
<tr><td>楼梯间及前室</td><td>乙级</td><td>钢质带亮防火门
（表面同成品实木门相似效果）</td></tr>
<tr><td>防火分区门</td><td>甲级</td><td>不锈钢大玻门</td></tr>
<tr><td>防火卷帘</td><td>—</td><td>无机双轨双帘防火卷帘</td><td>特级</td><td>—</td></tr>
</table>

12）防火门应为向疏散方向开启的平开门，并在关闭后应能从任何一侧手动开启；用于疏散的走道、楼梯间和前室的防火门，应具有自行关闭的功能；双扇和多扇防火门，还应具有按顺序关闭的功能；常开的防火门，当发生火灾时，应具有自行关闭和信号反馈的功能。

13）设在疏散走道上的防火卷帘应在卷帘的两侧设置启闭装置，并应具有自动、手动和机械控制的功能。

14）所有钢结构部分的梁、柱、桁架等受力构件均须做防火涂料保护。防火涂料的选择应有公安消防部鉴定认可的证明，并应有与表面装饰材料相融且不破坏防火涂料膨胀性能的可靠保证。

15）内部装修工程选用的各项材料，按《建筑内部装修设计防火规范》GB 50222—2017 的规定执行。

6. 无障碍设计说明

根据《无障碍设计规范》GB 50763—2012，该项目做以下设计：

（1）停车场及地下停车库设有无障碍停车位，停车位数不少于总车位数的1%，共37个，其中地上6个。

（2）室外铺装、广场等有高差的部位，建筑底层无障碍出入口处均按要求设置轮椅坡道，坡度不大于1∶12。

（3）室外人行道按规范设置缘石坡道和触感块材。

（4）底层有轮椅坡道处出入口平台与室内高差及各无障碍卫生间与楼层面高差不大于15mm并以斜坡过渡。

（5）水平交通和垂直交通都进行无障碍设计，通过建筑内部无障碍电梯和走道可以到达所有楼层，所有走道和门洞宽度均符合无障碍规范要求，要求推床和轮椅可顺利通过。

（6）每层设置无障碍厕位或厕所，内距地面高0.7m，设求助呼叫按钮，厕所门外及值班室设呼叫信号装置。

（7）建筑入口及公共通道的门扇均设视线观察玻璃，平开门设横把手和关门拉手。

（8）无障碍病房：住院部按规范要求设置无障碍病房共10间。

（9）无障碍标志：所有医院无障碍设施均附设国际通用的无障碍标志牌。

（10）无障碍电梯门的宽度、关门的速度、轿厢面积及轿厢内扶手、镜子、低位盲人触摸按钮、语音报站等按规范规定设置，并在电梯厅显著位置设有无障碍通用标志。

（11）无障碍电梯配置盲文。

7. 环境保护设计说明（略）

8. 卫生防疫设计说明（略）

9. 节能设计说明

本地夏季气温较高、湿度大、风速小、潮湿闷热；冬季气温低、湿度大、日照率低、阴冷潮湿。

（1）外窗（幕墙）节能设计。

外窗（幕墙）节能设计见表B-5。

表B-5　外窗（幕墙）节能设计

朝向	外窗面积（m^2）	外墙（包括外窗）面积（m^2）	窗墙比	设计传热系数 K［W/（m^2·K）］	规范限值 K［W/（m^2·K）］	外窗设计技术要求
北	2 628.432	4 497.912	0.58	2.4	2.5	隐框LOW-E中空玻璃窗（6+12A+6）

表B-5(续)

朝向	外窗面积（m^2）	外墙（包括外窗）面积（m^2）	窗墙比	设计传热系数 K [W/（m^2·K）]	规范限值 K [W/（m^2·K）]	外窗设计技术要求
南	3 304.704	5 521.08	0.60	2.4	2.5	隐框 LOW-E 中空玻璃窗（6+12A+6）
东	1 049.549	1 741.307	0.60	2.4	2.5	隐框 LOW-E 中空玻璃窗（6+12A+6）
西	1 024.608	1 711.785	0.60	2.4	2.5	隐框 LOW-E 中空玻璃窗（6+12A+6）

（2）墙体的节能设计与热工计算。

1）干挂外墙节能计算见表 B-6。

表 B-6　干挂外墙节能计算

序号	材料名称	导热系数 [W/（m·K）]	材料厚度 d（mm）	材料层热阻 R [（m^2·K）/W]	修正系数
1	外饰面层	不计入			
2	金属钢龙骨	不计入			
3	岩棉	0.045	50	0.925	1.2
4	墙体基层处理，刷水泥浆一道	不计入			
5	页岩多孔砖墙体	0.58	200	0.345	1.0
	混凝土墙体	1.74		0.115	
汇总	岩棉+页岩多孔砖墙体			1.270	
	岩棉+混凝土墙体			1.040	

2）涂料外墙节能计算见表 B-7。

表 B-7　涂料外墙节能计算

序号	材料名称	导热系数 [W/（m·K）]	材料厚度 d（mm）	材料层热阻 R [（m^2·K）/W]	修正系数
1	外饰面层	不计入			
2	抗裂砂浆防护层（复合网格布）	0.93	6	0.006	1.0

表B-7（续）

序号	材料名称	导热系数 [W/（m·K）]	材料厚度 d（mm）	材料层热阻 R [（m^2·K）/W]	修正系数
3	中空玻化微珠保温砂浆	0.07	40	0.457	1.25
4	界面砂浆	不计入			
5	页岩多孔砖墙体	0.58	200	0.345	1.0
	混凝土墙体	1.74		0.115	
6	界面砂浆	不计入			
7	中空玻化微珠保温砂浆	0.07	40	0.457	1.25
8	抗裂砂浆防护层（复合网格布）	0.93	6	0.006	1.0
9	内饰面层	不计入			
汇总	抗裂砂浆防护层（复合网格布）两层+中空玻化微珠保温砂浆两层+页岩多孔砖墙体			1.271	
	抗裂砂浆防护层（复合网格布）两层+中空玻化微珠保温砂浆两层+混凝土墙体			1.041	

（3）屋面围护结构热工参数。

1）保温防水上人屋面构造措施与热工参数见表B-8。

表B-8　保温防水上人屋面构造措施与热工参数

序号	材料名称	导热系数 [W/（m·K）]	材料厚度 d（mm）	材料层热阻 R [（m^2·K）/W]	修正系数
1	钢筋混凝土结构层	1.74	100	0.057	1.0
2	1.5mm厚渗透结晶型防水涂料，上翻至女儿墙鹰嘴处（女儿墙用钢筋混凝土现浇）	不计入			
3	1：8水泥膨胀珍珠岩找坡，最薄处30mm厚	0.26	30	0.077	1.5

表B-8(续)

序号	材料名称	导热系数 [W/（m·K）]	材料厚度 d（mm）	材料层热阻 R [（m^2·K）/W]	修正系数
4	挤塑聚苯板 XPS（B1 级），外围用憎水型膨胀珍珠岩板做防火隔离带	0.03	70	1.944	1.2
5	25mm 厚 1∶3 水泥砂浆找平层	0.93	25	0.027	1.0
6	3～5mm 厚纯水泥浆粘贴 1.5mm 厚自粘（湿铺型）高分子防水卷材	不计入			
7	10mm 厚低标号砂浆隔离层	不计入			
8	40mm 厚 C20 细石混凝土内配 Φ6.5@200 钢筋双向，表面收平压光	1.51	40	0.026	1.0
9	景观面层	0.93	10	0.011	1.0
汇总				2.142	

2）保温防水种植屋面构造措施与热工参数（略）。

3）保温防水不上人屋面构造措施与热工参数（略）。

4）地下室顶板构造措施与热工参数（略）。

5）地下室种植顶板构造措施与热工参数（略）。

6）底面接触室外空气的架空或外挑楼板（略）。

7）地下室侧壁热工参数（略）。

10. 绿色建筑设计说明（略）

11. 净化工程设计说明（略）

12. 人防设计说明

本期工程未考虑地下人防。人防工程由建设单位与相关部门协商，另行安排。

13. 图纸（略）

（二）设计技术要求

1. 土建工程

（1）设计原则（略）。

（2）设计依据（略）。

（3）设计技术标准和要求（略）。

（4）施工技术要求（略）。

2. 装饰装修工程

（1）设计原则（略）。

（2）设计依据（略）。

（3）设计技术标准和要求（略）。

（4）施工技术要求（略）。

3. 给排水工程

（1）设计原则（略）。

（2）设计依据（略）。

（3）设计技术标准和要求。

1）给水系统。

a. 供水方式：市政直供、变频供水。

b. 给水分区方式：①院区内所有建筑的一至二层为低区，由市政给水管网直接供给。②医技楼三层及三层以上为高区，高区采用一套恒压变频供水设备加压供水。③住院楼三至五层为2区，采用一套恒压变频供水设备加压供水；六至十三层为3区，采用一套恒压变频供水设备加压供水；十四至二十层为4区，采用一套恒压变频供水设备加压供水。

c. 饮用水供应：办公、门诊及病房楼分区域设置直饮水机。

d. 生活用水量：最高日用水量753.48m^3/d，最大时用水量106.77m^3/d。

e. 计量方式：给水引入管上设计量总水表。

f. 设备、管材、阀门及附件等的材料要求：①室内给水管采用不锈钢管，暗装采用覆塑不锈钢或者不锈钢，管径DN<40mm，波纹卡粘式，DN≥40mm，承插氩弧焊。室外给水管采用钢丝网骨架PE管，热熔连接。②卫生洁具及五金配件均须选择节水型，符合《节水型生活用水器具》CJ/T 164—2014的规定。卫生洁具的色泽应与建筑的内装饰协调一致。③生活水箱采用组合式食品级不锈钢水箱。④阀门选用：水箱水池放空管及有可能双向流动的管段上采用闸阀或蝶阀；其余单向流动管段上的阀门，口径≤50mm的采用截止阀，口径>50mm的采用闸阀；水箱及水池进水阀采用DN100X型遥控浮球阀；减压阀采用Y110型可调式减压阀；倒流防止器采用HS41X-16-A型倒流防止器；生活用各种阀门的公称压力均选用1.6MPa；可曲挠橡胶接头采用KXT-（3）型，耐压2.0MPa；水表采用螺翼式水表或旋翼式水表。

2）热水系统。

a. 系统类型：集中热水供应系统、局部热水供应系统。

b. 热源形式：燃气、电能。

c. 供水及热水循环方式、分区方式、供应范围：①本工程热水的供应范围主要是办公区域公共卫生间洗手盆、门诊洗手盆、值班室淋浴以及住院楼病房卫生间淋浴、洗手等；②病房综合楼热水系统在竖向分区供水，分区方式与给水系统相同，均由各区加压给水管经过板壳式半容积式换热器换热后获得热水，再供给各分区热水；③病房楼生活热水系统为全日制集中热水供应系统，为保证生活热水的供应温度，采用同程机械循环管道系统。

d. 热水量、耗热量及热水计量方式：平均时热水量为 4.89m³/h，小时热水量 q_{rh} 为 13.82m³/h，最高日热水量为 115m³/d，耗热量 Q_h 为 3 526 434.62kJ/h。

e. 加（贮）热设备、管材、阀门、附件及保温等的材料要求：①室内给水管采用不锈钢管，暗装采用覆塑不锈钢或者不锈钢，管径 $DN<40$mm，波纹卡粘式，$DN\geq40$mm，承插氩弧焊。室外给水管采用钢丝网骨架 PE 管，热熔连接。②所有热水管道（暗设于墙体内除外）均作保温处理，保温材料选用泡沫橡塑保温材料，$DN<50$mm，保温厚度采用 25mm；$DN\geq50$mm，保温厚度采用 30mm。所有明装（外露）的保温管道外加铝皮包裹，手术室外和病房的热水管道均缠绕伴热电缆以保证末端热水水温。③设于吊顶内的给水管道、地下室的给水、消防管及给水、消防阀门均做防冻及防结露处理，材料选用泡沫橡塑保温材料，厚度均为 20mm。

3）排水系统。

a. 系统类型、排水类型、排水量：本工程采用生活污水与雨水分流制排水的管道系统，室内生活污水采用伸顶通气单立管（门诊楼）、专用通气管（住院楼）及底层单独排放重力流排水系统；最高日生活污水排水量为 508.23m³/d；本工程妇幼部分污水处理站的设计水量为 500m³/d，平均小时设计水量为 20.83m³/h；疾控部分污水处理站的设计水量为 8.4m³/d，平均小时设计水量为 1m³/h。

b. 设备及构筑物选型：本院区内设 2 座 13 号钢筋混凝土化粪池（容积为 100m³，妇幼使用），1 座 9 号钢筋混凝土化粪池（容积为 30m³，疾控使用），1 座消毒池（有效容积为 1m³，妇幼发热门诊使用），1 座中和池（有效容积为 1m³；妇幼检验废水使用）。

c. 检查井、管材、阀门及附件等的材料要求：①污水检查井采用 HDPE 塑料检查井及铸铁井盖。②压力排水管采用涂塑钢管（环氧树脂），管径 $DN<100$mm，丝接；$DN\geq100$mm，标准沟槽式卡箍接头连接。室内雨、污水管采用 HDPE 塑料排水管，埋地及回填层内采用热熔连接，明装部分卡箍式连接。室外雨、污水管均采用环刚度为 8kN/m² 的 HDPE 双壁波纹管，橡胶圈接口。

4）雨水系统。

a. 系统类型：重力流、外排水。

b. 检查井、管材、阀门及附件等的材料要求：雨水口采用砖砌平箅式单箅雨水口（混凝土井圈），雨水检查井均采用 HDPE 塑料检查井及铸铁井盖。

5）雨水利用系统（略）。

6）循环冷却系统（略）。

7）中水系统（略）。

4. 通风空调、防排烟工程

（1）设计原则（略）。

（2）设计依据（略）。

（3）设计技术标准和要求。

1）空调。

空调系统分类：集中空调系统、分散式空调、净化空调系统。

空调方式：全空气系统、风机盘管加新风系统。

空调水系统：两管制。

冷热源：离心式冷水机组、螺杆式冷水机组冷却塔、风冷螺杆式热泵机组、燃气真空式热水锅炉、多联机。

2）通风系统。

a. 地下室非机动车库设机械排风系统，利用直通室外的非机动车坡道自然进风，无对外车道的防火分区设置机械送风系统。通风系统按防火分区独立设置。

b. 地下二层制冷机房设机械送、排风系统，机械排风系统兼作冷媒泄漏时的事故通风系统，排风机与室内制冷剂泄露报警装置联锁，事故通风的手动控制装置应在室内外便于操作的地点分别设置。

c. 地下室高低压配电房独立设机械送、排风系统，机械排风系统兼作气体灭火后排风系统，风管上设置防烟防火阀，火灾时由消防控制中心电信号关闭风机及防烟防火阀，确保气体灭火时相应区域的密闭性。气体灭火完成后，手动复位开启防烟防火阀及相应通风系统以排除室内有害气体。设置气体灭火系统的变配电房内的风机、风管采取防静电接地措施。

d. 柴油发电机房在非工作状态利用竖井自然进风，机械排风；柴油发电机工作时利用发电机组自带的排风机排风，并利用竖井自然进风。排风机采用防爆风机，风机和风管采取防静电接地措施。

e. 地下一层燃气锅炉房设机械排风系统，自然进风，排风机兼作事故排风机，设置天然气泄漏报警装置与相应事故排风机及天然气入户总管上所设的快速切断阀联锁，事故通风的手动控制装置应在室内外便于操作的地点分别设置。排风机采用防爆风机，风机和风管采取防静电接地措施。

f. 地下室其他设备用房设机械通风系统。

g. 污物间、污洗间、污物暂存间、污物走道、污梯厅设机械排风系统至屋面排放。

h. 治疗室、换药室、处置室等产生有味气体，水汽和潮湿作业的房间设置机械排风系统。

i. 公共卫生间设置机械排风系统。

j. 更衣室、电梯机房设置机械排风系统。

k. 其余大型设备用房 CT、DR 等房间，设置机械排风系统兼作气体灭火后排风系统，风管上设置防烟防火阀，火灾时由消防控制中心电信号关闭风机及防烟防火阀，确保气体灭火时相应区域的密闭性。气体灭火完成后，手动复位开启防烟防火阀及相应通风系统以排除室内有害气体。设置气体灭火系统的变配电房内的风机、风管采取防静电接地措施。

l. 弱电井设置竖向排风系统，通过防火风口自然进风。

m. 各房间通风换气次数表见表 B-9。

表 B-9 各房间通风换气次数表

房间名称	换气次数（h^{-1}）	房间名称	换气次数（h^{-1}）	房间名称	换气次数（h^{-1}）
汽车库、自行车库	6（按 3m 计算）	机械停车库	按每辆车 $500m^3/h$ 计算	中餐厨房	40~60
低压配电房	15	柴油机房	平时 6	垃圾房	15
高压配电房	8	储油间	12	电梯机房	15
水泵房	5	污洗间、污物间、污物暂存	15	太平间、解剖室	15
污水泵房	10	污水处理间	15	开水间	10
水箱间	5	燃气锅炉房	12	真空吸引机房	10
制冷机房（氟利昂）	平时 6（事故排风 12）	卫生间	15	压缩空气机房	6
更衣室、淋浴	6	换药室、处置室、治疗室	10	库房	4

3）管材、保温材料的选择。

风口：铝合金。

风阀：钢制。

风管：镀锌钢板。

空调水管：碳素钢管。

制冷剂管道：紫铜管。

空调供回水管（包括冷水、热水、冷却水）：采用碳素钢管。

保温材料：离心玻璃棉板外贴金属铝箔、难燃 B 级橡塑发泡保温材料。

（三）施工技术要求（略）

（四）竣工验收（略）

（五）主要材料、设备、构配件技术要求

1. 地下室土建工程

地下室土建工程主要材料技术要求见表 B-10。

表 B-10 地下室土建工程主要材料技术要求

序号	材料名称	品质要求	技术参数
1	水泥		1. 普通硅酸盐水泥； 2. 符合《通用硅酸盐水泥》GB 175—2007 要求

表B-10(续)

序号	材料名称	品质要求	技术参数
2	水泥基渗透结晶型防水涂料		符合《水泥基渗透结晶型防水涂料》GB 18445—2012要求
3	自粘高分子防水卷材（Ⅱ型、湿铺）		1. 符合《预铺防水卷材》GB/T 23457—2017要求，并满足设计及相关规范要求； 2. 西南09J/T-303《BAC双面自粘卷材和SPU涂料防水系统构造图集》； 3. 能防植物根穿刺

注：投标人应在投标文件中列出拟采用的品牌及供应商。

2. 地上装饰装修工程

地上装饰装修工程主要材料技术要求见表B-11。

表B-11　地上装饰装修工程主要材料技术要求

序号	材料名称	品质要求	技术参数
1	无机涂料		1. 防火标准：A级、不燃，水性无毒； 2. 主要用于除地下车库、非机动车库、设备用房外使用无机涂料的部位； 3. 地下车库、非机动车库、设备用房采用不低于×××档次品牌的涂料，品牌需经发包方审核确定
2	矿棉板		1. 满足设计、国家和地区相关规范及标准的要求； 2. 龙骨需使用板材品牌配套产品； 3. 厚度不低于15mm
3	纸面石膏板/防水纸面石膏板		1. 符合《纸面石膏板》GB/T 9775—2008要求； 2. 龙骨需使用同一板材品牌配套产品
4	穿孔吸音矿棉板		1. 满足设计、国家和地区相关规范及标准的要求； 2. 龙骨需使用板材品牌配套产品
5	花岗石		1. 满足设计、国家和地区相关规范及标准的要求； 2. 板材质量应保证坚固耐用，无损害强度和明显外观缺陷，板材的色调、花纹应保证调和统一，正面外观不允许出现坑窝缺棱、缺角、裂纹、色斑、色线等缺陷； 3. 为防止石材年久风化变色，以及石材的吸水和吸潮对建筑物的美观带来影响，必须对石材进行六面保护处理，保护剂采用进口产品； 4. 厚度：20mm

注：投标人应在投标文件中列出拟采用的品牌及供应商。

3. 设备购置表

设备购置表如表 B-12 所示。

表 B-12 设备购置表

序号	项目名称	技术参数规格型号	计量单位	数量
1	全自动生化分析仪（300 测试/h）	1. 试速度≥300 测试/h（不含电解质）； 2. 分析主机：全自动任选分立式； 3. 试剂位：≥40 个独立试剂位（可 24h 不间断冷藏）； 4. 样本位：≥40 个位置，可放置多种规格的原始采血管、离心管及样本杯	台	4
2	彩色超声	1. ≥15 寸 LCD 高清背光显示屏，带防眩光功能，分辨率≥1 024×768； 2. 重量≤7kg； 3. 内置电池支持连续工作≥1h； 4. 冷启动时间：≤40s； 5. 系统平台：Windows 7	台	8
3	程控 500mA 遥控诊断 X 射线机	1. 双床双管，一体化电视遥控； 2. 整机采用计算机程序控制，具备故障自诊断功能及人体器官摄影程序选择功能（APR）； 3. 透视：0. 5～5mA，最高透视 kV≥110kVp，5min 透视限时功能； 4. 摄影：32～500mA，最高摄影 kV≥125kVp，曝光时间 0. 02～5s	台	6
4	高频 50kW 摄影系统（配立式架）	1. 功能：单床单管、微机控制高频 X 射线机组，适用于各级医院和科研单位作 X 射线、滤线器摄影、胸片摄影； 2. 电源： 2. 1 电压：380V±10%； 2. 2 频率：50Hz； 2. 3HF550-50 高频高压发生装置，功率 50kW； 3. 摄影： 3. 1 管电流：10～630mA 分挡可调； 3. 2 管电压：40～150kV 步进 1kV； 3. 3 曝光时间：0. 001～6. 3s； 3. 4 电流时间积：0. 5～630mAs	台	12

表B-12（续）

序号	项目名称	技术参数规格型号	计量单位	数量
5	APS-B 眼底彩色照相	1. 眼底照相机主机光学系统： 1.1 视场角度：≥45°； 1.2 工作距离：≥42mm； 2. 图像采集系统： 2.1 数码采集形式：外置单反相机； 2.2 采集像素：≥2400 万像素； 2.3 图像传输连接方式：USB 连接传输	台	8
6	普通型骨密度仪	1. 测量方式：全干式、双向超声波发射与接收； 2. 测量部位：脚部跟骨； 3. 安全分类：Ⅰ类 BF 型； 4. 超声波参数：UBA（多频率超声衰减），SOS（超声速率），OI（骨质疏松指数）； 5. 测量参数：BUA（超声衰减），SOS（超声速率），BQI（骨质指数），*T* 值，*Z* 值，*T* 值变化率，*Z* 值变化率； 6. 测量精度：BUA（超声衰减）：1.5%，BQI（骨质指数）：1.5%	台	10
7	钼钯机（乳腺 X 线机）	高频高压发生器： 1. 工作方式：高频高压； 2. 工作频率：≤40kHz； 3. 装配方式：一体式高压发生器； 4. 管电压：22~35kV； 5. 最大管电流：80mA（大焦点），320mAs，20mA（小焦点），120mAs	台	8
	合计			

（六）发包范围

1. 勘察设计内容及范围界面

（1）勘察内容包括详细勘察和施工勘察，提交符合勘察规范的勘察文件。

（2）设计内容包括施工图设计和专项设计等全部内容，提交符合设计规范和设计深度规定的设计文件并取得相关部门的审批。

2. 施工内容及范围界面

（1）承包人通过踏勘现场自行决定临时工程的修建，负责施工现场通水、通电、通信及排水等工作。

（2）施工内容包括竖向土石方、土建工程、装饰工程、机电安装工程、总图工程、专项工程，范围界面与设计范围一致。

（3）外部配套：市政供水——从就近市政给水管网引入；市政供电——分别从配电站A（2km）、配电站B（3km）新建通道引入；供气——从就近市政气源管引入，设置一座调压站。

3. 技术服务内容及范围界面

（1）采用新材料、新技术、新工艺、新设备等的研究试验由承包人负责。

（2）除建安工程费用的检测费之外的检验检测费由发包人负责。若经检验检测的项目未达到本项目合同约定的标准、国家强制性标准的，检验检测费由承包人承担。

4. 代办服务内容及范围界面

在项目建设期内代办工程报建报批以及与建设、供电、规划、消防、水务、城管等部门相关的技术与审批工作等由承包人负责。

5. 采购内容及范围界面

（1）本项目范围内需要的原材料、构配件、设备等由承包人负责采购。

（2）需要定制的材料、构配件、非标准设备的设计、加工由承包人负责。

（七）合同价款结算与支付

1. 预付款

（1）预付款支付比例：按签约合同价的30%。

（2）预付款支付时间：发包人在收到支付申请的7天内进行核实，并在核实后的7天内向承包人支付预付款。

（3）预付款支付担保：承包人在发包人支付预付款7天前提供银行保函。

（4）预付款的扣回：工程预付款从应支付给承包人的进度款中扣回（按每次应支付给承包人的进度款的60%进行扣回），直到扣回的金额达到发包人支付的预付款金额为止。

2. 进度款

（1）进度款支付方式：按“合同价款支付分解表”完成的里程碑节点支付，支付分解表见表B-13~表B-15。

（2）进度款支付比例：按签约合同价的85%。

表B-13 建筑工程费支付分解表

工程名称：某医院建设工程项目

序号	项目名称	支付					
		里程碑节点	金额占比（%）	里程碑节点	金额占比（%）	里程碑节点	金额占比（%）
	竖向土石方工程						
A0010	竖向土石方工程	竖向土石方完成	8.51				

表B-13(续)

序号	项目名称	支付					
		里程碑节点	金额占比（%）	里程碑节点	金额占比（%）	里程碑节点	金额占比（%）
	地下室工程						
A6121	地下部分土建工程	基坑完成	3.45	地下室主体结构至正负零	20.02		
A6132	地下部分室内装饰工程	室内装饰工程完成	4.14				
A6140	地下部分机电安装工程	主体结构完成	1.45	管道、桥架安装完成	10.67	设备安装完成	5.69
A6160	地下部分专项工程	专项工程完成	0.91				
	住院楼工程						
A6023	地上部分土建工程（不带基础）	地上主体结构完成50%	4.42	地上主体结构封顶	4.42		
A6033	地上部分室内装饰工程	精装修完成1~7F	3.25	精装修完成8~14F	3.25	精装修完成	1.86
A6031	建筑外立面装饰工程	外立面完成50%	2.55	外立面完成	2.55		
A6040	机电安装工程	主体结构完成	1.08	管道、桥架安装完成	8.13	设备安装完成	4.33
A6060	地上部分专项工程	专项工程完成	1.01				
A0050	总图工程	总图完成	5.63				

表B-13(续)

序号	项目名称	支付					
		里程碑节点	金额占比（%）	里程碑节点	金额占比（%）	里程碑节点	金额占比（%）
A0070	外部配套工程	完成	2.68				
	合计						

注：金额占比（%）指里程碑节点应支付金额占建筑工程费合同金额的比例。

表 B-14 设备购置费及安装工程费支付分解表

工程名称：某医院建设工程项目

序号	项目名称	支付					
		里程碑节点	金额占比（%）	里程碑节点	金额占比（%）	里程碑节点	金额占比（%）
1	全自动生化分析仪（300测试/h）	排产	2.80	到货	4.70	安装调试	0.47
2	彩色超声	排产	4.60	到货	7.80	安装调试	0.65
	（其他略）						
	合计						

注：金额占比（%）指里程碑节点应支付金额占安装工程费、设备购置费合同金额的比例。

表 B-15 工程总承包其他费支付分解表

工程名称：某医院建设工程项目

序号	项目名称	支付					
		里程碑节点	金额占比（%）	里程碑节点	金额占比（%）	里程碑节点	金额占比（%）
1	勘察费	提交详勘报告	7.06	提供施工勘察报告	0.32		

表B-15（续）

序号	项目名称	支付					
		里程碑节点	金额占比（%）	里程碑节点	金额占比（%）	里程碑节点	金额占比（%）
2	设计费	通过施工图审查	54.07	提交专项设计成果	4.51		
3	工程总承包管理费	施工许可证取得后	4.76	总产值完成50%	4.50	总产值完成100%	4.50
4	研究试验费	提交研究试验成果	0.68				
5	场地准备及临时设施费	场地准备及临时设施搭建完毕	10.81				
6	工程保险费	提供相应发票	6.83				
7	代办服务费	代办工作完成后	1.96				
合计							

注：金额占比（%）指里程碑节点应支付金额占工程总承包其他费对应合同金额的比例。

3. 竣工结算

（1）竣工验收合格后办理竣工结算。

（2）质量缺陷期满后办理最终结清。

（八）工期要求

（1）本项目计划总工期600个日历天。

（2）计划的开工、竣工时间见本项目合同条件。

（3）承包人在投标文件中应列出本项目总进度计划，并附横道图/网络图。对“合同价款支付分解表”（表B-13~表B-15）中的里程碑节点作出确认或修改。

（九）风险提示

（1）本项目采用总价合同。承包人各项目的报价均包括成本和利润，成本中的税金不因国家税率的变化而调整。

承包人应确信合同约定金额的正确性和充分性，应被认为包括承包人按照合同约定为正确施工所需的全部有关事项的费用。除提示由发包人承担的风险并在专用合同条件中约定外，合同价款不予调整。

（2）勘察中除发现古墓、化石、溶洞、暗河外，风险由承包人承担。

（3）项目清单中土石方的土石类别、土与石方的比例、土石方的数量、土石方开挖方法、运输方式、运输距离等均由承包人通过勘察自行确定，自主报价，合同价款不予调整。

（4）除发包人要求、初步设计变更以及合同约定的人工费、主要材料价格调整外，合同价款不作调整。

（5）人工、主要材料价格采用指数法、调整法调整，价格指数权重见表 B-16，投标人可在投标文件对权重表提出修改建议，双方协商后作调整。

表 B-16　价格指数权重表（发包人提出承包人确认）

工程名称：某医院建设工程项目

序号	名称		变值权重 B			基本价格指数		现行价格指数	
			代号	建议	确认	代号	指数	代号	指数
1	变值部分	人工费	B_1	0.20	0.20	F_{01}	10.12%	F_{t1}	
2		钢材	B_2	0.13	0.13	F_{02}	4 500	F_{t2}	
3		混凝土	B_3	0.11	0.11	F_{03}	540	F_{t3}	
4		铝材	B_4	0.01	0.01	F_{04}	18 500	F_{t4}	
5		铜材	B_5	0.01	0.01	F_{05}	65 000	F_{t5}	
定值部分权重 A			0.54			—	—	—	—
合计			1			—		—	

注：1.“名称”“基本价格指数”栏由发包人填写，没有“价格指数”时，可采用价格计算。

2.“变值权重”由发包人根据该项目人工、主要材料等价值在预估总价中所占的比例提出建议权重填写，由发承包双方在合同签订阶段确认最终权重。1 减去变值权重为定值权重。

3.“现行价格指数”按约定的付款周期最后一天的前 42 天的各项价格指数填写，没有时，可采用价格代替计算。

4. 混凝土的基准价：基准价为××年第××期××市《工程造价信息》上公布的××市 C××普通商品混凝土的相应价格。

5. 钢材的基准价：基准价为××年第××期××市《工程造价信息》上公布的××市××的相应价格。

6. 铝锭的基准价：上海金属网（网址：www. shmet. com）公布的××年××月现货铝锭的交易月均价。

7. 铜材的基准价为××年××月上海金属网（网址：www. shmet. com）公布的铜月平均价格执行。

8. 人工费调整的基期调整系数（即投标截止日前 28 天最新的政策性调整文件人工费调整系数）按××省建设工程造价总站××年××月××日发布的《关于对各市（州）××年〈××省建设工程工程量清单计价定额〉人工费调整的批复》（×××〔202×〕××号）执行。

（6）除上述风险提示外，未尽内容参考《建设项目工程总承包计价规范》T/CCEAS 001—2022 关于 DB 的规定。

二、项目清单

总说明、总费用汇总表、工程费用汇总表、建筑工程费项目清单、设备购置费及安装工程费项目清单、工程总承包其他费项目清单、预备费见表 B-17~表 B-27。

表 B-17　总说明

一、工程概况

详见发包人要求。

二、工程发包范围

详见发包人要求。

三、项目清单编制依据

（1）发包人要求及相关技术标准、初步设计图纸。

（2）《房屋工程总承包工程量计算规范》T/CCEAS 002—2022。

（3）《建设项目工程总承包计价规范》T/CCEAS 001—2022。

（4）现场踏勘情况。

（略）

四、投标报价要求

（1）中标人应按照合同约定的品牌、规格提供材料和设备，并应满足合同约定的质量标准。若需更换时，应报招标人核准；若中标人擅自更换时，中标人应进行改正，并应承担由此造成的返工损失，延误的工期应不予顺延。招标人发现后予以核准时，因更换而导致的费用增加，招标人不应另行支付。因更换而导致的费用减少，招标人应核减相应费用。

（2）价格清单列出的建筑安装工程量仅为估算的数量，不得将其视为要求承包人实施工程的实际或准确的数量。

（3）投标人应依据招标文件、发包人要求、项目清单、补充通知、招标答疑、可行性研究、初步设计文件、本企业积累的同类或类似工程的价格自主确定工程费用和工程总承包其他费用投标报价，但不得低于成本。

（略）

五、其他需要说明的问题

（1）本项目为设计、施工工程总承包（DB），采用可调总价合同。

（略）

表 B-18　总费用汇总表

工程名称：某医院建设工程项目　　　　单位：元

序号	项目名称	金额（元）
1	工程费用	
2	工程总承包其他费	

表B-18(续)

序号	项目名称	金额（元）
3	预备费	88 120 626. 06
	合计	

表 B-19　工程费用汇总表

工程名称：某医院建设工程项目　　　　单位：元

序号	项目名称	建筑工程费	设备购置费	安装工程费	合计
1	竖向土石方工程				
2	地下室工程				
3	住院楼工程				
4	总图工程				
5	外部配套工程				
合计					

表 B-20　建筑工程费项目清单—竖向土石方工程

工程名称：某医院建设工程项目—竖向土石方工程　　　　单位：元

序号	项目编码	项目名称	工程内容	计量单位	数量	单价	合价
1	竖向土石方工程						
1. 1	A001000010101	竖向土石方开挖	包括竖向土石方（含障碍物）开挖、运输、余方处置等全部工程内容	m^3	559 947		
1. 2	A001000010201	竖向土石方回填	包括取土、运输、回填、压实等全部工程内容	m^3	29 441		
2	措施项目						
2. 1	A001000500101	安全文明施工费	包括环境保护费、安全施工费、文明施工费、临时设施费	项	1		
2. 2	A001000500501	其他措施项目	除已在项目清单中列明的其他措施项目	项	1		
	合计						

表 B-21　建筑工程费项目清单—地下室工程

工程名称：某医院建设工程项目—地下室工程　　　　单位：元

序号	项目编码	项目名称	工程内容	计量单位	数量	单价	合价
1	基础土石方工程						
1.1	A612100020201	基础土石方开挖	包括基底钎探、地下室大开挖、基坑、沟槽土石方开挖、运输、余方处置等全部工程内容	m^3	13 382		
1.2	A612100020301	基础土石方回填	包括基坑、沟槽土石方回填、顶板回填、取土、运输等全部工程内容	m^3	347		
2	地基处理、基坑支护及降排水工程						
2.1	A612100030101	地基处理	包括地基强夯、预压、粒料类振冲挤密、换填、抛石挤淤、注浆等处理方式以及余方弃置等全部工程内容	m^2	20 000		
2.2	A612100030201	基坑（边坡）支护	包括用于地下结构施工及基坑周边环境安全的全部支挡、加固及保护措施等全部工程内容	m^2	14 065		
3	地下室防护工程						
3.1	A612100040101	地下室底板防护	包括基层处理（找平）、防水层、保护层、保温、隔热等全部工程内容	m^2	24 708		
3.2	A612100040201	地下室侧墙防护	包括基层处理（找平）、防水层、保护层、保温、隔热等全部工程内容	m^2	9 942		
	（其他略）						
4	砌筑工程						

表B-21(续)

序号	项目编码	项目名称	工程内容	计量单位	数量	单价	合价
4.1	A612100060201	砌筑墙	包括砌体、构造柱、过梁、圈梁、反坎、现浇带、压顶、钢筋、模板及支架（撑）等全部工程内容	m^3	8 846		
5	钢筋混凝土工程						
5.1	A612100070101	现浇钢筋混凝土基础	包括基础混凝土（含后浇带）、钢筋、模板及支架（撑）等全部工程内容	m^3	33 473		
5.2	A612100070201	现浇钢筋混凝土柱	包括混凝土（含后浇带）、钢筋、模板及支架（撑）等全部工程内容	m^3	2 388		
	（其他略）						
6	装配式混凝土工程						
6.1	A612100081301	装配式钢筋混凝土其他构件	包括装配式钢筋混凝土构件、支架（撑）及支架（撑）基础、注浆、接缝等全部工程内容	m^3	22		
7	钢结构工程						
7.1	A612100090301	钢柱	包括成品钢构件、支架（撑）及基础、探伤、防火、防腐、面漆等全部工程内容	t	81		
7.2	A612100090401	钢梁	包括成品钢构件、支架（撑）及基础、探伤、防火、防腐、面漆等全部工程内容	t	12		
	（其他略）						
8	建筑附属构件						
8.1	A612100220501	排水沟	包括基层、结构层、结合层、面层等全部工程内容	m	50		

表B-21(续)

序号	项目编码	项目名称	工程内容	计量单位	数量	单价	合价
9	地下部分室内装饰工程-车库区域（地下车库、非机动车库）						
9.1	A613201140101	地下室-车库区域-固化地坪楼地面	包括面层处理、面层、结合层、基层、防水、保温隔热层、装饰线条等全部工程内容	m²	38 490		
9.2	A613201140201	地下室-车库区域-涂料墙面	包括面层处理、面层、结合层、基层、防水、保温隔热层、装饰线条等全部工程内容	m²	73 131		
	（其他略）						
10	地下部分室内装饰工程-公共及办公区域（其他）						
10.1	A613202140101	地下室-公共及办公区域-橡塑楼地面	包括面层处理、面层、结合层、基层、防水、保温隔热层、装饰线条等全部工程内容	m²	2 341		
10.2	A613202140102	地下室-公共及办公区域-块料楼地面	包括面层处理、面层、结合层、基层、防水、保温隔热层、装饰线条等全部工程内容	m²	1 442		
	（其他略）						
11	给排水工程						
11.1	A614100150101	给水系统	包括设备、管道、支架及其他、管道附件、卫生器具等全部工程内容	m²	49 416		
11.2	A614100150201	污水系统	包括设备、管道、支架及其他、管道附件、卫生器具等全部工程内容	m²	49 416		
	（其他略）						

表B-21(续)

序号	项目编码	项目名称	工程内容	计量单位	数量	单价	合价
12	消防工程						
12.1	A614200160101	消火栓灭火系统	包括设备、管道、支架及其他、管道附件、消防组件等全部工程内容	m^2	49 416		
12.2	A614200160201	水喷淋灭火系统	包括设备、管道、支架及其他、管道附件、消防组件等全部工程内容	m^2	49 416		
	(其他略)						
13	通风与空调工程						
13.1	A614300170101	空调系统	包括设备、管道、支架及其他、管道附件、风管部件等全部工程内容	m^2	49 416		
13.2	A614300170201	通风系统	包括设备、管道、支架及其他、管道附件、风管部件等全部工程内容	m^2	49 416		
	(其他略)						
14	电气工程						
14.1	A614400180101	高低压变配电系统	包括建筑红线内高压进线柜(含)至低压柜(含)之间的高低压配电柜、变压器、柴油发电机组、线缆、金属构件及辅助项目等全部工程内容	kV·A	12 050		
14.2	A614400180201	变配电智能监控系统	包括站控管理层设备、网络通信层设备、现场设备层设备(现场采集设备)以及对应的各层级之间的设备、配电箱柜、线缆、蓄电池、金属构件及辅助项目等全部工程内容	点位	479		
	(其他略)						

表B-21(续)

序号	项目编码	项目名称	工程内容	计量单位	数量	单价	合价
15	建筑智能化工程						
15.1	A614500190201	信息设施系统-电话交换系统	包括设备、线缆、软件、金属构件及辅助项目等全部工程内容	m^2	49 416		
15.2	A614500190301	信息设施系统-信息网络系统	包括设备、线缆、软件、金属构件及辅助项目等全部工程内容	点位	33		
	（其他略）						
16	康体、厨房及其他专项工程						
16.1	A616600470901	机械停车位	包括需要完成机械停车位专项工程的全部工程内容	套	345		
17	措施项目						
17.1	A612100500101	安全文明施工费	包括环境保护费、安全施工费、文明施工费、临时设施费	项	1		
17.2	A612100500201	脚手架工程	包括综合脚手架、满堂基础脚手架、外脚手架等全部脚手架工程	项	1		
	（其他略）						
		合计					

表 B-22　建筑工程费项目清单—住院楼工程

工程名称：某医院建设工程项目—住院楼工程　　　　单位：元

序号	项目编码	项目名称	工程内容	计量单位	数量	单价	合价
1	砌筑工程						
1.1	A602300060201	砌筑墙	包括砌体、构造柱、过梁、圈梁、反坎、现浇带、压顶、钢筋、模板及支架（撑）等全部工程内容	m^3	7 669		

表B-22(续)

序号	项目编码	项目名称	工程内容	计量单位	数量	单价	合价
2	钢筋混凝土工程						
2.1	A602300070201	现浇钢筋混凝土柱	包括混凝土（含后浇带）、钢筋、模板及支架（撑）等全部工程内容	m^3	2 080		
2.2	A602300070301	现浇钢筋混凝土梁	包括混凝土（含后浇带）、钢筋、模板及支架（撑）等全部工程内容	m^3	226		
	（其他略）						
3	钢结构工程						
3.1	A602300090301	钢柱	包括成品钢构件、支架（撑）及基础、探伤、防火、防腐、面漆等全部工程内容	t	27		
3.2	A602300090401	钢梁	包括成品钢构件、支架（撑）及基础、探伤、防火、防腐、面漆等全部工程内容	t	85		
3.3	A602300090701	其他钢构件	包括成品钢构件、支架（撑）及基础、探伤、防火、防腐、面漆等全部工程内容	t	13		
4	屋面工程						
4.1	A602300110401	混凝土板屋面	包括找平、保护层、保温层、隔热层、防水层、密封层、面层（或植被）、细部构造等全部工程内容	m^2	2 293		
5	建筑附属构件						
5.1	A602300120101	散水	包括基层、结构层、结合层、面层等全部工程内容	m^2	201		

表B-22（续）

序号	项目编码	项目名称	工程内容	计量单位	数量	单价	合价
5.2	A602300120201	排水沟、地沟	包括基层、结构层、结合层、面层、面层处理、成品保护	m	83		
	（其他略）						
6	建筑外立面装饰工程						
6.1	A603100130101	外墙（柱、梁）面饰面	包括基层、结合层、面层、防水、保温隔热层、装饰线条等全部工程内容	m^2	4 311		
6.2	A603100130201	玻璃幕墙	包括基层、结合层、面层、防水、保温隔热层、防火、装饰线条等全部工程内容	m^2	8 608		
	（其他略）						
7	地上部分室内装饰工程-公共区域（大厅、电梯厅、公共走廊、等待区、楼梯间、卫生间）						
7.1	A603301140101	地上-公共区域-橡塑楼地面	包括面层处理、面层、结合层、基层、防水、保温隔热层、装饰线条等全部工程内容	m^2	11 805		
7.2	A603301140102	地上-公共区域-块料楼地面	包括面层处理、面层、结合层、基层、防水、保温隔热层、装饰线条等全部工程内容	m^2	1 620		
	（其他略）						
8	地上部分室内装饰工程-病房区域（病房、卫生间等）						
8.1	A603302140101	地上-病房区域-橡塑楼地面	包括面层处理、面层、结合层、基层、防水、保温隔热层、装饰线条等全部工程内容	m^2	11 732		

表B-22(续)

序号	项目编码	项目名称	工程内容	计量单位	数量	单价	合价
8.2	A603302140102	地上-病房区域-块料楼地面	包括面层处理、面层、结合层、基层、防水、保温隔热层、装饰线条等全部工程内容	m^2	2 197		
	（其他略）						
9	地上部分室内装饰工程-医护通道及办公区域（治疗、办公、辅助用房、机房、卫生间等）						
9.1	A603303140101	地上-医护通道及办公区域-橡塑楼地面	包括面层处理、面层、结合层、基层、防水、保温隔热层、装饰线条等全部工程内容	m^2	3 894		
9.2	A603303140102	地上-医护通道及办公区域-块料楼地面	包括面层处理、面层、结合层、基层、防水、保温隔热层、装饰线条等全部工程内容	m^2	337		
	（其他略）						
10	给排水工程						
10.1	A604100150101	给水系统	包括设备、管道、支架及其他、管道附件、卫生器具等全部工程内容	m^2	39 427		
10.2	A604100150601	供热系统	包括设备、管道、支架及其他、管道附件、卫生器具等全部工程内容	m^2	39 427		
	（其他略）						

表B-22（续）

序号	项目编码	项目名称	工程内容	计量单位	数量	单价	合价
11	消防工程						
11.1	A604200160101	消火栓灭火系统	包括设备、管道、支架及其他、管道附件、消防组件等全部工程内容	m^2	39 427		
11.2	A604200160201	水喷淋灭火系统	包括设备、管道、支架及其他、管道附件、消防组件等全部工程内容	m^2	39 427		
	（其他略）						
12	通风与空调工程						
12.1	A604300170101	空调系统	包括设备、管道、支架及其他、管道附件、风管部件等全部工程内容	m^2	39 427		
12.2	A604300170301	防排烟系统	包括设备、管道、支架及其他、管道附件、风管部件等全部工程内容	m^2	39 427		
13	电气工程						
13.1	A604400180101	高低压变配电系统	包括建筑红线内高压进线柜（含）至低压柜（含）之间的高低压配电柜、变压器、柴油发电机组、线缆、金属构件及辅助项目等全部工程内容	m^2	39 427		
13.2	A604400180501	照明配电系统	包括低压柜出线端至末端照明设备之间的配电箱柜、线缆、用电器具、金属构件及辅助项目等全部工程内容	m^2	39 427		
	（其他略）						

表B-22(续)

序号	项目编码	项目名称	工程内容	计量单位	数量	单价	合价
14	建筑智能化工程						
14.1	A604500190401	综合布线系统	包括设备、线缆、软件、金属构件及辅助项目等全部工程内容	m^2	39 427		
14.2	A604500190301	信息设施系统-信息网络系统	包括设备、线缆、软件、金属构件及辅助项目等全部工程内容	m^2	39 427		
		(其他略)					
15		电梯工程					
15.1	A604600200101	直梯	包括电梯设备、设备配套控制箱至电梯的箱柜、线缆、金属构件及辅助项目等全部工程内容	部	12		
16		医疗气体					
16.1	A606100280101	氧气供应系统	包括系统气源发生(储存)设备至终端点位的设备、管道、支架及其他、线缆、金属构件及辅助项目等全部工程内容	点位	853		
16.2	A606100280201	压缩空气供应系统	包括系统气源发生(储存)设备至终端点位的设备、管道、支架及其他、线缆、金属构件及辅助项目等全部工程内容	点位	159		
		(其他略)					
17		措施项目					
17.1	A602300500101	安全文明施工费	包括环境保护费、安全施工费、文明施工费、临时设施费等全部工程内容	项	1		

表B-22(续)

序号	项目编码	项目名称	工程内容	计量单位	数量	单价	合价
17. 2	A602300500201	脚手架工程	包括综合脚手架、满堂基础脚手架、外脚手架等全部脚手架工程等全部工程内容	项	1		
	(其他略)						
		合计					

表 B-23　建筑工程费项目清单—总图工程

工程名称：某医院建设工程项目—总图工程　　　　单位：元

序号	项目编码	项目名称	工程内容	计量单位	数量	单价	合价
1	绿化工程						
1. 1	A005100210101	绿地整理	包括场地清理、种植土回填、整理绿化用地、绿地起坡造型、顶板基底处理等全部工程内容	m^2	31 278		
1. 2	A005100210201	栽(移)植花木植被	包括种植穴开挖、种植土回（换）填、起挖、运输、栽植、支撑、成活及养护、栽植容器安装等全部工程内容	m^2	31 278		
2	园路园桥						
2. 1	A005200220101	沥青混凝土道路	包括基层、结合层、面层、路牙、树池围牙及盖板、龙骨、栏杆、钢筋、路基、路床整理等全部工程内容	m^2	7 006		

表B-23(续)

序号	项目编码	项目名称	工程内容	计量单位	数量	单价	合价
2.2	A005200220102	植草砖铺装	包括基层、结合层、面层、路牙、树池围牙及盖板、龙骨、栏杆、钢筋、路基、路床整理等全部工程内容	m^2	2 539		
2.3	A005200220103	花岗岩铺装	包括基层、结合层、面层、路牙、树池围牙及盖板、龙骨、栏杆、钢筋、路基、路床整理等全部工程内容	m^2	6 062		
3	景观及小品						
3.1	A005400230701	园林桌椅	包括基础、结构、预埋件、模板、饰面等全部工程内容	个	8		
4	总图安装						
4.1	A005500240101	总图给排水工程	包括设备、管网、支架及其他、管道附件等全部工程内容	m^2	46 885		
4.2	A005500240201	总图电气工程	包括设备、配电箱柜、线缆、用电器具、金属构件及辅助项目等全部工程内容	m^2	46 885		
4.3	A005500240301	总图消防工程	包括设备、管网、支架及其他、管道附件等全部工程内容	m^2	46 885		
5	总图其他工程						
5.1	A005600250201	大门	包括大门、基础、模板等全部工程内容	m^2	1 092		
5.2	A005600250301	标识标牌	包括标识标牌、基础、模板等全部工程内容	块	414		
	(其他略)						

表B-23(续)

序号	项目编码	项目名称	工程内容	计量单位	数量	单价	合价
6	措施项目						
6.1	A005000500101	安全文明施工费	包括环境保护费、安全施工费、文明施工费、临时设施费	项	1		
6.2	A005000500201	脚手架工程	包括综合脚手架、满堂基础脚手架、外脚手架等全部脚手架工程	项	1		
	(其他略)						
合计							

表 B-24　建筑工程费项目清单—外部配套工程

工程名称：某医院建设工程项目—外部配套工程　　　　单位：元

序号	项目编码	项目名称	工程内容	计量单位	数量	单价	合价
1	A007200490201	市政供水引入工程	包括从市政接驳口至红线内水表总表之间的设备、管网、支架及其他、管道附件等全部工程内容	点位	1		
2	A007300490301	市政供电引入工程	包括从市政环网柜至红线内高压开关柜进线端之间的设备、配电箱柜、线缆、金属构件及辅助项目等全部工程内容	m	5 000		
3	A007200490401	市政燃气引入工程	包括从市政气源管至末端用气点位的设备、管网、支架及其他、管道附件等全部工程内容	点位	1		
合计							

表 B-25 设备购置费及安装工程费项目清单

工程名称：某医院建设工程项目—住院楼工程 单位：元

序号	项目名称	技术参数 规格型号	计量单位	数量	设备购置费		安装工程费	
					单价	合价	单价	合价
1	全自动生化分析仪（300测试/h）	1. 试速度≥300测试/h（不含电解质）； 2. 分析主机：全自动任选分立式； 3. 试剂位：≥40个独立试剂位（可24h不间断冷藏）； 4. 样本位：≥40个位置，可放置多种规格的原始采血管、离心管及样本杯	台	4				
2	彩色超声	1. ≥15寸LCD高清背光显示屏，带防眩光功能，分辨率≥1 024×768； 2. 重量≤7kg； 3. 内置电池支持连续工作≥1h； 4. 冷启动时间：≤40s； 5. 系统平台：Windows 7	台	8				
3	程控500mA遥控诊断X射线机	1. 双床双管，一体化电视遥控； 2. 整机采用计算机程序控制，具备故障自诊断功能及人体器官摄影程序选择功能（APR）； 3. 透视：0.5~5mA，最高透视kV≥110kVp，5min透视限时功能； 4. 摄影：32~500mA，最高摄影kV≥125kVp，曝光时间0.02~5s	台	6				

表B-25（续）

序号	项目名称	技术参数 规格型号	计量单位	数量	设备购置费		安装工程费	
					单价	合价	单价	合价
4	高频 50kW 摄影系统（配立式架）	1. 功能：单床单管、微机控制高频 X 射线机组，适用于各级医院和科研单位作 X 射线、滤线器摄影、胸片摄影； 2. 电源： 2.1 电压：380V±10%； 2.2 频率：50Hz； 2.3 HF550-50 高频高压发生装置，功率 50kW； 3. 摄影： 3.1 管电流：10～630mA 分挡可调； 3.2 管电压：40～150kV 步进 1kV； 3.3 曝光时间：0.001～6.3s； 3.4 电流时间积：0.5～630mAs	台	12				
5	APS-B 眼底彩色照相	1. 眼底照相机主机光学系统： 1.1 视场角度：≥45°； 1.2 工作距离：≥42mm； 2. 图像采集系统： 2.1 数码采集形式：外置单反相机； 2.2 采集像素：≥2 400 万像素； 2.3 图像传输连接方式：USB 连接传输	台	8				
6	普通型骨密度仪	1. 测量方式：全干式、双向超声波发射与接收； 2. 测量部位：脚部跟骨；	台	10				

表B-25(续)

序号	项目名称	技术参数 规格型号	计量单位	数量	设备购置费		安装工程费	
					单价	合价	单价	合价
6	普通型骨密度仪	3. 安全分类：I类BF型； 4. 超声波参数：UBA（多频率超声衰减），SOS（超声速率），OI（骨质疏松指数）； 5. 测量参数：BUA（超声衰减），SOS（超声速率），BQI（骨质指数），*T*值，*Z*值，*T*值变化率，*Z*值变化率； 6. 测量精度：BUA（超声衰减）：1.5%，BQI（骨质指数）：1.5%	台	10				
7	钼钯机（乳腺X线机）	高频高压发生器： 1. 工作方式：高频高压； 2. 工作频率：≤40kHz； 3. 装配方式：一体式高压发生器； 4. 管电压：22~35kV； 5. 最大管电流：80mA（大焦点），320mAs，20mA（小焦点），120mAs	台	8				
	合计							

表B-26 工程总承包其他费项目清单

工程名称：某医院建设工程项目　　　　单位：元

序号	项目名称	金额	备注
1	勘察费		
1.1	详细勘察费		
1.2	施工勘察费		
2	设计费		
2.1	施工图设计费		
2.2	专项设计费		

表B-26(续)

序号	项目名称	金额	备注
3	工程总承包管理费		
4	研究试验费		
5	场地准备及临时设施费		
6	工程保险费		
7	其他专项费		
8	代办服务费		
	合计		

注：承包人认为需要增加的有关项目，在“其他专项费”下面列明该项目的名称及金额。

表 B-27　预备费

工程名称：某医院建设工程项目　　单位：元

序号	项目名称	金额	备注
1	基本预备费	27 891 661.75	
2	涨价预备费	60 228 964.31	
	合计		88 120 626.06

注：发包人应将预备费列入项目清单中，投标人应将上述预备费计入投标总价中。

三、标底/最高投标限价

总说明、标底/最高投标限价汇总表、工程费用汇总表、建筑工程费、设备购置费及安装工程费、工程总承包其他费、预备费见表 B-28~表 B-38。

表 B-28　总说明

一、工程概况

详见发包人要求。

二、工程发包范围

详见发包人要求。

三、标底/最高投标限价编制依据

(1) 发包人要求及相关技术标准、初步设计图纸。

(2)《房屋工程总承包工程量计算规范》T/CCEAS 002—2022。

(3)《建设项目工程总承包计价规范》T/CCEAS 001—2022。

(4) 现场踏勘情况。

(5) 初步设计概算。

(6) 经批复的初步设计概算。

(略)

四、标底/最高投标限价编制

(1) 建筑工程费按本项目初步设计概算建筑工程费进行计列。

(2) 勘察费按本项目初步设计概算勘察费扣除可行性勘察和初步勘察费后计列。

表 B-28(续)

(3) 设计费按本项目初步设计概算设计费扣除方案设计和初步设计费后计列。 (4) 工程保险费根据初步设计概算中工程保险费计入。 (5) 场地准备及临时设施费根据初步设计概算中场地准备及临时设施费计入。 (6) 工程总承包管理费根据初步设计概算中建设单位管理费的70%计入。 (7) 代办服务费根据初步设计概算建设单位管理费的10%计入。 (8) 研究试验费根据初步设计概算中研究试验费计入。 (9) 本项目临时用地及占道使用补偿费、系统集成费、其他专项费。 (10) 预备费按本项目初步设计概算预备费中的基本预备费、涨价预备费计列。 五、其他需要说明的问题 (1) 本项目为设计、施工工程总承包(DB),采用可调总价合同。 (略)

表 B-29 标底/最高投标限价汇总表

工程名称:某医院建设工程项目　　　　单位:元

序号	项目名称	金额
1	工程费用	528 510 619.92
2	工程总承包其他费	29 322 615.15
3	预备费	88 120 626.06
	合计	645 953 861.13

表 B-30 工程费用汇总表

工程名称:某医院建设工程项目　　　　单位:元

序号	项目名称	建筑工程费	设备购置费	安装工程费	合计
1	竖向土石方工程	43 548 432.14			43 548 432.14
2	地下室工程	236 877 639.45			236 877 639.45
3	住院楼工程	188 556 178.18	14 200 000.00	2 840 000.00	205 596 178.18
4	总图工程	28 788 370.15			28 788 370.15
5	外部配套工程	13 700 000.00			13 700 000.00
合计		511 470 619.92	14 200 000.00	2 840 000.00	528 510 619.92

表 B-31 建筑工程费—竖向土石方工程

工程名称:某医院建设工程项目—竖向土石方工程　　　　单位:元

序号	项目编码	项目名称	计量单位	数量	单价	合价
1	竖向土石方工程					40 013 681.03

表B-31（续）

序号	项目编码	项目名称	计量单位	数量	单价	合价
1.1	A001000010101	竖向土石方开挖	m^3	559 947	70.71	39 593 852.37
1.2	A001000010201	竖向土石方回填	m^3	29 441	14.26	419 828.66
2	措施项目					3 534 751.11
2.1	A001000500101	安全文明施工费	项	1	2 972 342.33	2 972 342.33
2.2	A001000500501	其他措施项目	项	1	562 408.78	562 408.78
	合计					43 548 432.14

表B-32 建筑工程费—地下室工程

工程名称：某医院建设工程项目—地下室工程　　单位：元

序号	项目编码	项目名称	计量单位	数量	单价	合价
1	基础土石方工程					1 008 002.13
1.1	A612100020201	基础土石方开挖	m^3	13 382	69.25	926 703.50
1.2	A612100020301	基础土石方回填	m^3	347	234.29	81 298.63
2	地基处理、基坑支护及降排水工程					16 639 588.10
2.1	A612100030101	地基处理	m^2	20 000	316.68	6 333 600.00
2.2	A612100030201	基坑（边坡）支护	m^2	14 065	732.74	10 305 988.10
3	地下室防护工程					13 758 301.56
3.1	A612100040101	地下室底板防护	m^2	24 708	274.10	6 772 462.80
3.2	A612100040201	地下室侧墙防护	m^2	9 942	122.66	1 219 485.72
3.3	A612100040301	地下室顶板防护	m^2	24 708	233.38	5 766 353.04
4	砌筑工程					4 691 564.56
4.1	A612100060201	砌筑墙	m^3	8 846	530.36	4 691 564.56
5	钢筋混凝土工程					70 619 295.09
5.1	A612100070101	现浇钢筋混凝土基础	m^3	33 473	1 095.03	36 653 939.19

表B-32(续)

序号	项目编码	项目名称	计量单位	数量	单价	合价
5.2	A612100070201	现浇钢筋混凝土柱	m^3	2 388	1 189.79	2 841 218.52
5.3	A612101070401	现浇钢筋混凝土板	m^3	65	462.57	30 067.05
5.4	A612100070501	现浇钢筋混凝土有梁板	m^3	15 775	1 330.79	20 993 212.25
5.5	A612100070601	现浇钢筋混凝土墙	m^3	7 172	1 272.20	9 124 218.40
5.6	A612100070701	现浇钢筋混凝土楼梯	m^2	2 592	376.79	976 639.68
6	装配式混凝土工程					151 710.90
6.1	A612100081301	装配式钢筋混凝土其他构件	m^3	22	6 895.95	151 710.90
7	钢结构工程					1 232 097.01
7.1	A612100090301	钢柱	t	81	11 134.21	901 871.01
7.2	A612100090401	钢梁	t	12	8 563.23	102 758.76
7.3	A612100090701	其他钢构件	t	161	1 412.84	227 467.24
8	建筑附属构件					6 562.50
8.1	A612100220501	排水沟	m	50	131.25	6 562.50
9	地下部分室内装饰工程-车库区域（地下车库、非机动车库）					10 945 709.22
9.1	A613201140101	地下室-车库区域-固化地坪楼地面	m^2	38 490	108.73	4 185 017.70
9.2	A613201140201	地下室-车库区域-涂料墙面	m^2	73 131	59.22	4 330 817.82
9.3	A613201140401	地下室-车库区域-涂料天棚	m^2	38 490	63.13	2 429 873.70
10	地下部分室内装饰工程-公共及办公区域（其他）					8 459 091.11
10.1	A613202140101	地下室-公共及办公区域-橡塑楼地面	m^2	2 341	388.05	908 425.05

表B-32(续)

序号	项目编码	项目名称	计量单位	数量	单价	合价
10.2	A613202140102	地下室-公共及办公区域-块料楼地面	m^2	1 442	288.80	416 449.60
10.3	A613202140103	地下室-公共及办公区域-木地板楼地面	m^2	153	444.80	68 054.40
10.4	A613202140104	地下室-公共及办公区域-耐磨楼地面	m^2	5 441	139.28	757 822.48
10.5	A613202140201	地下室-公共及办公区域-石材墙面	m^2	89	1 108.09	98 620.01
10.6	A613202140202	地下室-公共及办公区域-块料墙面	m^2	1 629	381.71	621 805.59
10.7	A613202140203	地下室-公共及办公区域-涂料墙面	m^2	12 196	71.75	875 063.00
10.8	A613202140204	地下室-公共及办公区域-装饰板墙面	m^2	3 901	236.96	924 380.96
10.9	A613202140401	地下室-公共及办公区域-吊顶天棚	m^2	3 511	216.62	760 552.82
10.10	A613202140402	地下室-公共及办公区域-涂料天棚	m^2	5 866	68.33	400 823.78
10.11	A613202140501	地下室-公共及办公区域-玻璃门	m^2	47	1 617.37	76 016.39
10.12	A613202140502	地下室-公共及办公区域-装饰门	m^2	987	1 723.83	1 701 420.21
10.13	A613202140503	地下室-公共及办公区域-防火门	m^2	1 083	784.54	849 656.82
11	给排水工程					8 331 537.60
11.1	A614100150101	给水系统	m^2	49 416	95.41	4 714 780.56
11.2	A614100150201	污水系统	m^2	49 416	25.87	1 278 391.92
11.3	A614100150301	废水系统	m^2	49 416	4.91	242 632.56
11.4	A614100150401	雨水系统	m^2	49 416	4.91	242 632.56
11.5	A614100150601	供热系统	m^2	49 416	37.50	1 853 100.00

表B-32(续)

序号	项目编码	项目名称	计量单位	数量	单价	合价
12	消防工程					5 604 152.97
12.1	A614200160101	消火栓灭火系统	m²	49 416	28.25	1 396 002.00
12.2	A614200160201	水喷淋灭火系统	m²	49 416	34.17	1 688 544.72
12.3	A614200160501	气体灭火系统	m²	1 089	268.98	292 919.22
12.4	A614200160701	火灾自动报警系统	m²	49 416	39.77	1 965 274.32
12.5	A614200160801	消防应急广播系统	m²	49 416	1.93	95 372.88
12.6	A614200160901	防火门监控系统	m²	49 416	1.29	63 746.64
12.7	A614200161001	电气火灾监控系统	m²	49 417	2.07	102 293.19
13	通风与空调工程					30 719 456.40
13.1	A614300170101	空调系统	m²	49 416	416.05	20 559 526.80
13.2	A614300170201	通风系统	m²	49 416	44.85	2 216 307.60
13.3	A614300170301	防排烟系统	m²	49 416	72.89	3 601 932.24
13.4	A614300170501	冷却循环水系统	m²	49 416	87.86	4 341 689.76
14	电气工程					36 437 045.41
14.1	A614400180101	高低压变配电系统	kV·A	12 050	1 731.64	20 866 262.00
14.2	A614400180201	变配电智能监控系统	点位	479	2 741.71	1 313 279.09
14.3	A614400180301	动力配电系统	m²	49 416	201.03	9 934 098.48
14.4	A614400180501	照明配电系统	m²	49 416	83.08	4 105 481.28
14.5	A614400180601	防雷接地系统	m²	49 416	4.41	217 924.56
15	建筑智能化工程					2 156 926.72
15.1	A614500190201	信息设施系统-电话交换系统	m²	49 416	0.31	15 318.96
15.2	A614500190301	信息设施系统-信息网络系统	点位	33	6 342.45	209 300.85

表B-32(续)

序号	项目编码	项目名称	计量单位	数量	单价	合价
15.3	A614500190401	综合布线系统	m^2	49 416	3.85	190 251.60
15.4	A614500190801	卫星电视接收系统	频道	10	120.49	1 204.90
15.5	A614500191401	时钟系统	台	1	7 694.72	7 694.72
15.6	A614500192901	入侵报警系统	m^2	49 416	0.23	11 365.68
15.7	A614500193001	视频安防监控系统	点位	97	5 404.82	524 267.54
15.8	A614500193101	出入口控制系统	m^2	49 416	4.73	233 737.68
15.9	A614500193501	机房环境监控系统	系统	1	963 784.79	963 784.79
16	康体、厨房及其他专项工程					4 274 550.00
16.1	A616600470901	机械停车位	套	345	12 390.00	4 274 550.00
17	措施项目					21 842 048.17
17.1	A612100500101	安全文明施工费	项	1	16 389 839.75	16 389 839.75
17.2	A612100500201	脚手架工程	项	1	937 629.10	937 629.10
17.3	A612100500301	垂直运输	项	1	846 991.05	846 991.05
17.4	A612100500501	其他措施项目	项	1	3 667 588.27	3 667 588.27
		合计				236 877 639.45

表B-33　建筑工程费—住院楼工程

工程名称：某医院建设工程项目—住院楼工程　　单位：元

序号	项目编码	项目名称	计量单位	数量	单价	合价
1	砌筑工程					6 349 625.24
1.1	A602300060201	砌筑墙	m^3	7 669	827.96	6 349 625.24
2	钢筋混凝土工程					24 108 360.54
2.1	A602300070201	现浇钢筋混凝土柱	m^3	2 080	1 800.48	3 744 998.40
2.2	A602300070301	现浇钢筋混凝土梁	m^3	226	2 111.38	477 171.88
2.3	A602300070601	现浇钢筋混凝土墙	m^3	2 718	1 895.93	5 153 137.74
2.4	A602300070501	现浇钢筋混凝土有梁板	m^3	7 074	2 035.36	14 398 136.64
2.5	A602300070701	现浇钢筋混凝土楼梯	m^2	1 066	314.18	334 915.88

表B-33(续)

序号	项目编码	项目名称	计量单位	数量	单价	合价
3	钢结构工程					1 273 587.13
3.1	A602300090301	钢柱	t	27	10 095.34	272 574.18
3.2	A602300090401	钢梁	t	85	9 396.17	798 674.45
3.3	A602300090701	其他钢构件	t	13	15 564.50	202 338.50
4	屋面工程					745 247.93
4.1	A602300110401	混凝土板屋面	m²	2 293	325.01	745 247.93
5	建筑附属构件					148 271.98
5.1	A602300120101	散水	m²	201	77.30	15 537.30
5.2	A602300120201	排水沟、地沟	m	83	372.20	30 892.60
5.3	A602300120301	台阶	m²	291	343.80	100 045.80
5.4	A602300120401	坡道	m²	6	299.38	1 796.28
6	建筑外立面装饰工程					25 096 938.71
6.1	A603100130101	外墙（柱、梁）面饰面	m²	4 311	87.55	377 428.05
6.2	A603100130201	玻璃幕墙	m²	8 608	967.68	8 329 789.44
6.3	A603100130202	陶土板幕墙	m²	6 613	1 483.54	9 810 650.02
6.4	A603100130203	铝板幕墙	m²	2 823	1 059.49	2 990 940.27
6.5	A603100130301	外墙门	m²	93	1 748.64	162 623.52
6.6	A603100130401	外墙窗	m²	2 184	1 164.52	2 543 311.68
6.7	A603100130501	其他外墙装饰	m²	767	1 150.19	882 195.73
7	地上部分室内装饰工程-公共区域（大厅、电梯厅、公共走廊、等待区、楼梯间、卫生间）					19 892 948.80
7.1	A603301140101	地上-公共区域-橡塑楼地面	m²	11 805	556.06	6 564 288.30
7.2	A603301140102	地上-公共区域-块料楼地面	m²	1 620	316.30	512 406.00
7.3	A603301140201	地上-公共区域-石材墙面	m²	143	1 199.48	171 525.64

表B-33(续)

序号	项目编码	项目名称	计量单位	数量	单价	合价
7.4	A603301140202	地上-公共区域-块料墙面	m^2	2 121	407.23	863 734.83
7.5	A603301140203	地上-公共区域-涂料墙面	m^2	25 112	77.67	1 950 449.04
7.6	A603301140204	地上-公共区域-砂浆墙面	m^2	7 624	30.07	229 253.68
7.7	A603301140301	地上-公共区域-玻璃隔断	m^2	654	539.64	352 924.56
7.8	A603301140401	地上-公共区域-吊顶天棚	m^2	12 427	317.56	3 946 318.12
7.9	A603301140402	地上-公共区域-涂料天棚	m^2	1 098	40.88	44 886.24
7.10	A603301140501	地上-公共区域-玻璃门	m^2	41	1 617.37	66 312.17
7.11	A603301140502	地上-公共区域-防火门	m^2	939	850.24	798 375.36
7.12	A603301140701	地上-公共区域-其他室内装饰（防撞带）	m	8 850	244.05	2 159 842.50
7.13	A603301140702	地上-公共区域-其他室内装饰（栏杆、栏板）	m	1 435	982.80	1 410 318.00
7.14	A603301140703	地上-公共区域-其他室内装饰（卫生间柜体）	个	15	2 851.80	42 777.00
7.15	A603301140704	地上-公共区域-其他室内装饰（服务台、导诊台、护士台）	个	18	36 750.00	661 500.00
7.16	A603301140705	地上-公共区域-其他室内装饰（其他）	m^2	15 211	7.76	118 037.36

表B-33(续)

序号	项目编码	项目名称	计量单位	数量	单价	合价
8	地上部分室内装饰工程-病房区域（病房、卫生间等）					15 368 314. 99
8. 1	A603302140101	地上-病房区域-橡塑楼地面	m^2	11 732	425. 78	4 995 250. 96
8. 2	A603302140102	地上-病房区域-块料楼地面	m^2	2 197	325. 35	714 793. 95
8. 3	A603302140201	地上-病房区域-块料墙面	m^2	4 462	440. 81	1 966 894. 22
8. 4	A603302140202	地上-病房区域-涂料墙面	m^2	14 113	71. 75	1 012 607. 75
8. 5	A603302140401	地上-病房区域-吊顶天棚	m^2	13 929	164. 18	2 286 863. 22
8. 6	A603302140501	地上-病房区域-装饰门	m^2	1 700	1592. 47	2 707 199. 00
8. 7	A603302140701	地上-病房区域-其他室内装饰（残疾人扶手）	套	336	206. 75	69 468. 00
8. 8	A603302140702	地上-病房区域-其他室内装饰（隔帘轨道、输液天轨）	m	1 516	209. 52	317 632. 32
8. 9	A603302140703	地上-病房区域-其他室内装饰（病房衣柜）	m^2	1 437	850. 76	1 222 542. 12
8. 10	A603302140704	地上-病房区域-其他室内装饰（其他）	m^2	15 477	4. 85	75 063. 45
9	地上部分室内装饰工程-医护通道及办公区域（治疗、办公、辅助用房、机房、卫生间等）					5 887 555. 28
9. 1	A603303140101	地上-医护通道及办公区域-橡塑楼地面	m^2	3 894	425. 78	1 657 987. 32
9. 2	A603303140102	地上-医护通道及办公区域-块料楼地面	m^2	337	325. 35	109 642. 95

表B-33(续)

序号	项目编码	项目名称	计量单位	数量	单价	合价
9.3	A603303140103	地上-医护通道及办公区域-耐磨地坪	m^2	756	46.82	35 395.92
9.4	A603303140104	地上-医护通道及办公区域-木地板楼地面	m^2	82	444.80	36 473.60
9.5	A603303140201	地上-医护通道及办公区域-块料墙面	m^2	868	440.81	382 623.08
9.6	A603303140202	地上-医护通道及办公区域-涂料墙面	m^2	11 047	71.75	792 622.25
9.7	A603303140203	地上-医护通道及办公区域-装饰板墙面	m^2	1 659	236.96	393 116.64
9.8	A603303140204	地上-医护通道及办公区域-砂浆墙面	m^2	14 159	30.07	425 761.13
9.9	A603303140401	地上-医护通道及办公区域-吊顶天棚	m^2	4 311	170.68	735 801.48
9.10	A603303140402	地上-医护通道及办公区域-涂料天棚	m^2	756	63.13	47 726.28
9.11	A603303140501	地上-医护通道及办公区域-装饰门	m^2	497	1 658.16	824 105.52
9.12	A603303140502	地上-医护通道及办公区域-防火门	m^2	506	785.46	397 442.76
9.13	A603303140701	地上-医护通道及办公区域-其他室内装饰（隔帘、输液天轨）	m	95	226.80	21 546.00
9.14	A603303140702	地上-医护通道及办公区域-其他室内装饰（其他）	m^2	5 631	4.85	27 310.35
10		给排水工程				8 386 122.90
10.1	A604100150101	给水系统	m^2	39 427	147.07	5 798 528.89
10.2	A604100150601	供热系统	m^2	39 427	42.06	1 658 299.62

表B-33(续)

序号	项目编码	项目名称	计量单位	数量	单价	合价
10.3	A604100150201	污水系统	m^2	39 427	16.47	649 362.69
10.4	A604100150301	废水系统	m^2	39 427	3.16	124 589.32
10.5	A604100150401	雨水系统	m^2	39 427	3.94	155 342.38
11	消防工程					3 922 592.23
11.1	A604200160101	消火栓灭火系统	m^2	39 427	14.37	566 565.99
11.2	A604200160201	水喷淋灭火系统	m^2	39 427	33.74	1 330 266.98
11.3	A604200160501	气体灭火系统	m^2	39 427	2.42	95 413.34
11.4	A604200160701	火灾自动报警系统	m^2	39 427	42.29	1 667 367.83
11.5	A604200160801	消防应急广播系统	m^2	39 427	2.57	101 327.39
11.6	A604200160901	防火门监控系统	m^2	39 427	4.10	161 650.70
12	通风与空调工程					14 229 598.57
12.1	A604300170101	空调系统	m^2	39 427	280.73	11 068 341.71
12.2	A604300170301	防排烟系统	m^2	39 427	80.18	3 161 256.86
13	电气工程					14 721 647.53
13.1	A604400180101	高低压变配电系统	m^2	39 427	135.16	5 328 953.32
13.2	A604400180501	照明配电系统	m^2	39 427	191.93	7 567 224.11
13.3	A604400180301	动力配电系统	m^2	39 427	34.21	1 348 797.67
13.4	A604400180601	防雷接地系统	m^2	39 427	8.03	316 598.81
13.5	A604400180701	光彩照明系统	m^2	39 427	4.06	160 073.62
14	建筑智能化工程					19 069 238.49
14.1	A604500190401	综合布线系统	m^2	39 427	142.32	5 611 250.64
14.2	A604500190301	信息设施系统-信息网络系统	m^2	39 427	111.03	4 377 579.81
14.3	A604500190201	信息设施系统-电话交换系统	m^2	39 427	8.67	341 832.09
14.4	A604500193001	视频安防监控系统	m^2	39 427	40.24	1 586 542.48
14.5	A604500191901	智能卡应用系统	m^2	39 427	35.84	1 413 063.68

表B-33（续）

序号	项目编码	项目名称	计量单位	数量	单价	合价
14.6	A604500192901	入侵报警系统	m^2	39 427	4.57	180 181.39
14.7	A604500193501	机房环境监控系统	m^2	200	25.45	5 090.00
14.8	A604500191001	会议系统	系统	1	9.26	9.26
14.9	A604500191401	时钟系统	m^2	39 427	8.08	318 570.16
14.10	A604500192601	设备管理系统-照明控制管理系统	m^2	39 427	10.29	405 703.83
14.11	A604500193301	医用对讲系统	m^2	39 427	58.10	2 290 708.70
14.12	A604500193302	电梯五方对讲系统	点位	12	0.16	1.92
14.13	A604500192501	设备管理系统-电力管理系统	m^2	39 427	32.85	1 295 176.95
14.14	A604500192502	能耗管理与计量系统	m^2	39 427	31.54	1 243 527.58
15	电梯工程					6 267 537.36
15.1	A604600200101	直梯	部	12	522 294.78	6 267 537.36
16	医疗气体					4 977 966.41
16.1	A606100280101	氧气供应系统	点位	853	2 490.05	2 124 012.65
16.2	A606100280201	压缩空气供应系统	点位	159	5 870.14	933 352.26
16.3	A606100280301	中心吸引系统	点位	814	2 301.29	1 873 250.06
16.4	A606100280801	麻醉废气排放系统	套	2	23 675.72	47 351.44
17	措施项目					18 110 624.09
17.1	A602300500101	安全文明施工费	项	1	6 813 372.51	6 813 372.51
17.2	A602300500201	脚手架工程	项	1	9 739 954.58	9 739 954.58
17.3	A602300500301	垂直运输	项	1	1 092 146.92	1 092 146.92
17.4	A602300500501	其他措施项目	项	1	465 150.08	465 150.08
		合计				188 556 178.18

表 B-34 建筑工程费—总图工程

工程名称：某医院建设工程项目—总图工程　　　　单位：元

序号	项目编码	项目名称	计量单位	数量	单价	合价
1	绿化工程					5 186 830.74
1.1	A005100210101	绿地整理	m^2	31 278	18.66	583 647.48
1.2	A005100210201	栽（移）植花木植被	m^2	31 278	147.17	4 603 183.26
2	园路园桥					3 634 943.62
2.1	A005200220101	沥青混凝土道路	m^2	7 006	291.03	2 038 956.18
2.2	A005200220102	植草砖铺装	m^2	2 539	39.46	100 188.94
2.3	A005200220103	花岗岩铺装	m^2	6 062	246.75	1 495 798.50
3	景观及小品					7 720.48
3.1	A005400230701	园林桌椅	个	8	965.06	7 720.48
4	总图安装					3 882 078.00
4.1	A005500240101	总图给排水工程	m^2	46 885	49.41	2 316 587.85
4.2	A005500240201	总图电气工程	m^2	46 885	32.91	1 542 985.35
4.3	A005500240301	总图消防工程	m^2	46 885	0.48	22 504.80
5	总图其他工程					14 177 808.51
5.1	A005600250201	大门	m^2	1 092	473.70	517 280.40
5.2	A005600250301	标识标牌	块	414	1 642.66	680 061.24
5.3	A005600250401	锅炉房及制氧站	m^2	715	14 240.19	10 181 735.85
5.4	A005600250402	污水处理站	座	1	2 147 793.53	2 147 793.53
5.5	A005600250403	门房	m^2	47	6 460.52	303 644.44
5.6	A005600250404	公共厕所	m^2	65	5 342.97	347 293.05
6	措施项目					1 898 988.80
6.1	A005000500101	安全文明施工费	项	1	1 625 720.52	1 625 720.52
6.2	A005000500201	脚手架工程	项	1	75 552.71	75 552.71
6.3	A005000500201	冬雨季施工	项	1	65 905.20	65 905.20
6.4	A005000500501	其他措施项目	项	1	131 810.37	131 810.37
		合计				28 788 370.15

表 B-35 建筑工程费—外部配套工程

工程名称：某医院建设工程项目—外部配套工程　　　　单位：元

序号	项目编码	项目名称	计量单位	数量	单价	合价
1	A007200490201	市政供水引入工程	点位	1	200 000.00	200 000.00
2	A007300490301	市政供电引入工程	m	5 000	2 500.00	12 500 000.00
3	A007200490401	市政燃气引入工程	点位	1	1 000 000.00	1 000 000.00
		合计				13 700 000.00

表 B-36 设备购置费及安装工程费

工程名称：某医院建设工程项目—住院楼工程　　　　单位：元

序号	项目名称	技术参数规格型号	计量单位	数量	设备购置费		安装工程费	
					单价	合价	单价	合价
1	全自动生化分析仪（300测试/h）	见发包人要求	台	4	280 000.00	1 120 000.00	56 000.00	224 000.00
2	彩色超声		台	8	230 000.00	1 840 000.00	46 000.00	368 000.00
3	程控500mA遥控诊断X射线机		台	6	320 000.00	1 920 000.00	64 000.00	384 000.00
4	高频50kW摄影系统（配立式架）		台	12	240 000.00	2 880 000.00	48 000.00	576 000.00
5	APS-B眼底彩色照相		台	8	110 000.00	880 000.00	22 000.00	176 000.00
6	普通型骨密度仪		台	10	220 000.00	2 200 000.00	44 000.00	440 000.00
7	钼钯机（乳腺X线机）		台	8	420 000.00	3 360 000.00	84 000.00	672 000.00
	合计					14 200 000.00		2 840 000.00

表 B-37 工程总承包其他费

工程名称：某医院建设工程项目　　　　单位：元

序号	项目名称	金额	备注
1	勘察费	2 164 001.00	

表B-37(续)

序号	项目名称	金额	备注
1.1	详细勘察费	2 071 258.10	按初步设计概算设计费的67%计入
1.2	施工勘察费	92 742.90	按初步设计概算设计费的3%计入
2	设计费	17 176 595.15	
2.1	施工图设计费	15 855 318.60	按初步设计概算设计费的60%计入
2.2	专项设计费	1 321 276.55	按初步设计概算费的5%计入
3	工程总承包管理费	4 032 000.00	按初步设计概算中建设单位管理费的70%计入
4	研究试验费	200 000	按初步设计概算中研究试验费计入
5	场地准备及临时设施费	3 171 063.72	按初步设计概算中场地准备及临时设施费计入
6	工程保险费	2 002 955.28	按初步设计概算中工程保险费计入
7	其他专项费	—	本项目不涉及
8	代办服务费	576 000.00	按初步设计概算中建设单位管理费的10%计入
	合计	29 322 615.15	

注：承包人认为需要增加的有关项目，在“其他专项费”下面列明该项目的名称及金额。

表 B-38　预备费

工程名称：某医院建设工程项目　　　　单位：元

序号	项目名称	金额	备注
1	基本预备费	27 891 661.75	根据设计概算扣除非工程总承包范围对应的基本预备费后计入
2	涨价预备费	60 228 964.31	根据设计概算计入
合计		88 120 626.06	

注：发包人应将预备费列入项目清单中，投标人应将上述预备费计入投标总价中。

四、价格清单

总说明、投标报价汇总表、工程费用汇总表、建筑工程费价格清单、设备购置费及安装工程费价格清单、工程总承包其他费价格清单、预备费见表 B-39~表 B-49。

表 B-39　总说明

一、工程概况 详见发包人要求。 二、工程发包范围 详见发包人要求。 三、投标报价编制依据 （1）发包人要求及相关技术标准、初步设计图纸。 （2）《房屋工程总承包工程量计算规范》T/CCEAS 002—2022。 （3）《建设项目工程总承包计价规范》T/CCEAS 001—2022。 （4）项目清单。 （5）现场踏勘情况。 （6）承包人建议书。 （略） 四、其他说明 本项目投标报价根据发包人要求、初步设计文件、承包人建议书、企业成本及自身管理水平进行报价。

表 B-40　投标报价汇总表

工程名称：某医院建设工程项目　　单位：元

序号	项目名称	金额
1	工程费用	497 454 782. 24
2	工程总承包其他费	27 665 736. 89
3	预备费	88 120 626. 06
	合计	613 241 145. 19

表 B-41　工程费用汇总表

工程名称：某医院建设工程项目　　单位：元

序号	项目名称	建筑工程费	设备购置费	安装工程费	合计
1	竖向土石方工程	39 471 175. 20			39 471 175. 20
2	地下室工程	226 641 866. 03			226 641 866. 03

表B-41(续)

序号	项目名称	建筑工程费	设备购置费	安装工程费	合计
3	住院楼工程	174 231 501. 37	13 490 000. 00	2 698 000. 00	190 419 501. 37
4	总图工程	27 907 239. 64			27 907 239. 64
5	外部配套工程	13 015 000. 00			13 015 000. 00
合计		481 266 782. 24	13 490 000. 00	2 698 000. 00	497 454 782. 24

表B-42 建筑工程费价格清单—竖向土石方工程

工程名称：某医院建设工程项目—竖向土石方工程 单位：元

序号	项目编码	项目名称	工程内容	计量单位	数量	单价	合价
1	竖向土石方工程						36 231 100. 36
1. 1	A001000010101	竖向土石方开挖	包括竖向土石方（含障碍物）开挖、运输、余方处置等全部工程内容	m^3	559 947	63. 97	35 819 809. 59
	其中	竖向土石方开挖		m^3	559 947	11. 21	6 277 005. 87
		土方运输		m^3	559 947	23. 47	13 141 956. 09
		余方处置		m^3	559 947	29. 29	16 400 847. 63
1. 2	A001000010201	竖向土石方回填	包括取土、运输、回填、压实等全部工程内容	m^3	29 441	13. 97	411 290. 77
	其中	略					
2	措施项目						3 240 074. 84
2. 1	A001000500101	安全文明施工费	包括环境保护费、安全施工费、文明施工费、临时设施费	项	1	2 689 262. 11	2 689 262. 11
2. 2	A001000500501	其他措施项目	除已在项目清单中列明的其他措施项目	项	1	550 812. 73	550 812. 73
	合计						39 471 175. 20

表 B-43 建筑工程费价格清单—地下室工程

工程名称：某医院建设工程项目—地下室工程　　　　单位：元

序号	项目编码	项目名称	工程内容	计量单位	数量	单价	合价
1	基础土石方工程						987 189.86
1.1	A612100020201	基础土石方开挖	包括基底钎探、地下室大开挖、基坑、沟槽土石方开挖、运输、余方处置等全部工程内容	m^3	13 382	67.82	907 567.24
	其中	略					
1.2	A612100020301	基础土石方回填	包括基坑、沟槽土石方回填、顶板回填、取土、运输等全部工程内容	m^3	347	229.46	79 622.62
	其中	略					
2	地基处理、基坑支护及降排水工程						16 296 465.95
2.1	A612100030101	地基处理	包括地基强夯、预压、粒料类振冲挤密、换填、抛石挤淤、注浆等处理方式以及余方弃置等全部工程内容	m^2	20 000	310.15	6 203 000.00
	其中	略					
2.2	A612100030201	基坑（边坡）支护	包括用于地下结构施工及基坑周边环境安全的全部支挡、加固及保护措施等全部工程内容	m^2	14 065	717.63	10 093 465.95
	其中	略					
3	地下室防护工程						13 044 536.34
	其中	略					
3.1	A612100040101	地下室底板防护	包括基层处理（找平）、防水层、保护层、保温、隔热等全部工程内容	m^2	24 708	268.45	6 632 862.60
	其中	略					

表B-43(续)

序号	项目编码	项目名称	工程内容	计量单位	数量	单价	合价
3.2	A612100040201	地下室侧墙防护	包括基层处理(找平)、防水层、保护层、保温、隔热等全部工程内容	m^2	9 942	120.13	1 194 332.46
	其中	略					
3.3	A612100040301	地下室顶板防护	包括基层处理(找平)、防水层、保护层、保温、隔热等全部工程内容	m^2	24 708	211.16	5 217 341.28
	其中	略					
4	砌筑工程						4 594 789.32
4.1	A612100060201	砌筑墙	包括砌体、构造柱、过梁、圈梁、反坎、现浇带、压顶、钢筋、模板及支架（撑）等全部工程内容	m^3	8 846	519.42	4 594 789.32
	其中	略					
5	钢筋混凝土工程						68 482 647.03
5.1	A612100070101	现浇钢筋混凝土基础	包括基础混凝土(含后浇带)、钢筋、模板及支架（撑）等全部工程内容	m^3	33 473	1 072.46	35 898 453.58
	其中	略					
5.2	A612100070201	现浇钢筋混凝土柱	包括混凝土（含后浇带)、钢筋、模板及支架（撑）等全部工程内容	m^3	2 388	1 165.26	2 782 640.88
	其中	略					
5.3	A612101070401	现浇钢筋混凝土板	包括混凝土（含后浇带)、钢筋、模板及支架（撑）等全部工程内容	m^3	65	453.04	29 447.60
	其中	略					

表B-43（续）

序号	项目编码	项目名称	工程内容	计量单位	数量	单价	合价
5.4	A612100070501	现浇钢筋混凝土有梁板	包括混凝土（含后浇带）、钢筋、模板及支架（撑）等全部工程内容	m^3	15 775	1 303.35	20 560 346.25
	其中	略					
5.5	A612100070601	现浇钢筋混凝土墙	包括混凝土（含后浇带）、钢筋、模板及支架（撑）等全部工程内容	m^3	7 172	1 151.04	8 255 258.88
	其中	略					
5.6	A612100070701	现浇钢筋混凝土楼梯	包括混凝土（含后浇带）、钢筋、模板及支架（撑）等全部工程内容	m^2	2 592	369.02	956 499.84
	其中	略					
6	装配式混凝土工程						137 262.18
6.1	A612100081301	装配式钢筋混凝土其他构件	包括装配式钢筋混凝土构件、支架（撑）及支架（撑）基础、注浆、接缝等全部工程内容	m^3	22	6 239.19	137 262.18
	其中	略					
7	钢结构工程						1 206 693.19
7.1	A612100090301	钢柱	包括成品钢构件、支架（撑）及基础、探伤、防火、防腐、面漆等全部工程内容	t	81	10 904.64	883 275.84
	其中	略					
7.2	A612100090401	钢梁	包括成品钢构件、支架（撑）及基础、探伤、防火、防腐、面漆等全部工程内容	t	12	8 386.67	100 640.04
	其中	略					

表B-43(续)

序号	项目编码	项目名称	工程内容	计量单位	数量	单价	合价
7.3	A612100090701	其他钢构件	包括成品钢构件、支架（撑）及基础、探伤、防火、防腐、面漆等全部工程内容	t	161	1 383.71	222 777.31
	其中	略					
8	建筑附属构件						5 937.50
8.1	A612100220501	排水沟	包括基层、结构层、结合层、面层等全部工程内容	m	50	118.75	5 937.50
	其中	略					
9	地下部分室内装饰工程-车库区域（地下车库、非机动车库）						10 396 610.88
9.1	A613201140101	地下室-车库区域-固化地坪楼地面	包括面层处理、面层、结合层、基层、防水、保温隔热层、装饰线条等全部工程内容	m²	38 490	106.49	4 098 800.10
	其中	略					
9.2	A613201140201	地下室-车库区域-涂料墙面	包括面层处理、面层、结合层、基层、防水、保温隔热层、装饰线条等全部工程内容	m²	73 131	53.58	3 918 358.98
	其中	略					
9.3	A613201140401	地下室-车库区域-涂料天棚	包括面层处理、面层、结合层、基层、装饰线条、装饰风口、灯槽等全部工程内容	m²	38 490	61.82	2 379 451.80
	其中	略					

表B-43(续)

序号	项目编码	项目名称	工程内容	计量单位	数量	单价	合价
10	地下部分室内装饰工程-公共及办公区域（其他）						8 012 413. 28
10. 1	A613202140101	地下室-公共及办公区域-橡塑楼地面	包括面层处理、面层、结合层、基层、防水、保温隔热层、装饰线条等全部工程内容	m^2	2 341	380. 05	889 697. 05
	其中	略					
10. 2	A613202140102	地下室-公共及办公区域-块料楼地面	包括面层处理、面层、结合层、基层、防水、保温隔热层、装饰线条等全部工程内容	m^2	1 442	282. 84	407 855. 28
	其中	略					
10. 3	A613202140103	地下室-公共及办公区域-木地板楼地面	包括面层处理、面层、结合层、基层、防水、保温隔热层、装饰线条等全部工程内容	m^2	153	435. 63	66 651. 39
	其中	略					
10. 4	A613202140104	地下室-公共及办公区域-耐磨楼地面	包括面层处理、面层、结合层、基层、防水、保温隔热层、装饰线条等全部工程内容	m^2	5 441	136. 41	742 206. 81
	其中	略					
10. 5	A613202140201	地下室-公共及办公区域-石材墙面	包括面层处理、面层、结合层、基层、防水、保温隔热层、装饰线条等全部工程内容	m^2	89	1 085. 26	96 588. 14

表B-43(续)

序号	项目编码	项目名称	工程内容	计量单位	数量	单价	合价
	其中	略					
10.6	A613202140202	地下室-公共及办公区域-块料墙面	包括面层处理、面层、结合层、基层、防水、保温隔热层、装饰线条等全部工程内容	m^2	1 629	345.35	562 575.15
	其中	略					
10.7	A613202140203	地下室-公共及办公区域-涂料墙面	包括面层处理、面层、结合层、基层、防水、保温隔热层、装饰线条等全部工程内容	m^2	12 196	70.27	857 012.92
	其中	略					
10.8	A613202140204	地下室-公共及办公区域-装饰板墙面	包括面层处理、面层、结合层、基层、防水、保温隔热层、装饰线条等全部工程内容	m^2	3 901	214.40	836 374.40
	其中	略					
10.9	A613202140401	地下室-公共及办公区域-吊顶天棚	包括面层处理、面层、结合层、基层、装饰线条、装饰风口、灯槽等全部工程内容	m^2	3 511	212.15	744 858.65
	其中	略					
10.10	A613202140402	地下室-公共及办公区域-涂料天棚	包括面层处理、面层、结合层、基层、装饰线条、装饰风口、灯槽等全部工程内容	m^2	5 866	61.82	362 636.12
	其中	略					

表B-43(续)

序号	项目编码	项目名称	工程内容	计量单位	数量	单价	合价
10.11	A613202140501	地下室-公共及办公区域-玻璃门	包括门窗、门窗边框、门窗套、窗台板、五金件、饰面油漆、感应装置、电机等全部工程内容	m^2	47	1 584.02	74 448.94
	其中	略					
10.12	A613202140502	地下室-公共及办公区域-装饰门	包括门窗、门窗边框、门窗套、窗台板、五金件、饰面油漆、感应装置、电机等全部工程内容	m^2	987	1 559.65	1 539 374.55
	其中	略					
10.13	A613202140503	地下室-公共及办公区域-防火门	包括门窗、门窗边框、门窗套、窗台板、五金件、饰面油漆、感应装置、电机等全部工程内容	m^2	1 083	768.36	832 133.88
	其中	略					
11	给排水工程						7 652 067.60
11.1	A614100150101	给水系统	包括设备、管道、支架及其他、管道附件、卫生器具等全部工程内容	m^2	49 416	86.33	4 266 083.28
	其中	略					
11.2	A614100150201	污水系统	包括设备、管道、支架及其他、管道附件、卫生器具等全部工程内容	m^2	49 416	25.34	1 252 201.44
	其中	略					

表B-43(续)

序号	项目编码	项目名称	工程内容	计量单位	数量	单价	合价
11.3	A614100150301	废水系统	包括设备、管道、支架及其他、管道附件、卫生器具等全部工程内容	m^2	49 416	4.45	219 901.20
	其中	略					
11.4	A614100150401	雨水系统	包括设备、管道、支架及其他、管道附件、卫生器具等全部工程内容	m^2	49 416	4.81	237 690.96
	其中	略					
11.5	A614100150601	供热系统	包括设备、管道、支架及其他、管道附件、卫生器具等全部工程内容	m^2	49 416	33.92	1 676 190.72
	其中	略					
12	消防工程						5 271 974.26
12.1	A614200160101	消火栓灭火系统	包括设备、管道、支架及其他、管道附件、消防组件等全部工程内容	m^2	49 416	27.66	1 366 846.56
	其中	略					
12.2	A614200160201	水喷淋灭火系统	包括设备、管道、支架及其他、管道附件、消防组件等全部工程内容	m^2	49 416	32.14	1 588 230.24
	其中	略					
12.3	A614200160501	气体灭火系统	包括设备、管道、支架及其他、管道附件、消防组件等全部工程内容	m^2	1 089	263.44	286 886.16
	其中	略					

表B-43(续)

序号	项目编码	项目名称	工程内容	计量单位	数量	单价	合价
12.4	A614200160701	火灾自动报警系统	包括设备、配电箱柜、线缆、消防组件、金属构件及辅助项目等全部工程内容	m^2	49 416	35.99	1 778 481.84
	其中	略					
12.5	A614200160801	消防应急广播系统	包括设备、配电箱柜、线缆、消防组件、金属构件及辅助项目等全部工程内容	m^2	49 416	1.90	93 890.40
	其中	略					
12.6	A614200160901	防火门监控系统	包括设备、配电箱柜、线缆、消防组件、金属构件及辅助项目等全部工程内容	m^2	49 416	1.17	57 816.72
	其中	略					
12.7	A614200161001	电气火灾监控系统	包括设备、配电箱柜、线缆、消防组件、金属构件及辅助项目等全部工程内容	m^2	49 417	2.02	99 822.34
	其中	略					
13	通风与空调工程						28 283 741.76
13.1	A614300170101	空调系统	包括设备、管道、支架及其他、管道附件、风管部件等全部工程内容	m^2	49 416	376.43	18 601 664.88
	其中	略					
13.2	A614300170201	通风系统	包括设备、管道、支架及其他、管道附件、风管部件等全部工程内容	m^2	49 416	43.93	2 170 844.88
	其中	略					

表B-43(续)

序号	项目编码	项目名称	工程内容	计量单位	数量	单价	合价
13.3	A614300170301	防排烟系统	包括设备、管道、支架及其他、管道附件、风管部件等全部工程内容	m^2	49 416	65.95	3 258 985.20
	其中	略					
13.4	A614300170501	冷却循环水系统	包括设备、管道、支架及其他、管道附件等全部工程内容	m^2	49 416	86.05	4 252 246.80
	其中	略					
14	电气工程						34 928 704.22
14.1	A614400180101	高低压变配电系统	包括建筑红线内高压进线柜（含）至低压柜（含）之间的高低压配电柜、变压器、柴油发电机组、线缆、金属构件及辅助项目等全部工程内容	kV·A	12 050	1 695.94	20 436 077.00
	其中	略					
14.2	A614400180201	变配电智能监控系统	包括站控管理层设备、网络通信层设备、现场设备层设备（现场采集设备）以及对应的各层级之间的设备、配电箱柜、线缆、蓄电池、金属构件及辅助项目等全部工程内容	点位	479	2 685.18	1 286 201.22
	其中	略					

表B-43(续)

序号	项目编码	项目名称	工程内容	计量单位	数量	单价	合价
14.3	A614400180301	动力配电系统	包括低压柜出线端至末端动力设备之间的配电箱柜、线缆、用电器具、金属构件及辅助项目	m^2	49 416	181.89	8 988 276.24
	其中	略					
14.4	A614400180501	照明配电系统	包括低压柜出线端至末端动力设备之间的配电箱柜、线缆、用电器具、金属构件及辅助项目等全部工程内容	m^2	49 416	81.37	4 020 979.92
	其中	略					
14.5	A614400180601	防雷接地系统	包括避雷针、避雷引下线、避雷网、接地极（板）、接地母线、接地跨接线、桩承台接地、设备防雷装置、阴极保护、等电位装置、电涌保护器及调试等全部工程内容	m^2	49 416	3.99	197 169.84
	其中	略					
15	建筑智能化工程						2 093 983.37
15.1	A614500190201	信息设施系统－电话交换系统	包括设备、线缆、软件、金属构件及辅助项目等全部工程内容	m^2	49 416	0.30	14 824.80
	其中	略					

表B-43(续)

序号	项目编码	项目名称	工程内容	计量单位	数量	单价	合价
15.2	A614500190301	信息设施系统-信息网络系统	包括设备、线缆、软件、金属构件及辅助项目等全部工程内容	点位	33	6 211.68	204 985.44
	其中	略					
15.3	A614500190401	综合布线系统	包括设备、线缆、软件、金属构件及辅助项目等全部工程内容	m^2	49 416	3.77	186 298.32
	其中	略					
15.4	A614500190801	卫星电视接收系统	包括设备、线缆、软件、金属构件及辅助项目等全部工程内容	频道	10	109.01	1 090.10
	其中	略					
15.5	A614500191401	时钟系统	包括设备、线缆、软件、金属构件及辅助项目等全部工程内容	台	1	7 536.07	7 536.07
	其中	略					
15.6	A614500192901	入侵报警系统	包括设备、线缆、软件、金属构件及辅助项目等全部工程内容	m^2	49 416	0.21	10 377.36
	其中	略					
15.7	A614500193001	视频安防监控系统	包括设备、线缆、软件、金属构件及辅助项目等全部工程内容	点位	97	5 293.38	513 457.86
	其中	略					

表B-43(续)

序号	项目编码	项目名称	工程内容	计量单位	数量	单价	合价
15.8	A614500193101	出入口控制系统	包括设备、线缆、软件、金属构件及辅助项目等全部工程内容	m^2	49 416	4.28	211 500.48
	其中	略					
15.9	A614500193501	机房环境监控系统	包括设备、线缆、软件、金属构件及辅助项目等全部工程内容	系统	1	943 912.94	943 912.94
	其中	略					
16	康体、厨房及其他专项工程						3 867 450.00
16.1	A616600470901	机械停车位	包括需要完成机械停车位专项工程的全部工程内容	套	345	11 210.00	3 867 450.00
	其中	略					
17	措施项目						21 379 399.29
17.1	A612100500101	安全文明施工费	包括环境保护费、安全施工费、文明施工费、临时设施费	项	1	16 072 460.10	16 072 460.10
17.2	A612100500201	脚手架工程	包括综合脚手架、满堂基础脚手架、外脚手架等全部脚手架工程	项	1	918 296.54	918 296.54
17.3	A612100500301	垂直运输	包括材料、机械、建筑构件的垂直（上下）运输费用	项	1	796 674.75	796 674.75
17.4	A612100500501	其他措施项目	除已在项目清单中列明的其他措施项目	项	1	3 591 967.90	3 591 967.90
		合计					226 641 866.03

表 B-44 建筑工程费价格清单—住院楼工程

工程名称：某医院建设工程项目—住院楼工程　　　　单位：元

序号	项目编码	项目名称	工程内容	计量单位	数量	单价	合价
1		砌筑工程					5 744 847.90
1.1	A602300060201	砌筑墙	包括砌体、构造柱、过梁、圈梁、反坎、现浇带、压顶、钢筋、模板及支架（撑）等全部工程内容	m^3	7 669	749.10	5 744 847.90
其中		略					
2		钢筋混凝土工程					18 883 714.46
说明：投标人根据发包人要求、初步设计文件及相关规范和标准进行施工设计，明确钢筋规格型号及其工程量、混凝土柱工程强度等级及其工程量，据此形成项目价格清单明细							
2.1	A602300070201	现浇钢筋混凝土柱	包括混凝土（含后浇带）、钢筋、模板及支架（撑）等全部工程内容	m^3	2 080	1 763.34	3 667 747.20
	其中	矩形柱模板		m^2	10 385	50.97	529 323.45
		圆钢	≤Φ10	t	190	4 801.87	912 355.30
		Ⅲ级螺纹钢	HRB400	t	310	4 135.41	1 281 977.10
		混凝土	C60	m^3	586	516.00	302 376.00
		混凝土	C50	m^3	539	465.25	250 769.75
		混凝土	C40	m^3	476	424.65	202 133.40
		混凝土	C30	m^3	479	394.20	188 821.80
2.2	A602300070301	现浇钢筋混凝土梁	包括混凝土（含后浇带）、钢筋、模板及支架（撑）等全部工程内容	m^3	226	1 682.00	380 132.00

表B-44(续)

序号	项目编码	项目名称	工程内容	计量单位	数量	单价	合价
	其中	矩形梁模板		m^2	1 944	50.97	99 085.68
		圆钢	≤Φ10	t	7	4 801.87	33 613.09
		Ⅲ级螺纹钢	HRB400	t	38.29	4 135.41	158 344.85
		混凝土	C30	m^3	226	394.20	89 089.20
2.3	A602300070601	现浇钢筋混凝土墙	包括混凝土（含后浇带）、钢筋、模板及支架（撑）等全部工程内容	m^3	2 718	1 627.60	4 423 816.80
	其中	直形墙模板		m^2	37 046	50.97	1 888 234.62
		圆钢	≤Φ10	t	137	4 801.87	657 856.19
		Ⅲ级螺纹钢	HRB400	t	157	4 135.41	649 259.37
		混凝土	C60	m^3	712	516.00	367 392.00
		混凝土	C50	m^3	722	465.25	335 910.50
		混凝土	C40	m^3	624	424.65	264 981.60
		混凝土	C30	m^3	660	394.20	260 172.00
2.4	A602300070501	现浇钢筋混凝土有梁板	包括混凝土（含后浇带）、钢筋、模板及支架（撑）等全部工程内容	m^3	7 074	1 438.82	10 178 212.68
	其中	有梁板模板		m^2	57 088	50.97	2 909 775.36
		圆钢	≤Φ10	t	399	4 801.87	1 915 946.13
		Ⅲ级螺纹钢	HRB400	t	620	4 135.41	2 563 954.20
		混凝土	C30	m^3	7 074	394.20	2 788 570.80
2.5	A602300070701	现浇钢筋混凝土楼梯	包括混凝土（含后浇带）、钢筋、模板及支架（撑）等全部工程内容	m^2	1 066	219.33	233 805.78

表B-44(续)

序号	项目编码	项目名称	工程内容	计量单位	数量	单价	合价
	其中	楼梯模板		m^2	1 066	50.97	54 334.02
		圆钢	≤Φ10	t	13	4 801.87	62 424.31
		Ⅲ级螺纹钢	HRB400	t	8	4 135.41	33 083.28
		混凝土	C30	m^3	213	394.20	83 964.6
3	钢结构工程						1 216 349.10
3.1	A602300090301	钢柱	包括成品钢构件、支架(撑)及基础、探伤、防火、防腐、面漆等全部工程内容	t	27	9 887.19	266 954.13
	其中	略					
3.2	A602300090401	钢梁	包括成品钢构件、支架(撑)及基础、探伤、防火、防腐、面漆等全部工程内容	t	85	8 837.98	751 228.30
	其中	略					
3.3	A602300090701	其他钢构件	包括成品钢构件、支架(撑)及基础、探伤、防火、防腐、面漆等全部工程内容	t	13	15 243.59	198 166.67
	其中	略					
4	屋面工程						674 256.65
4.1	A602300110401	混凝土板屋面	包括找平、保护层、保温层、隔热层、防水层、密封层、面层(或植被)、细部构造等全部工程内容	m^2	2 293	294.05	674 256.65
	其中	略					

表B-44(续)

序号	项目编码	项目名称	工程内容	计量单位	数量	单价	合价
5	建筑附属构件						143 882.12
5.1	A602300120101	散水	包括基层、结构层、结合层、面层等全部工程内容	m²	201	75.71	15 217.71
	其中	略					
5.2	A602300120201	排水沟、地沟	包括基层、结构层、结合层、面层、面层处理、成品保护	m	83	350.08	29 056.64
	其中	略					
5.3	A602300120301	台阶	包括基层、结构层、结合层、面层、面层处理、成品保护	m²	291	336.71	97 982.61
	其中	略					
5.4	A602300120401	坡道	包括基层、结构层、结合层、面层、面层处理、成品保护	m²	6	270.86	1 625.16
	其中	略					
6	建筑外立面装饰工程						23 544 980.84
6.1	A603100130101	外墙（柱、梁）面饰面	包括基层、结合层、面层、防水、保温隔热层、装饰线条等全部工程内容	m²	4 311	85.75	369 668.25
	其中	略					
6.2	A603100130201	玻璃幕墙	包括基层、结合层、面层、防水、保温隔热层、防火、装饰线条等全部工程内容	m²	8 608	875.52	7 536 476.16

表B-44(续)

序号	项目编码	项目名称	工程内容	计量单位	数量	单价	合价
	其中	略					
6.3	A603100130202	陶土板幕墙	包括基层、结合层、面层、防水、保温隔热层、防火、装饰线条等全部工程内容	m^2	6 613	1 452.95	9 608 358.35
	其中	略					
6.4	A603100130203	铝板幕墙	包括基层、结合层、面层、防水、保温隔热层、防火、装饰线条等全部工程内容	m^2	2 823	958.59	2 706 099.57
	其中	略					
6.5	A603100130301	外墙门	包括门窗、门窗边框、门窗套、窗台板、五金件、饰面油漆、感应装置、电机等全部工程内容	m^2	93	1 712.58	159 269.94
	其中	略					
6.6	A603100130401	外墙窗	包括门窗、门窗边框、门窗套、窗台板、五金件、饰面油漆、感应装置、电机等全部工程内容	m^2	2 184	1 053.62	2 301 106.08
	其中	略					
6.7	A603100130501	其他外墙装饰	包括面层处理、面层、连接件（连接构造）等全部工程内容	m^2	767	1 126.47	864 002.49
	其中	略					

表B-44(续)

序号	项目编码	项目名称	工程内容	计量单位	数量	单价	合价
7	地上部分室内装饰工程-公共区域（大厅、电梯厅、公共走廊、等待区、楼梯间、卫生间）						18 590 538.33
7.1	A603301140101	地上-公共区域-橡塑楼地面	包括面层处理、面层、结合层、基层、防水、保温隔热层、装饰线条等全部工程内容	m^2	11 805	503.10	5 939 095.50
	其中	略					
7.2	A603301140102	地上-公共区域-块料楼地面	包括面层处理、面层、结合层、基层、防水、保温隔热层、装饰线条等全部工程内容	m^2	1 620	309.78	501 843.60
	其中	楼地面找平层	50mm 厚 C25 纤维细石混凝土	m^2	1 620	45.70	74 034.00
		素水泥浆一道		m^2	1 620	1.95	3 159.00
		楼地面找平层	20mm 厚 M15 水泥砂浆	m^2	1 620	24.88	40 305.60
		石材楼地面	20mm 厚花岗石石材 600mm×600mm	m^2	1 620	237.25	384 345.00
7.3	A603301140201	地上-公共区域-石材墙面	包括面层处理、面层、结合层、基层、防水、保温隔热层、装饰线条等全部工程内容	m^2	143	1 085.25	155 190.75
	其中	略					

表B-44(续)

序号	项目编码	项目名称	工程内容	计量单位	数量	单价	合价
7.4	A603301140202	地上-公共区域-块料墙面	包括面层处理、面层、结合层、基层、防水、保温隔热层、装饰线条等全部工程内容	m^2	2 121	398.83	845 918.43
	其中	略					
7.5	A603301140203	地上-公共区域-涂料墙面	包括面层处理、面层、结合层、基层、防水、保温隔热层、装饰线条等全部工程内容	m^2	25 112	70.27	1 764 620.24
	其中	略					
7.6	A603301140204	地上-公共区域-砂浆墙面	包括面层处理、面层、结合层、基层、防水、保温隔热层、装饰线条等全部工程内容	m^2	7 624	29.45	224 526.80
	其中	略					
7.7	A603301140301	地上-公共区域-玻璃隔断	包括面层处理、面层、骨架、边框等全部工程内容	m^2	654	488.24	319 308.96
	其中	略					
7.8	A603301140401	地上-公共区域-吊顶天棚	包括面层处理、面层、结合层、基层、装饰线条、装饰风口、灯槽等全部工程内容	m^2	12 427	311.01	3 864 921.27
	其中	略					

表B-44(续)

序号	项目编码	项目名称	工程内容	计量单位	数量	单价	合价
7.9	A603301140402	地上-公共区域-涂料天棚	包括面层处理、面层、结合层、基层、装饰线条、装饰风口、灯槽等全部工程内容	m^2	1 098	36.89	40 505.22
其中		略					
7.10	A603301140501	地上-公共区域-玻璃门	包括门窗、门窗边框、门窗套、窗台板、五金件、饰面油漆、感应装置、电机等全部工程内容	m^2	41	1 584.02	64 944.82
其中		略					
7.11	A603301140502	地上-公共区域-防火门	包括门窗、门窗边框、门窗套、窗台板、五金件、饰面油漆、感应装置、电机等全部工程内容	m^2	939	769.26	722 335.14
其中		略					
7.12	A603301140701	地上-公共区域-其他室内装饰(防撞带)	包括面层处理、面层、连接件（连接构造）等全部工程内容	m	8 850	239.02	2 115 327.00
其中		略					
7.13	A603301140702	地上-公共区域-其他室内装饰（栏杆、栏板）	包括面层处理、面层、连接件（连接构造）等全部工程内容	m	1 435	889.20	1 276 002.00
其中		略					

表B-44(续)

序号	项目编码	项目名称	工程内容	计量单位	数量	单价	合价
7.14	A603301140703	地上-公共区域-其他室内装饰（卫生间柜体）	包括面层处理、面层、连接件（连接构造）等全部工程内容	个	15	2 793.00	41 895.00
	其中	略					
7.15	A603301140704	地上-公共区域-其他室内装饰(服务台、导诊台、护士台)	包括面层处理、面层、连接件（连接构造）等全部工程内容	个	18	33 250.00	598 500.00
	其中	略					
7.16	A603301140705	地上-公共区域-其他室内装饰（其他）	包括银镜、挂钩、毛巾杆等	m^2	15 211	7.60	115 603.60
	其中	略					
8	地上部分室内装饰工程-病房区域（病房、卫生间等）						14 346 755.72
8.1	A603302140101	地上-病房区域-橡塑楼地面	包括面层处理、面层、结合层、基层、防水、保温隔热层、装饰线条等全部工程内容	m^2	11 732	385.23	4 519 518.36
	其中	略					

表B-44(续)

序号	项目编码	项目名称	工程内容	计量单位	数量	单价	合价
8.2	A603302140102	地上-病房区域-块料楼地面	包括面层处理、面层、结合层、基层、防水、保温隔热层、装饰线条等全部工程内容	m^2	2 197	318.64	700 052.08
	其中	略					
8.3	A603302140201	地上-病房区域-块料墙面	包括面层处理、面层、结合层、基层、防水、保温隔热层、装饰线条等全部工程内容	m^2	4 462	398.83	1 779 579.46
	其中	略					
8.4	A603302140202	地上-病房区域-涂料墙面	包括面层处理、面层、结合层、基层、防水、保温隔热层、装饰线条等全部工程内容	m^2	14 113	70.27	991 720.51
	其中	略					
8.5	A603302140401	地上-病房区域-吊顶天棚	包括面层处理、面层、结合层、基层、装饰线条、装饰风口、灯槽等全部工程内容	m^2	13 929	154.42	2 150 916.18
	其中	略					
8.6	A603302140501	地上-病房区域-装饰门	包括门窗、门窗边框、门窗套、窗台板、五金件、饰面油漆、感应装置、电机等全部工程内容	m^2	1 700	1 559.65	2 651 405.00
	其中	略					

表B-44(续)

序号	项目编码	项目名称	工程内容	计量单位	数量	单价	合价
8.7	A603302140701	地上-病房区域-其他室内装饰(残疾人扶手)	包括面层处理、面层、连接件(连接构造)等全部工程内容	套	336	187.05	62 848.80
	其中	略					
8.8	A603302140702	地上-病房区域-其他室内装饰(隔帘轨道、输液天轨)	包括面层处理、面层、连接件(连接构造)等全部工程内容	m	1 516	205.20	311 083.20
	其中	略					
8.9	A603302140703	地上-病房区域-其他室内装饰(病房衣柜)	包括面层处理、面层、连接件(连接构造)等全部工程内容	m^2	1 437	769.74	1 106 116.38
	其中	略					
8.10	A603302140704	地上-病房区域-其他室内装饰(其他)	包括银镜、挂钩、毛巾杆等	m^2	15 477	4.75	73 515.75
	其中	略					
9	地上部分室内装饰工程-医护通道及办公区域(治疗、办公、辅助用房、机房、卫生间等)						5 493 415.80

表B-44(续)

序号	项目编码	项目名称	工程内容	计量单位	数量	单价	合价
9.1	A603303140101	地上-医护通道及办公区域-橡塑楼地面	包括面层处理、面层、结合层、基层、防水、保温隔热层、装饰线条等全部工程内容	m^2	3 894	385.23	1 500 085.62
其中		略					
9.2	A603303140102	地上-医护通道及办公区域-块料楼地面	包括面层处理、面层、结合层、基层、防水、保温隔热层、装饰线条等全部工程内容	m^2	337	318.64	107 381.68
其中		略					
9.3	A603303140103	地上-医护通道及办公区域-耐磨地坪	包括面层处理、面层、结合层、基层、防水、保温隔热层、装饰线条等全部工程内容	m^2	756	42.36	32 024.16
其中		略					
9.4	A603303140104	地上-医护通道及办公区域-木地板楼地面	包括面层处理、面层、结合层、基层、防水、保温隔热层、装饰线条等全部工程内容	m^2	82	435.63	35 721.66
其中		略					
9.5	A603303140201	地上-医护通道及办公区域-块料墙面	包括面层处理、面层、结合层、基层、防水、保温隔热层、装饰线条等全部工程内容	m^2	868	398.83	346 184.44
其中		略					

表B-44(续)

序号	项目编码	项目名称	工程内容	计量单位	数量	单价	合价
9.6	A603303140202	地上-医护通道及办公区域-涂料墙面	包括面层处理、面层、结合层、基层、防水、保温隔热层、装饰线条等全部工程内容	m^2	11 047	70.27	776 272.69
	其中	略					
9.7	A603303140203	地上-医护通道及办公区域-装饰板墙面	包括面层处理、面层、结合层、基层、防水、保温隔热层、装饰线条等全部工程内容	m^2	1 659	214.40	355 689.60
	其中	略					
9.8	A603303140204	地上-医护通道及办公区域-砂浆墙面	包括面层处理、面层、结合层、基层、防水、保温隔热层、装饰线条等全部工程内容	m^2	14 159	29.45	416 982.55
	其中	略					
9.9	A603303140401	地上-医护通道及办公区域-吊顶天棚	包括面层处理、面层、结合层、基层、装饰线条、装饰风口、灯槽等全部工程内容	m^2	4 311	154.42	665 704.62
	其中	略					
9.10	A603303140402	地上-医护通道及办公区域-涂料天棚	包括面层处理、面层、结合层、基层、装饰线条、装饰风口、灯槽等全部工程内容	m^2	756	61.82	46 735.92
	其中	略					

表B-44(续)

序号	项目编码	项目名称	工程内容	计量单位	数量	单价	合价
9.11	A603303140501	地上-医护通道及办公区域-装饰门	包括门窗、门窗边框、门窗套、窗台板、五金件、饰面油漆、感应装置、电机等全部工程内容	m^2	497	1 559.65	775 146.05
其中		略					
9.12	A603303140502	地上-医护通道及办公区域-防火门	包括门窗、门窗边框、门窗套、窗台板、五金件、饰面油漆、感应装置、电机等全部工程内容	m^2	506	769.26	389 245.56
其中		略					
9.13	A603303140701	地上-医护通道及办公区域-其他室内装饰（隔帘、输液天轨）	包括面层处理、面层、连接件（连接构造）等全部工程内容	m	95	205.20	19 494.00
其中		略					
9.14	A603303140702	地上-医护通道及办公区域-其他室内装饰（其他）	包括银镜、挂钩、毛巾杆等	m^2	5 631	4.75	26 747.25
其中		略					

表B-44(续)

序号	项目编码	项目名称	工程内容	计量单位	数量	单价	合价
10	给排水工程						8 019 846.07
10.1	A604100150101	给水系统	包括设备、管道、支架及其他、管道附件、卫生器具等全部工程内容	m^2	39 427	140.07	5 522 539.89
说明：投标人根据发包人要求、初步设计文件、《建筑给水排水设计标准》GB 50015—2019 进行施工设计，明确管道（件）和设备的规格型号及其工程量，据此形成“给水系统”项目价格清单明细							
	其中	给水水泵及配套设备	变频恒压供水装置：系统流量 $44.3m^3/h$，由三台水泵组成（两用一备），3 台 KQDQ65-32X8/2 水泵单台参数：$Q=22.3m^3/h$，$H=113m$，$N=15kW$，气压罐 1 台	台	1	115 865.83	115 865.83
		不锈钢水箱	方形不锈钢水箱 5m×6m×2m（储存加压区最高日用水量的 30%）	台	1	84 198.92	84 198.92
		薄壁不锈钢水管	*DN*70	m	4 328.1	285.2	1 234 374.12
		薄壁不锈钢水管	*DN*40	m	877.29	166.5	146 068.79
		薄壁不锈钢水管	*DN*25	m	1 538.84	120.2	184 968.57
		不锈钢水管	*DN*20	m	4 010.77	107.38	430 676.48
		不锈钢水管	*DN*15	m	10 745.41	81.48	875 536.01

表B-44(续)

序号	项目编码	项目名称	工程内容	计量单位	数量	单价	合价
	其中	截止阀	*DN*15	个	90	40.3	3 627
		截止阀	*DN*20	个	276	75.6	20 865.6
		截止阀	*DN*25	个	169	118.3	19 992.7
		截止阀	*DN*40	个	126	195.4	24 620.4
		闸阀	*DN*70	个	40	400.5	16 020
		减压阀	*DN*70	个	14	3 256.4	45 589.6
		减压阀	*DN*40	个	16	1 980.8	31 692.8
		单槽洗涤盆	824×549	个	46	2 250	103 500
		洗脸盆		套	402	1 350	542 700
		坐便器		套	221	2 650	585 650
		蹲便器		套	121	1 056	127 776
		淋浴器		套	308	455	140 140
		管道支架及其他		m^2	39 427	20	788 540
10.2	A604100150601	供热系统	包括设备、管道、支架及其他、管道附件、卫生器具等全部工程内容	m^2	39 427	41.19	1 623 998.13
	其中	略					
10.3	A604100150201	污水系统	包括设备、管道、支架及其他、管道附件、卫生器具等全部工程内容	m^2	39 427	15.49	610 724.23
	其中	略					
10.4	A604100150301	废水系统	包括设备、管道、支架及其他、管道附件、卫生器具等全部工程内容	m^2	39 427	3.10	122 223.70
	其中	略					

表B-44(续)

序号	项目编码	项目名称	工程内容	计量单位	数量	单价	合价
10.5	A604100150401	雨水系统	包括设备、管道、支架及其他、管道附件、卫生器具等全部工程内容	m^2	39 427	3.56	140 360.12
	其中	略					
11	消防工程						3 812 196.63
11.1	A604200160101	消火栓灭火系统	包括设备、管道、支架及其他、管道附件、消防组件等全部工程内容	m^2	39 427	13.52	533 053.04
	其中	略					
11.2	A604200160201	水喷淋灭火系统	包括设备、管道、支架及其他、管道附件、消防组件等全部工程内容	m^2	39 427	33.04	1 302 668.08
	其中	略					
11.3	A604200160501	气体灭火系统	包括设备、管道、支架及其他、管道附件、消防组件等全部工程内容	m^2	39 427	2.28	89 893.56
	其中	柜式七氟丙烷气体灭火装置		套	7	12 841.94	89 893.58
11.4	A604200160701	火灾自动报警系统	包括设备、配电箱柜、线缆、消防组件、金属构件及辅助项目等全部工程内容	m^2	39 427	41.42	1 633 066.34
	其中	略					

表B-44（续）

序号	项目编码	项目名称	工程内容	计量单位	数量	单价	合价
11.5	A604200160801	消防应急广播系统	包括设备、配电箱柜、线缆、消防组件、金属构件及辅助项目等全部工程内容	m^2	39 427	2.41	95 019.07
	其中	略					
11.6	A604200160901	防火门监控系统	包括设备、配电箱柜、线缆、消防组件、金属构件及辅助项目等全部工程内容	m^2	39 427	4.02	158 496.54
	其中	略					
12	通风与空调工程						13 506 901.66
12.1	A604300170101	空调系统	包括设备、管道、支架及其他、管道附件、风管部件等全部工程内容	m^2	39 427	264.05	10 410 699.35
说明：投标人根据发包人要求、初步设计文件、《工业建筑供暖通风与空气调节设计规范》GB 50019—2015进行施工设计，明确管道（件）和设备的规格型号及其工程量，据此形成“空调系统”项目价格清单明细							
	其中	组合式空调器	冷量120.4kW，热量105.4kW，风量7 000m^3/h，机外余压320Pa，电量3kW，电压380V，冷却盘管空气进口温度干球温度35℃，湿球温度28℃，水阻力93kPa	台	10	25 635.55	256 355.50
		新风机	冷量137.2kW，热量120.3kW，风量8 000m^3/h，机外余压360Pa，电量3kW，电压380V	台	32	18 500.02	5 952 000.64

表B-44(续)

序号	项目编码	项目名称	工程内容	计量单位	数量	单价	合价
	其中	风机盘管	FP-136	台	179	2 350	420 650
		风机盘管	FP-85	台	290	1 850	536 500
		风机盘管	FP-68	台	500	1 725	862 500
		镀锌钢板风管		m^2	12 261.62	245.6	3 011 453.87
		镀锌钢管		m^2	39 427	40	1 577 080
		风口阀门消声器及其他		m^2	39 427	80	3 154 160
12.2	A604300170301	防排烟系统	包括设备、管道、支架及其他、管道附件、风管部件等全部工程内容	m^2	39 427	78.53	3 096 202.31
	其中	略					
13	电气工程						14 153 504.46
13.1	A604400180101	高低压变配电系统	包括建筑红线内高压进线柜（含）至低压柜（含）之间的高低压配电柜、变压器、柴油发电机组、线缆、金属构件及辅助项目等全部工程内容	m^2	39 427	127.23	5 012 354.51
	其中	略					

表B-44(续)

序号	项目编码	项目名称	工程内容	计量单位	数量	单价	合价
13.2	A604400180501	照明配电系统	包括低压柜出线端至末端照明设备之间的配电箱柜、线缆、用电器具、金属构件及辅助项目等全部工程内容	m^2	39 427	187.98	7 411 487.46
	其中	略					
13.3	A604400180301	动力配电系统	包括低压柜出线端至末端动力设备之间的配电箱柜、线缆、用电器具、金属构件及辅助项目	m^2	39 427	32.18	1 268 760.86
	其中	略					
13.4	A604400180601	防雷接地系统	包括避雷针、避雷引下线、避雷网、接地极(板)、接地母线、接地跨接线、桩承台接地、设备防雷装置、阴极保护、等电位装置、电涌保护器及调试等全部工程内容	m^2	39 427	7.87	310 290.49
	其中	热镀锌扁钢	热镀锌扁钢:-40×4	m	4 912	23.64	116 119.68
		接地钢板	100×100×5	块	594	84	49 896
		镀锌圆钢	$\phi10$	m	1 787	18.18	32 487.66
		端子箱	LEB	台	530	191.71	101 606.3
		防雷引下线	≥$\phi16$ 和钢柱	m	1 018	10.1	10 281.8

表B-44(续)

序号	项目编码	项目名称	工程内容	计量单位	数量	单价	合价
13.5	A604400180701	光彩照明系统	包括光彩照明专用箱柜出线回路至末端照明设备之间的配电箱柜、线缆、用电器具、金属构件及辅助项目等全部工程内容	m^2	39 427	3.82	150 611.14
	其中	略					
14	建筑智能化工程						18 237 815.02
14.1	A604500190401	综合布线系统	包括设备、线缆、软件、金属构件及辅助项目等全部工程内容	m^2	39 427	133.86	5 277 698.22
	其中	略					
14.2	A604500190301	信息设施系统-信息网络系统	包括设备、线缆、软件、金属构件及辅助项目等全部工程内容	m^2	39 427	108.74	4 287 291.98
	其中	略					
14.3	A604500190201	信息设施系统-电话交换系统	包括设备、线缆、软件、金属构件及辅助项目等全部工程内容	m^2	39 427	8.15	321 330.05
	其中	略					
14.4	A604500193001	视频安防监控系统	包括设备、线缆、软件、金属构件及辅助项目等全部工程内容	m^2	39 427	39.41	1 553 818.07

表B-44(续)

序号	项目编码	项目名称	工程内容	计量单位	数量	单价	合价
	其中	紧定管	JDG20	m	6 273	8.93	56 017.89
		紧定管	JDG25	m	3 502	13.63	47 732.26
		网线		m	27 930	4.13	115 350.90
		视频管理一体机	含主机、控制软件、AGV输入板、2×12路HDMI高清解码输出板	台	1	150 105.48	150 105.48
		高清摄像机	半球摄像机，400万像素	台	630	1 880.00	1 184 400.00
14.5	A604500191901	智能卡应用系统	包括设备、线缆、软件、金属构件及辅助项目等全部工程内容	m^2	39 427	33.72	1 329 478.44
	其中	略					
14.6	A604500192901	入侵报警系统	包括设备、线缆、软件、金属构件及辅助项目等全部工程内容	m^2	39 427	4.47	176 238.69
	其中	略					
14.7	A604500193501	机房环境监控系统	包括设备、线缆、软件、金属构件及辅助项目等全部工程内容	m^2	200	23.94	4 788.00
	其中	略					
14.8	A604500191001	会议系统	包括设备、线缆、软件、金属构件及辅助项目等全部工程内容	系统	1	9.07	9.07
	其中	略					

表B-44(续)

序号	项目编码	项目名称	工程内容	计量单位	数量	单价	合价
14.9	A604500191401	时钟系统	包括设备、线缆、软件、金属构件及辅助项目等全部工程内容	m^2	39 427	7.60	299 645.20
	其中	略					
14.10	A604500192601	设备管理系统-照明控制管理系统	包括设备、线缆、软件、金属构件及辅助项目等全部工程内容	m^2	39 427	10.08	397 424.16
	其中	略					
14.11	A604500193301	医用对讲系统	包括设备、线缆、软件、金属构件及辅助项目等全部工程内容	m^2	39 427	54.64	2 154 291.28
	其中	略					
14.12	A604500193302	电梯五方对讲系统	包括设备、线缆、软件、金属构件及辅助项目等全部工程内容	点位	12	0.15	1.80
	其中	略					
14.13	A604500192501	设备管理系统-电力管理系统	包括设备、线缆、软件、金属构件及辅助项目等全部工程内容	m^2	39 427	30.89	1 217 900.03
	其中	略					
14.14	A604500192502	能耗管理与计量系统	包括设备、线缆、软件、金属构件及辅助项目等全部工程内容	m^2	39 427	30.89	1 217 900.03
	其中	略					

表B-44(续)

序号	项目编码	项目名称	工程内容	计量单位	数量	单价	合价
15	电梯工程						6 138 309.84
15.1	A604600200101	直梯	包括电梯设备、设备配套控制箱至电梯的箱柜、线缆、金属构件及辅助项目等全部工程内容	部	12	511 525.82	6 138 309.84
	其中	略					
16	医疗气体						4 577 061.52
16.1	A606100280101	氧气供应系统	包括系统气源发生（储存）设备至终端点位的设备、管道、支架及其他、线缆、金属构件及辅助项目等全部工程内容	点位	853	2 252.91	1 921 732.23
说明：投标人根据发包人要求、初步设计文件、氧气供应系统相关标准进行施工设计，明确管道（件）和设备的规格型号及其工程量，据此形成“氧气供应系统”项目价格清单明细							
	其中	制氧设备	制氧主机 Q = 45m^3/h，氧气纯度93%±3%	台	1	636 289.13	636 289.13
		不锈钢无缝钢管	D38×2.5	m	1 053	145.6	153 316.80
		不锈钢无缝钢管	D25×2.0	m	215	115.4	24 811.00
		不锈钢无缝钢管	D20×2.0	m	1 185	96.7	114 589.50
		不锈钢无缝钢管	D15×2.0	m	2 550	85.8	218 790.00
		不锈钢无缝钢管	D10×1.5	m	5 313	66	350 658.00
		铜球阀	D38	个	10	295.8	2 958.00

表B-44(续)

序号	项目编码	项目名称	工程内容	计量单位	数量	单价	合价
	其中	铜球阀	*D*25	个	45	156.7	7 051.50
		铜球阀	*D*20	个	80	120.5	9 640.00
		铜球阀	*D*15	个	91	112.4	10 228.40
		铜球阀	*D*10	个	163	96.2	15 680.60
		氧气终端		个	1 064	355	377 720.00
16.2	A606100280201	压缩空气供应系统	包括系统气源发生（储存）设备至终端点位的设备、管道、支架及其他、线缆、金属构件及辅助项目等全部工程内容	点位	159	5 749.11	914 108.49
	其中	略					
16.3	A606100280301	中心吸引系统	包括系统气体吸引设备至终端点位的设备、管道、支架及其他、线缆、金属构件及辅助项目等全部工程内容	点位	814	2 082.12	1 694 845.68
	其中	略					
16.4	A606100280801	麻醉废气排放系统	包括系统气源发生（储存）设备至终端点位的设备、管道、支架及其他、线缆、金属构件及辅助项目等全部工程内容	套	2	23 187.56	46 375.12
	其中	略					
17	措施项目						17 147 125.25
17.1	A602300500101	安全文明施工费	包括环境保护费、安全施工费、文明施工费、临时设施费等全部工程内容	项	1	6 164 302.20	6 164 302.20

表B-44（续）

序号	项目编码	项目名称	工程内容	计量单位	数量	单价	合价
17.2	A602300500201	脚手架工程	包括综合脚手架、满堂基础脚手架、外脚手架等全部脚手架工程等全部工程内容	项	1	9 539 130.78	9 539 130.78
17.3	A602300500301	垂直运输	包括材料、机械、建筑构件的垂直（上下）运输费用等全部工程内容	项	1	988 132.92	988 132.92
17.4	A602300500501	其他措施项目	包括需要完成该措施项目的全部工程内容	项	1	455 559.35	455 559.35
		合计					174 231 501.37

表B-45 建筑工程费价格清单—总图工程

工程名称：某医院建设工程项目—总图工程　　　　单位：元

序号	项目编码	项目名称	工程内容	计量单位	数量	单价	合价
1	绿化工程						5 027 938.50
1.1	A005100210101	绿地整理	包括场地清理、种植土回填、整理绿化用地、绿地起坡造型、顶板基底处理等全部工程内容	m^2	31 278	18.09	565 819.02
	其中	略					
1.2	A005100210201	栽（移）植花木植被	包括种植穴开挖、种植土回（换）填、起挖、运输、栽植、支撑、成活及养护、栽植容器安装等全部工程内容	m^2	31 278	142.66	4 462 119.48
	其中	略					

表B-45(续)

序号	项目编码	项目名称	工程内容	计量单位	数量	单价	合价
2	园路园桥						3 523 705. 26
2. 1	A005200220101	沥青混凝土道路	包括基层、结合层、面层、路牙、树池围牙及盖板、龙骨、栏杆、钢筋、路基、路床整理等全部工程内容	m^2	7 006	282. 12	1 976 532. 72
	其中	沥青混凝土	细粒式 40mm	m^2	7 006	44. 97	276 807. 06
		沥青混凝土	粗粒式 80mm	m^2	7 006	76. 75	499 177. 5
		乳化沥青粘层		m^2	7 006	3. 47	24 310. 82
		碎石垫层及基层		m^2	1 401	315. 02	441 343. 02
		混凝土垫层	C15	m^2	1 401	524. 56	734 908. 56
2. 2	A005200220102	植草砖铺装	包括基层、结合层、面层、路牙、树池围牙及盖板、龙骨、栏杆、钢筋、路基、路床整理等全部工程内容	m^2	2 539	38. 26	97 142. 14
	其中	略					
2. 3	A005200220103	花岗岩铺装	包括基层、结合层、面层、路牙、树池围牙及盖板、龙骨、栏杆、钢筋、路基、路床整理等全部工程内容	m^2	6 062	239. 20	1 450 030. 40
	其中	略					

表B-45(续)

序号	项目编码	项目名称	工程内容	计量单位	数量	单价	合价
3	景观及小品						7 484.16
3.1	A005400230701	园林桌椅	包括基础、结构、预埋件、模板、饰面等全部工程内容	个	8	935.52	7 484.16
	其中	略					
4	总图安装						3 763 458.95
4.1	A005500240101	总图给排水工程	包括设备、管网、支架及其他、管道附件等全部工程内容	m^2	46 885	47.90	2 245 791.50
	其中	略					
4.2	A005500240201	总图电气工程	包括设备、配电箱柜、线缆、用电器具、金属构件及辅助项目等全部工程内容	m^2	46 885	31.90	1 495 631.50
	其中	略					
4.3	A005500240301	总图消防工程	包括设备、管网、支架及其他、管道附件等全部工程内容	m^2	46 885	0.47	22 035.95
	其中	略					
5	总图其他工程						13 743 796.28
5.1	A005600250201	大门	包括大门、基础、模板等全部工程内容	m^2	1 092	459.20	501 446.40
	其中	略					
5.2	A005600250301	标识标牌	包括标识标牌、基础、模板等全部工程内容	块	414	1 592.37	659 241.18
	其中	略					

表B-45(续)

序号	项目编码	项目名称	工程内容	计量单位	数量	单价	合价
5.3	A005600250401	锅炉房及制氧站	包含土建、装饰、机电等与锅炉房及制氧站相关的所有内容	m^2	715	13 804.27	9 870 053.05
	其中	略					
5.4	A005600250402	污水处理站	包含土建、装饰、机电等与污水处理站相关的所有内容	座	1	2 082 044.75	2 082 044.75
	其中	略					
5.5	A005600250403	门房	包含土建、装饰、机电等与门房相关的所有内容	m^2	47	6 262.75	294 349.25
	其中	略					
5.6	A005600250404	公共厕所	包含土建、装饰、机电等与公共厕所相关的所有内容	m^2	65	5 179.41	336 661.65
	其中	略					
6	措施项目						1 840 856.49
6.1	A005000500101	安全文明施工费	包括环境保护费、安全施工费、文明施工费、临时设施费	项	1	1 575 953.57	1 575 953.57
6.2	A005000500201	脚手架工程	包括综合脚手架、满堂基础脚手架、外脚手架等全部脚手架工程	项	1	73 239.87	73 239.87
6.3	A005000500201	冬雨季施工	包括冬雨（风）施工时增加的临时设施（防寒保温、防雨、防风设施）的搭拆及拆除；对砌体、混凝土等采用的特殊加温、保温和养护措施；对施工现场的防滑处理，对影响施工的	项	1	63 887.69	63 887.69

表B-45（续）

序号	项目编码	项目名称	工程内容	计量单位	数量	单价	合价
6.3	A005000500201	冬雨季施工	雨雪的清除；增加的临时设施；施工人员的劳动保护用品；施工劳动效率降低	项	1	63 887.69	63 887.69
6.4	A005000500501	其他措施项目	除已在项目清单中列明的其他措施项目	项	1	127 775.36	127 775.36
		合计					27 907 239.64

表 B-46 建筑工程费价格清单—外部配套工程

工程名称：某医院建设工程项目—外部配套工程　　单位：元

序号	项目编码	项目名称	工程内容	计量单位	数量	单价	合价
1	A007200490201	市政供水引入工程	包括从市政接驳口至红线内水表总表之间的设备、管网、支架及其他、管道附件等全部工程内容	点位	1	190 000.00	190 000.00
	其中	略					
2	A007300490301	市政供电引入工程	包括从市政环网柜至红线内高压开关柜进线端之间的设备、配电箱柜、线缆、金属构件及辅助项目等全部工程内容	m	5 000	2 375.00	11 875 000.00
	其中	略					
3	A007200490401	市政燃气引入工程	包括从市政气源管至末端用气点位的设备、管网、支架及其他、管道附件等全部工程内容	点位	1	950 000.00	950 000.00
	其中	略					
		合计					13 015 000.00

表 B-47 设备购置费及安装工程费价格清单

工程名称：某医院建设工程项目—住院楼工程　　　　单位：元

序号	编码	项目名称	技术参数规格型号	计量单位	数量	设备购置费		安装工程费	
						单价	合价	单价	合价
1		全自动生化分析仪（300 测试/h）	1. 试速度≥300 测试/h（不含电解质）； 2. 分析主机：全自动任选分立式； 3. 试剂位：≥40 个独立试剂位（可 24h 不间断冷藏）； 4. 样本位：≥40 个位置，可放置多种规格的原始采血管、离心管及样本杯	台	4	266 000.00	1 064 000.00	53 200.00	212 800.00
2		彩色超声	1. ≥15 寸 LCD 高清背光显示屏，带防眩光功能，分辨率≥1 024×768； 2. 重量≤7kg； 3. 内置电池支持连续工作≥1h； 4. 冷启动时间：≤40s； 5. 系统平台：Windows 7	台	8	218 500.00	1 748 000.00	43 700.00	349 600.00
3		程控 500mA 遥控诊断 X 射线机	1. 双床双管，一体化电视遥控； 2. 整机采用计算机程序控制，具备故障自诊断功能及人体器官摄影程序选择功能（APR）； 3. 透视：0.5～5mA，最高透视 kV≥110kVp，5min 透视限时功能； 4. 摄影：32～500mA，最高摄影 kV≥125kVp，曝光时间 0.02～5s	台	6	304 000.00	1 824 000.00	60 800.00	364 800.00

表B-47（续）

序号	编码	项目名称	技术参数规格型号	计量单位	数量	设备购置费		安装工程费	
						单价	合价	单价	合价
4		高频 50kW 摄影系统（配立式架）	1. 功能：单床单管、微机控制高频 X 射线机组，适用于各级医院和科研单位作 X 射线、滤线器摄影、胸片摄影； 2. 电源： 2.1 电压：380V±10%； 2.2 频率：50Hz； 2.3 HF550-50 高频高压发生装置，功率 50kW； 3. 摄影： 3.1 管电流：10~630mA 分挡可调； 3.2 管电压：40~150kV 步进 1kV； 3.3 曝光时间：0.001~6.3s； 3.4 电流时间积：0.5~630mAs	台	12	228 000.00	2 736 000.00	45 600.00	547 200.00
5		APS-B 眼底彩色照相	1. 眼底照相机主机光学系统： 1.1 视场角度：≥45°； 1.2 工作距离：≥42mm； 2. 图像采集系统： 2.1 数码采集形式：外置单反相机； 2.2 采集像素：≥2 400 万像素； 2.3 图像传输连接方式：USB 连接传输	台	8	104 500.00	836 000.00	20 900.00	167 200.00

表B-47(续)

序号	编码	项目名称	技术参数规格型号	计量单位	数量	设备购置费		安装工程费	
						单价	合价	单价	合价
6		普通型骨密度仪	1. 测量方式：全干式、双向超声波发射与接收； 2. 测量部位：脚部跟骨； 3. 安全分类：Ⅰ类 BF 型； 4. 超声波参数：UBA（多频率超声衰减），SOS（超声速率），OI（骨质疏松指数）； 5. 测量参数：BUA（超声衰减），SOS（超声速率），BQI（骨质指数），*T* 值，*Z* 值，*T* 值变化率，*Z* 值变化率； 6. 测量精度：BUA（超声衰减）：1.5%，BQI（骨质指数）：1.5%	台	10	209 000.00	2 090 000.00	41 800.00	418 000.00
7		钼钯机（乳腺 X 线机）	高频高压发生器： 1. 工作方式：高频高压； 2. 工作频率：≤40kHz； 3. 装配方式：一体式高压发生器； 4. 管电压：22~35kV； 5. 最大管电流：80mA（大焦点），320mA·s，20mA（小焦点），120mA·s	台	8	399 000.00	3 192 000.00	79 800.00	638 400.00
		合计					13 490 000.00		2 698 000.00

表 B-48　工程总承包其他费价格清单

工程名称：某医院建设工程项目　　单位：元

序号	项目名称	金额	备注
1	勘察费	2 055 800.96	
1.1	详细勘察费	1 967 695.20	
1.2	施工勘察费	88 105.76	
2	设计费	16 167 280.43	
2.1	施工图设计费	14 923 643.47	
2.2	专项设计费	1 243 636.96	
3	工程总承包管理费	3 830 400.00	
4	研究试验费	190 000	
5	场地准备及临时设施费	2 984 728.69	
6	工程保险费	1 890 326.81	
7	其他专项费	—	
8	代办服务费	547 200.00	
	合计	27 665 736.89	

注：承包人认为需要增加的有关项目，在“其他专项费”下面列明该项目的名称及金额。

表 B-49　预备费

工程名称：某医院建设工程项目　　单位：元

序号	项目名称	金额	备注
1	基本预备费	27 891 661.75	
2	涨价预备费	60 228 964.31	
合计		88 120 626.06	

注：发包人应将预备费列入项目清单中，投标人应将上述预备费计入投标总价中。

五、合同价款调整

（一）工程变更案例

变更估价应按照所执行的变更工程的成本加利润调整。

示例：某工程招标时间为 2022 年 7 月，后住房和城乡建设部于 2022 年 9 月发布了国家标准《建筑与市政工程防水通用规范》GB 55030—2022，该规范发布前已完成施工图审查，现根据该规范对施工设计图纸进行变更：

（1）地下室底板、侧壁、顶板增加一层 2mm 厚水泥基渗透结晶防水涂料。

(2) 屋1.2.3分别增加一层2mm厚非固化橡胶沥青防水涂料。

(3) 混凝土或砌块建筑外墙工程增加一层5mm厚聚合物水泥防水砂浆及一层1.5mm厚JS聚合物水泥基防水涂料Ⅱ型。

(4) 工程内容：包括基层处理（找平）、防水层、保护层、保温、隔热等全部工程内容。

具体详见措施表（此处略）。

变更前单价根据价格清单计取，变更后单价根据变更增加或减少内容进行市场询价，调整费用见表B-50。

表B-50 费用调整表

序号	项目编码	项目名称	计量单位	变更前			变更后			变更后-变更前合计金额（元）
				工程量	单价（元）	合价（万元）	工程量	单价（元）	合价（元）	
1	A612100040101	地下室底板防护	m^2	24 708	282.58	6 981 986.64	24 708	341.08	8 427 404.64	1 445 418.00
2	A612100040201	地下室侧墙防护	m^2	9 942	126.45	1 257 165.90	9 942	188.46	1 873 669.32	616 503.42
3	A612100040301	地下室顶板防护	m^2	24 708	222.27	5 491 847.16	24 708	280.77	6 937 265.16	1 445 418.00
4	A602300110401	混凝土板屋面	m^2	2 293	309.53	709 752.29	2 293	364.43	835 637.99	125 885.70
5	A603100130101	外墙（柱、梁）面饰面	m^2	4 311	90.26	389 110.86	4 311	175.26	755 545.86	366 435.00
6	A603100130202	陶土板幕墙	m^2	6 613	1 529.42	10 114 054.46	6 613	1 614.42	10 676 159.46	562 105.00
7	A603100130203	铝板幕墙	m^2	2 823	1 009.04	2 848 519.92	2 823	1 094.04	3 088 474.92	239 955.00
8	合计					27 792 437.23			32 594 157.35	4 801 720.12

(二) 材料价格调整案例

价格指数权重表（发包人提出，承包人确认）见表B-51。

表 B-51　价格指数权重表（发包人提出，承包人确认）

工程名称：某医院建设工程项目

序号	名称		变值权重 B			基本价格指数		现行价格指数	
			代号	建议	确认	代号	指数	代号	指数
1	变值部分	人工费	B_1	0. 20	0. 20	F_{01}	10. 12%	F_{t1}	10. 12%
2		钢材	B_2	0. 13	0. 13	F_{02}	4 500	F_{t2}	4 600
3		混凝土	B_3	0. 11	0. 11	F_{03}	540	F_{t3}	550
4		铝材	B_4	0. 01	0. 01	F_{04}	18 500	F_{t4}	18 500
5		铜材	B_5	0. 01	0. 01	F_{05}	65 000	F_{t5}	65 000
定值部分权重 A			0. 54			—	—	—	—
合计			1			—		—	

注：1. “名称”“基本价格指数”栏由发包人填写，没有“价格指数”时，可采用价格计算。

2. “变值权重”由发包人根据该项目人工、主要材料等价值在预估总价中所占的比例提出建议权重填写，由发承包双方在合同签订阶段确认最终权重，1 减去变值权重为定值权重。

3. “现行价格指数”按约定的付款周期最后一天的前 42 天的各项价格指数填写，没有时，可采用价格代替计算。

4. 混凝土的基准价：基准价为××年第××期××市《工程造价信息》上公布的××市 C××普通商品混凝土的相应价格。

5. 钢材的基准价：基准价为××年第××期××市《工程造价信息》上公布的××市××的相应价格。

6. 铝锭的基准价：上海金属网（网址：www. shmet. com）公布的××年××月现货铝锭的交易月均价。

7. 铜材的基准价为××年××月上海金属网（网址：www. shmet. com）公布的铜月平均价格执行。

8. 人工费调整的基期调整系数（即投标截止日前 28 天最新的政策性调整文件人工费调整系数）按××省建设工程造价总站××年××月××日发布的《关于对各市（州）××年〈××省建设工程工程量清单计价定额〉人工费调整的批复》（×××〔202×〕××号）执行。

示例：第二个里程碑节点价差调整。

本月价差计算：

P_0 = 58 649 918. 83（元）

本月价差金额 = P_0 ［A+（$B_1 \times F_{t1}/F_{01}+B_2 \times F_{t2}/F_{02}+B_3 \times F_{t3}/F_{03}+B_4 \times F_{t4}/F_{04}+B_5 \times F_{t5}/F_{05}$）−1］

= 58 649 918. 83×［0. 54+（0. 2×10. 12%/10. 12% +0. 13×

4 600/4 500+0. 11×550/540+0. 01×18 500/18 500+0. 01×65 000/65 000）-1］=288 905. 16（元）

六、工程结算与支付

预付款支付申请/核准表，建筑工程费支付分解表，工程总承包其他费支付分解表，进度款支付申请/核准表（第1次），进度款支付申请/核准表（第2次），竣工结算、支付申请/核准表，最终结请支付申请/核准见表B-52~表B-58。

表B-52 预付款支付申请/核准表

工程名称：某医院建设工程项目

致：×××（发包人全称）

根据合同 ××× 条约定，现申请支付预付款金额为（小写） 157 536 155. 74（大写） 壹亿伍仟柒佰伍拾叁万陆仟壹佰伍拾伍元柒角肆分，请予核准。

序号	名称	申请金额（元）	核准金额（元）	备注
1	签约合同价款金额	613 241 145. 19	613 241 145. 19	
1. 1	签约合同价减预备费金额	525 120 519. 13	525 120 519. 13	
1. 2	年度资金使用计划金额	—	—	
2	合计应支付的预付款	157 536 155. 74	157 536 155. 74	

造价人员签名：　　承包人代表签名：

承包人签章：

日期：

咨询人审核意见：

一级造价工程师签名：　　咨询人签章：

日期：

发包人审批意见：

发包人代表签名：　　发包人签章：

日期：

注：咨询人指发包人委托参与其授权范围内的工程总承包计价活动的造价咨询、监理等中介机构（下同）。

表 B-53 建筑工程费支付分解表

工程名称：某医院建设工程项目

序号	项目名称	支付					
		里程碑节点	金额占比（%）	里程碑节点	金额占比（%）	里程碑节点	金额占比（%）
	竖向土石方工程						
A0010	竖向土石方工程	竖向土石方完成	8.20				
	地下室工程						
A6121	地下部分土建工程	基坑完成	3.59	地下室主体结构至正负零	20.63		
A6132	地下部分室内装饰工程	室内装饰工程完成	4.19				
A6140	地下部分机电安装工程	主体结构完成	1.42	管道、桥架安装完成	10.68	设备安装完成	5.70
A6160	地下部分专项工程	专项工程完成	0.88				
	住院楼工程						
A6023	地上部分土建工程（不带基础）	地上主体结构完成 50%	4.02	地上主体结构封顶	4.02		
A6033	地上部分室内装饰工程	精装修完成 1~7F	3.23	精装修完成 8~14F	3.23	精装修完成	1.84
A6031	建筑外立面装饰工程	外立面完成 50%	2.54	外立面完成	2.54		
A6040	机电安装工程	主体结构完成	1.10	管道、桥架安装完成	8.28	设备安装完成	4.41
A6060	地上部分专项工程	专项工程完成	1.00				

表B-53(续)

序号	项目名称	支付					
		里程碑节点	金额占比（%）	里程碑节点	金额占比（%）	里程碑节点	金额占比（%）
A0050	总图工程	总图完成	5.80				
A0070	外部配套工程	完成	2.70				
合计							

注：金额占比（%）指里程碑节点应支付金额占建筑工程费合同金额的比例。

表 B-54　工程总承包其他费支付分解表

工程名称：某医院建设工程项目

序号	项目名称	支付					
		里程碑节点	金额占比（%）	里程碑节点	金额占比（%）	里程碑节点	金额占比（%）
1	勘察费	提交详勘报告	7.11	提供施工勘察报告	0.32		
2	设计费	通过施工图审查	53.94	提交专项设计成果	4.50		
3	工程总承包管理费	施工许可证取得后	4.84	总产值完成50%	4.50	总产值完成100%	4.50
4	研究试验费	完成所有试验并提交试验成果	0.69				
5	场地准备及临时设施费	场地准备及临时设施搭建完毕	10.79				

表B-54(续)

序号	项目名称	支付					
		里程碑节点	金额占比（%）	里程碑节点	金额占比（%）	里程碑节点	金额占比（%）
6	工程保险费	提供相应发票	6.83				
7	代办服务费	代办工作完成后	1.98				
合计							

注：金额占比（%）指里程碑节点应支付金额占工程总承包其他费对应合同金额的比例。

原表B-14设备购置费及安装工程费支付分解表无变化。

表B-55 进度款支付申请/核准表（第1次）

工程名称：某医院建设工程项目

致：___×××___（发包人全称）

本期完成了___××___等里程碑工作，根据合同___××___条的约定，现申请支付本周期的进度款金额为（小写）___27 282 090.07___（大写）___贰仟柒佰贰拾捌万贰仟零玖拾元零柒分___，请予核准。结算文件附后。

单位：元

序号	名称	合同金额	里程碑节点	金额占比（%）	本期支付金额	上期累计支付金额	本期累计支付金额	备注
1	工程费用	497 454 782.24	基坑完成	11.79	49 852 431.00	0	49 852 431.00	
2	工程总承包其他费	27 665 736.89	提供施工勘察报告；通过施工图审查；施工许可证取得；场地准备及临设搭建完毕	77.00	18 107 224.79	0	18 107 224.79	

表 B-55(续)

序号	名称	合同金额	里程碑节点	金额占比（%）	本期支付金额	上期累计支付金额	本期累计支付金额	备注
3	按合同约定调整的费用	88 120 626. 06	—	—	245 569. 39	0	245 569. 39	
4	应扣减的预付款	—	—	—	-40 923 135. 11	157 536 155. 74	116 613 020. 63	
5	按合同约定扣减的费用	—	—	—	—	—	—	
6	合计	613 241 145. 19	—	—	27 282 090. 07	157 536 155. 74	184 818 245. 81	

造价人员签名：　　　　承包人代表签名：

承包人签章：

日期：

咨询人审核意见：

一级造价工程师签名：　　　　咨询人签章：

日期：

发包人审批意见：

发包人代表签名：　　　　发包人签章：

日期：

注：工程量清单计价的项目进度款支付计入“按合同约定调整的费用”。

表 B-56 进度款支付申请/核准表（第2次）

工程名称：某医院建设工程项目

致：______×××______（发包人全称）

本期完成了____××____等里程碑工作，根据合同____××____条的约定，现申请支付本周期的进度款金额为（小写）____35 064 351.08____（大写）____叁仟伍佰零陆万肆仟叁佰伍拾壹元零捌分____，请予核准。结算文件附后。

单位：元

序号	名称	合同金额	里程碑节点	金额占比（%）	本期支付金额	上期累计支付金额	本期累计支付金额	备注
1	工程费用	497 454 782.24	地下室主体结构至正负零	20.63	87 231 183.34	49 852 431.00	137 083 614.34	
2	工程总承包其他费	27 665 736.89	—	0.00	0.00	18 107 224.79	18 107 224.79	
3	按合同约定调整的费用	88 120 626.06	—	—	429 694.35	245 569.39	675 263.74	
4	应扣减的预付款	—	—	—	-52 596 526.61	116 613 020.63	64 016 494.02	
5	按合同约定扣减的费用	—	—	—	—	—	—	
6	合计	613 241 145.19	—	—	35 064 351.08	184 818 245.81	219 882 596.89	

造价人员签名：　　　　承包人代表签名：

承包人签章：

日期：

咨询人审核意见：

一级造价工程师签名：　　　　咨询人签章：

日期：

发包人审批意见：

发包人代表签名：　　　　发包人签章：

日期：

注：工程量清单计价的项目进度款支付计入“按合同约定调整的费用”。

表 B-57 竣工结算、支付申请/核准表

工程名称：某医院建设工程项目

致：×××（发包人全称）

我方已完成了 ××× 项目工作，根据合同 ××× 条约定，现申请支付竣工结算款金额（小写）39 077 577.05（大写）叁仟玖佰零柒万柒仟伍佰柒拾柒元零伍分，请予核准。

序号	名称	申请金额（元）	核准金额（元）	备注
1	竣工结算总金额	538 338 613.04	538 338 613.04	
1.1	签约合同价	613 241 145.19	613 241 145.19	
1.2	减去预备费	88 120 626.06	88 120 626.06	
1.3	按合同约定调增的金额	13 218 093.91	13 218 093.91	
1.4	按合同约定扣减的金额	0.00	0.00	
2	已支付的合同价款	483 110 877.60	483 110 877.60	
2.1	已支付的工程费用	457 658 399.66	457 658 399.66	
2.2	已支付的工程总承包其他费	25 452 477.94	25 452 477.94	
3	应扣留的质量保证金	16 150 158.39	16 150 158.39	
4	应支付的竣工付款金额	39 077 577.05	39 077 577.05	

造价人员签名：　　承包人代表签名：

承包人签章：

日期：

咨询人审核意见：

一级造价工程师签名：　　咨询人签章：

日期：

发包人审批意见：

发包人代表签名：　　发包人签章：

日期：

注：工程量单价项目结算支付计入“按合同约定调整的金额”或“按合同约定扣减的金额”。

表 B-58　最终结清支付申请/核准表

工程名称：某医院建设工程项目

致：＿＿＿＿×××＿＿＿＿（发包人全称）

根据合同＿×××＿条约定，现申请支付最终结清金额（小写）＿16 150 158.39＿（大写）＿壹仟陆佰壹拾伍万零壹佰伍拾捌元叁角玖分＿，请予核准。

序号	名称	申请金额（元）	复核金额（元）	备注
1	已预留的质保金	16 150 158. 39	16 150 158. 39	
2	应增加的发包人原因造成的缺陷修复金额	0. 00	0. 00	
3	应扣减承包人未修复缺陷，发包人组织修复的金额	0. 00	0. 00	
4	最终应支付的合同价款	16 150 158. 39	16 150 158. 39	

造价人员签名：　　　　　承包人代表签名：

承包人签章：

日期：

发包人审批意见：

发包人代表签名：　　　　　发包人签章：

日期：